高等学校软件工程专业校企深度合作系列实践教材

Java 项目开发实践

总主编　周清平
主　编　覃遵跃
副主编　陈园琼　张彬连
　　　　彭耶萍　王新峰

内容简介
Introduction

　　Java 语言已经成为互联网时代主流开发语言。本书以现实生活中的 7 个典型项目为实训案例，使学生系统掌握不同应用背景下完成一个真实 Java 应用程序开发所具备的专业知识，熟练使用 Java 应用程序开发关键技术和工具。

　　本书章节的内容顺序按照 Java 应用程序实际的开发流程编排，将每个项目开发拆分为"项目描述、项目目标、项目实施、项目小结和拓展"四个部分。每个项目侧重的知识点不同，避免了实例罗列和知识点的重复，第 2 章"简单计算器开发"涉及的主要知识点是界面设计，第 3 章"日历记事本开发"主要涉及各种常用类及组件的使用以及事件处理，第 4 章"简易画图板开发"主要涉及抽象类、接口、继承以及画图工具的使用等知识点，第 5 章"简易职员管理系统开发"主要涉及树形导航条以及表格控件的使用，第 6 章"基于文件的学籍管理系统开发"主要涉及 I/O 系统，第 7 章"简单聊天室开发"主要涉及网络编程和多线程编程。每个实训任务的设计都围绕提高 Java 实践能力和创新能力，学生通过自主学习即可完成 7 个 Java 实训项目的开发。

作者简介
About the Author

总主编：

周清平，男，1966年3月出生，湖南省张家界人，土家族，教授，博士后，现任中国服务贸易协会专家委员会副理事长，全国服务外包技能考试专家委员会副理事长，吉首大学软件服务外包学院院长，长期从事软件工程专业课程教学和开发，主要研究方向为量子信息、软件信息系统，主持国家自然科学基金、中国科学院科学研究基金、中国博士后基金、教育部科学研究重点项目、湖南省景区信息化专项等科研项目，主持国家级工程实践教育中心、软件工程综合改革试点专业、福特II国际合作项目、湖南省教育信息化专项等教研教改项目，获中国服务外包人才培养最佳实践新锐奖、湖南省自然科学奖、湖南省自然科学优秀学术论文奖，在 Springer：Quant. Inform. Proces.，phys. Leet. A 等国内外高级学术期刊发表SCI论文二十余篇。

本书主编：

覃遵跃，男，1974年4月出生，湖南省张家界人，土家族，副教授、博士研究生、国家高级程序员，现任吉首大学教学督导组成员。长期从事软件工程专业课程教学与研究，主讲Java语言、C语言和数据库技术等专业课程。主要研究方向为Web数据库技术、软件开发与设计。主持省级课题2项，参与国家级、部省级等项目4项，主编《利用案例轻松学习Java语言》等教材。发表学术论文40余篇，获国家级、部省级学科竞赛优秀指导教师、吉首大学教学能手等称号。

编审委员会
Editorial Committee

高等学校软件工程专业
校企深度合作系列实践教材

顾 问
王志英　李仁发　陈志刚　唐振明

主 任
周清平

副主任
徐洪智　颜一鸣　成　焕

编 委（按姓氏笔画排序）
马庆槐　王建峰　王晓波　王新峰　宁小浩　刘　彬
闫茂源　李　刚　李长云　杨燕萍　沈　岳　张晋华
张彬连　陈生萍　陈园琼　钟　键　贾　涛　郭　鑫
唐伟奇　黄　云　黄　伟　覃遵跃　彭耶萍　曾明星
赖　炜　蔡国民

总序

企业专业实训是在真实的企业工作环境中,以项目组的工作方式实现完整的项目开发过程,是实现高素质软件人才培养的重要实践教学环节,是集中训练学生的科学研究能力、工程实践能力和创新能力的必要一环,是对学生综合运用多学科的理论、方法、工具和技术解决实际问题的真实检验,对全面提高教育教学质量具有重要意义。

近年来,吉首大学大力践行"整体渗透、优势互补、人才共育、过程共管、资源共享、责任共担、利益共生、合作共赢"的校企深度合作办学模式,先后与中软国际、青软实训、苏软培训等知名企业开展专业共建,在沉浸式实训模式创新、课程研发、实践教学资源建设等方面取得了显著成效,本次编写出版的"高等学校软件工程专业校企深度合作系列实践教材"就是其中一项重要成果。

本系列教材包括《C 语言项目开发实践》《数据库项目开发实践》《Java 项目开发实践》《Web 前端项目开发实践》《Java EE 项目开发实践》《.Net 项目开发实践》《Android 项目开发实践》《嵌入式 ARM 体系结构编程项目开发实践》,共 8 本。校企双方教师、技术专家联合组成了教材编写委员会,他们深入生产实际、把握主流技术、遵循教学规律,摆脱了传统教材"理论知识+实训案例"的简单模式,将实训内容项目化、专业化和职业化,以真实的企业项目案例为载体,循序渐进地引导学生完成实训项目开发流程,使其专业知识得到巩固,专业技能得到提升,综合分析和解决实际问题的能力、项目开发能力、项目管理能力和创新精神得到强化,同时,在项目执行力、职业技能与素养诸方面得到有效锻炼。

本套教材内容覆盖了软件工程专业主要能力点,精选了一定数量的软件项目案例,从项目描述、项目目标、项目实施、项目小结与拓展等方面介绍,均符合各自相关的项目开发规范，项目实施遵循软件生命周期模型，给出了软件设计思想、开发过程和开发结果。学生通过项目需求分析、系统设计、编码实现、系统测试与系统部署等环节，不断积累项目开发经验。本套丛书构思设计之巧、涉猎领域之广、推广应用之实，无不反映了吉首大学的教育教学改革已经转型到以学生发展为中心、以能力培养为核心的全面综合素质教育上来，是推行校企深度合作办学基础上微创新教学改革成果的集中展示。

"一分耕耘，一分收获"，吉首大学的老师们致力于耕耘，期待着收获。站在第一读者的角度，我更期待本套教材能成为高等院校软件工程专业、职业培训和软件从业人员最具实用价值的实训教材和参考书，用书中所蕴含的智慧创造更多的财富。

是为序。

教授

联合国教科文组织产学合作教席理事会理事
教育部软件工程专业教学指导委员会副主任
国家示范性软件学院建设工作办公室副主任
北京交通大学软件学院院长、博士生导师

2014 年 6 月

前言 / Foreword

由于 Java 具有"一次编写,处处运行"而不依赖具体平台、可靠性高以及安全性好等特点,并且随着 Java 语言在移动互联网以及智能电子等领域的深入应用,使它成为信息时代最重要的程序设计语言之一。目前很多高等院校都将 Java 语言作为程序设计入门语言,掌握 Java 语言已经成为人们的共识。

在学习了 Java 基本知识以后,如何综合利用 Java 各知识点提高 Java 项目开发实战能力是学习者普遍关注的问题,通过典型案例开发是提高 Java 编程能力的有效途径。

本书设计了 6 个典型案例,所有案例包含功能分析、项目设计目标、项目具体实施步骤(包括类设计、代码实现、系统发布和系统测试)、项目小结和项目拓展。每个案例互相独立,并且侧重的知识点不同,读者可以根据实际需要学习相关案例。简单计算器和日历记事本侧重 GUI 编程,画图板侧重绘图和菜单,职员管理系统侧重树形导航结构和数据库编程,学籍管理侧重输入输出和集合编程,聊天室侧重网络和多线程编程。读者可以根据实际需要参考这些案例进行 Java 项目开发。本书适合于高导院校《Java 程序设计》实践教学指导教材,也可作为 Java 程序设计人员以及自学者的参考用书。

本书由覃遵跃任主编,陈园琼、张彬连、彭耶萍、王新峰任副主编。所有案例在 JDK 1.6 运行环境下调试通过。由于作者水平有限,书中难免存在不足之处,敬请读者批评指正。

编 者
2014 年 6 月

目录

第1章 Java 项目开发基础 (1)
1.1 Java 项目开发实训目标 (2)
1.1.1 实训知识目标 (2)
1.1.2 实训能力目标 (2)
1.1.3 实训素质目标 (2)
1.2 Java 项目开发技术 (2)
1.2.1 图形用户界面编程技术 (2)
1.2.2 输入输出编程技术 (3)
1.2.3 网络编程技术 (4)
1.2.4 多线程编程技术 (4)
1.2.5 数据结构编程技术 (5)
1.2.6 Java 绘图编程技术 (5)
1.2.7 JDBC 数据库编程技术 (5)
1.2.8 本书各项目采用技术 (6)
1.3 Java 项目开发工具 (6)
1.3.1 JDK 开发工具包 (6)
1.3.2 SQL Server 数据库系统 (8)
1.3.3 JCreator (10)
1.3.4 Eclipse (10)
1.4 Java 项目开发规范 (11)
1.4.1 Java 项目开发实训工作流程 (11)
1.4.2 Java 项目开发流程 (12)
1.4.3 Java 项目开发代码规范 (12)
1.4.4 文档与源码提交规范 (15)
1.5 小结 (16)

第2章 简易计算器项目设计与开发 (17)
2.1 项目描述 (17)

2.2 项目目标 ··· (17)
　　2.2.1 系统功能 ··· (17)
　　2.2.2 功能描述 ··· (18)
2.3 项目实施 ··· (18)
　　2.3.1 类及 UML 设计 ·· (18)
　　2.3.2 代码实现 ··· (23)
　　2.3.3 系统发布 ··· (41)
　　2.3.4 系统测试 ··· (42)
2.4 项目小结与拓展 ·· (44)
　　2.4.1 项目小结 ··· (44)
　　2.4.2 项目拓展 ··· (44)

第 3 章 日历记事本项目设计与开发 ··· (45)

3.1 项目描述 ··· (45)
3.2 项目目标 ··· (45)
　　3.2.1 系统功能 ··· (45)
　　3.2.2 功能描述 ··· (45)
3.3 项目实施 ··· (46)
　　3.3.1 类及 UML 设计 ·· (46)
　　3.3.2 代码实现 ··· (47)
　　3.3.3 系统发布 ··· (61)
　　3.3.4 系统测试 ··· (62)
3.4 项目小结与拓展 ·· (64)
　　3.4.1 项目小结 ··· (64)
　　3.4.2 项目拓展 ··· (64)

第 4 章 简易画图板项目设计与开发 ··· (65)

4.1 项目描述 ··· (65)
4.2 项目目标 ··· (65)
　　4.2.1 系统功能 ··· (65)
　　4.2.2 功能描述 ··· (65)
4.3 项目实施 ··· (67)
　　4.3.1 类及 UML 设计 ·· (67)
　　4.3.2 代码实现 ··· (71)
　　4.3.3 系统发布 ··· (95)
　　4.3.4 系统测试 ··· (97)
4.4 项目小结与拓展 ·· (100)
　　4.4.1 项目小结 ··· (100)
　　4.4.2 项目拓展 ··· (100)

第 5 章 简易职员管理系统设计与开发 (101)

5.1 项目描述 (101)
5.2 项目目标 (101)
5.2.1 系统功能 (101)
5.2.2 功能描述 (102)
5.3 项目实施 (105)
5.3.1 数据库设计 (105)
5.3.2 类及 UML 设计 (106)
5.3.3 代码实现 (112)
5.3.4 系统发布 (166)
5.3.5 系统测试 (167)
5.4 项目小结与拓展 (172)
5.4.1 项目小结 (172)
5.4.2 项目拓展 (172)

第 6 章 基于文件的学籍管理系统设计与开发 (173)

6.1 项目描述 (173)
6.2 项目目标 (173)
6.2.1 系统功能 (173)
6.2.2 功能描述 (173)
6.3 项目实施 (174)
6.3.1 数据结构设计 (174)
6.3.2 类及 UML 设计 (174)
6.3.3 代码实现 (178)
6.3.4 系统发布 (202)
6.3.5 系统测试 (203)
6.4 项目小结与拓展 (206)
6.4.1 项目小结 (206)
6.4.2 项目拓展 (206)

第 7 章 简单聊天室设计与开发 (207)

7.1 项目描述 (207)
7.2 项目目标 (207)
7.2.1 系统功能 (207)
7.2.2 功能描述——服务器端 (209)
7.2.3 功能描述——客户端 (209)
7.3 项目实施 (209)
7.3.1 类及 UML 设计——服务器端 (209)

7.3.2 类及UML设计——客户端 ………………………………………… (212)
7.3.3 代码实现 …………………………………………………………… (214)
7.3.4 系统发布 …………………………………………………………… (243)
7.3.5 系统测试 …………………………………………………………… (245)
7.4 项目小结与拓展 …………………………………………………………… (246)
7.4.1 项目小结 …………………………………………………………… (246)
7.4.2 项目拓展 …………………………………………………………… (246)

参考文献 ……………………………………………………………………… (247)

第 1 章
Java 项目开发基础

1995 年 Sun 公司推出了 Java 语言，该语言与其他编译执行的计算机语言和解释执行计算机语言不同，Java 语言首先将源代码编译成二进制字节码，然后依赖各种不同平台上的虚拟机来解释执行字节码，从而实现了"一次编译、到处执行"的跨平台特性，但是每次编译执行需要消耗一定的时间，在一定程度上降低了 Java 程序的运行效率，不过随着 JIT 即时编译技术的不断进步，使 Java 程序的执行效率接近 C++ 程序。

Java 语言是一种具有跨平台、纯面向对象、分布式、健壮安全、可移植、性能优异、支持多线程等特征的动态语言，它的编程风格十分接近 C++ 语言，它继承了 C++ 语言面向对象技术的核心，但舍弃了 C++ 语言中容易引起错误的指针（以引用取代）、运算符重载、多重继承（以接口取代）等特性，增加了垃圾回收器功能用于回收不再被引用的对象所占据的内存空间，使得程序员不用再为内存管理而担忧。在 Java SE 1.5 版本中，Java 又引入了泛型编程、枚举、不定长参数和自动装/拆箱等语言特性。

Java 语言是互联网时代主流程序设计语言，在最新的 TIOBE 编程语言社区排行榜中，Java语言排名第一。目前，Java 语言主要应用在四个领域：①行业和企业信息化领域。由于 Sun、IBM、Oracle、BEA 等国际厂商相继推出各种基于 Java 技术的应用服务器以及各种应用软件，带动了 Java 在金融、电信、制造等领域日益广泛的应用。如东方科技的 Tong Web、金碟的 Apusic、中创的 Inforweb 等 J2EE 应用服务器及和佳 ERP 和宝信 ERP 等 ERP 产品，已在许多企业得到应用。②电子政务及办公自动化。东方科技、金碟、中创等开发的 J2EE 应用服务器在电子政务及办公自动化中也得到应用，如金碟的 Apusic 在民政部，东软电子政务架构 EAP 平台在社会保险、公检法、税务系统得到应用，中创的 Inforweb 等系列中间件产品在国家海事局、中国建设银行、民生银行等金融系统应用。③嵌入式设备及消费类电子产品。J2ME 是用于嵌入式设备的 Java 软件平台开发技术，专门用于开发消费电子产品的应用，如智能手机、PDA 等，此外无线手持设备、医疗设备、信息家电（如数字电视、机顶盒、电冰箱）、汽车电子设备等也是 Java 的重要应用领域。④电子商务。电子商务是当今最活跃的新商务模式，电子商务系统要求程序代码安全、可靠，同时要求能与运行在不同平台的机器的全世界客户开展业务，由于 Java 具有强安全性、平台无关性、硬件结构无关性、语言简洁同时面向对象等特点，在网络编程语言中占据无可比拟的优势，因此成为实现电子商务系统的首选语言。

随着云计算和移动互联网的快速发展，Java 语言更显示出了强大的技术优势和广阔的应用前景。

1.1 Java 项目开发实训目标

本书设计了简易计算器、简单日历记事本、简易画图板程序、简易职员管理系统、基于数据结构的学籍管理系统和简单聊天室等六个真实项目作为实训案例，通过完成这六个案例达到运用 Java 技术解决实际问题的能力。

1.1.1 实训知识目标

（1）了解 Java 语言的开发技术与开发工具。
（2）了解 Java 语言开发项目的基本规范。
（3）掌握 Java 语言的封装、继承和多态的面向对象编程特征。
（4）掌握 Java GUI 外观和事件处理编程方法。
（5）掌握 Java 常用类的使用方法。
（6）掌握 Java 数据库编程方法。
（7）掌握 Java 网络编程方法。
（8）掌握 Java 多线程编程方法。
（9）掌握 Java I/O 编程方法。
（10）学会运用各种 Java 开发与测试工具进行辅助开发。

1.1.2 实训能力目标

（1）根据实训项目业务背景，建立需求模型的能力。
（2）根据项目需求模型设计相应类的能力。
（3）综合运用 Java 技术实现项目目标的能力。

1.1.3 实训素质目标

（1）用户至上的开发理念。
（2）良好的项目开发规范意识。
（3）良好的团队精神和合作意识。
（4）良好的沟通与表达能力。
（5）良好的自主学习能力。
（6）良好的创新意识。
（7）诚实守信，责任感强。

1.2 Java 项目开发技术

Java 开发技术是一个庞大的系统，包含的内容非常丰富，不同的应用采用的开发技术不同，下面介绍本书采用的主要 Java 开发技术。

1.2.1 图形用户界面编程技术

Java 平台的图形用户界面编程分为 GUI 外观设计和事件处理。对于 GUI 外观开发，Java

语言提供了两个图形用户界面设计的包，它们是 java.awt 包中的类和 javax.swing 包中的类，利用这两个包中的类可以完成各种复杂的图形界面设计。

java.awt 包提供的图形界面的各种元素和成分分为三种，分别是容器(container)、布局管理器(layout manager)和控制组件(component)。容器用来组织或者容纳其他界面成分和元素的组件，一个容器可以容纳多个组件，并且容器也可以作为组件放进另一个容器中。布局管理器可以使容器中的组件按指定位置进行摆放，并且如果容器大小改变了，布局管理器也可以进行相应调整来适应这种改变。控制组件是图形界面的最小单位，它里面不包含其他组件，例如文本框、单选按钮、下拉列表、菜单等都属于控制组件。

AWT 是基于对等体来实现 GUI，利用这种方法编写简单的程序时效果很好，但如果要编写高质量可移植的图形界面，其缺陷非常明显。因为不同平台例如 Windows 和 Solaris 的菜单、滚动条和文本框等界面成分有细微的差别，因此试图通过对等体的方式给用户一致的用户体验难以做到。针对这个问题，JDK2.0 创建了新的图形用户界面库 Swing。Swing 是轻量级的组件，它利用 Java 语言实现（AWT 利用 C 语言实现），它不是基于对等体的 GUI，使用 Swing 能够更轻松容易构建图形用户界面。本书中的 GUI 外观设计采用 Swing 组件实现。

利用 Swing 设计了应用系统的外观，然后需要完成图形用户界面与用户的交互功能，例如通过单击 JButton 组件执行一个文件复制操作等。Java 语言提供了一组事件类来处理不同对象(组件)产生的事件从而实现用户交互功能，事件处理的类在 java.awt 包和 java.util 包中。

Java 的事件处理采用 MVC 模式，即模型(model) - 视图(view) - 控制器(controller)模式，这种模式将业务逻辑、数据、界面显示分离的方法组织代码，将业务逻辑聚集到一个部件里面，在改进和个性化定制界面及用户交互的同时，不需要重新编写业务逻辑。其中 model(模型)是应用程序中用于处理应用程序数据逻辑的部分，通常该模型对象负责在数据库中存取数据；view(视图)是应用程序中处理数据显示的部分，通常视图是依据模型数据创建的；controller(控制器)是应用程序中处理用户交互的部分，通常控制器负责从视图读取数据，控制用户输入，并向模型发送数据。

1.2.2 输入输出编程技术

在 Java 语言中，输入输出使用流来实现，包括输入流和输出流。输入流(InputStream)表示 Java 程序从外部数据源读入数据，输出流(OutputStream)表示 Java 程序向外部写出数据。数据的流动如图 1-1 所示。

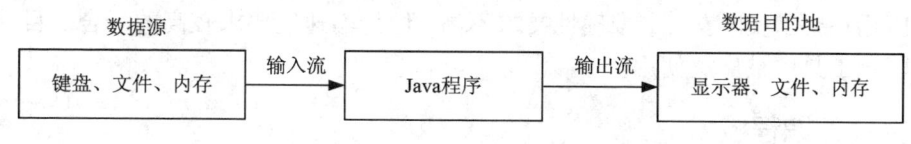

图 1-1 Java 的 I/O 处理模型

在 Java 中，I/O 流类可按读/写数据的不同类型分为字节流和字符流。字节流处理的最小数据单元是字节，字节流类可分为表示字节输入流的 InputStream 类及其子类，表示字节输出流的 OutputStream 类及其子类。字符流处理的最小数据单元是字符，它包括表示字符输入流的 Reader 类及其子类，表示字符输出流的 Writer 类及其子类。

在本书的第 4、6、7 三个章节所开发的项目中，需要把创建的对象保存在文件中，在需要的时候进行恢复。Java 语言提供的对象序列化(有些书称为对象持久化)可以实现对象的传输和存储。对象的序列化是指把对象变为二进制数据写入到一个输出流中，对象的反序列化是指从一个输入流中读取一个对象。

在 Java 语言中，只有实现了 java.io.Serializable 接口的类的对象才能被序列化和反序列化。对象序列化和反序列化需要依靠对象输出流 ObjectOutputStream 和对象输入流 ObjectInputStream，在对象反序列化过程中，为了读出正确的对象，必须保证向对象输出流写入对象的顺序与从对象输入流读取对象的顺序一致。

1.2.3 网络编程技术

计算机网络将地理位置不同的计算机及其外部设备通过通信线路连接起来，在网络操作系统以及网络通信协议的管理和协调下，实现了资源共享和信息传递。Java 语言的 java.net 包提供了三种网络程序开发模式，分别是 URL 通信模式、TCP 通信模式和 UDP 通信模式。本书的第 7 章主要采用了网络编程技术。

URL 通信模式中，Java 提供了 URL 类、URLConnection 类访问网络上的资源，例如访问远程计算机的一个网页或者本地计算机的一个文件。

在 Java 中采用套接字(Socket)完成 TCP 程序的开发。Socket 套接字是当前最常用的网络通信应用程序接口之一，它采用 TCP 协议，通过提供面向连接的服务，实现客户/服务器之间双向、可靠的、点对点的通信连接。java.net 包中的 Socket 类用于建立客户端通信对象、ServerSocket 类用于建立服务器端通信对象。

利用 Socket 进行通信分为三个步骤：

(1) 建立 Socket 连接。在通信开始之前由通信双方确认身份，然后在客户端和服务器端建立一条虚拟连接线路。

(2) 数据通信。利用已经建立的虚拟线路传送信息和接受信息。

(3) 关闭通信线路。通信结束后将所建立的虚拟连接关闭并释放资源。

套接字编程采用 TCP 协议，在通信过程中，通信双方需要建立可靠的连接，这样浪费了大量的系统资源，降低了系统性能。UDP 通信采用的通信协议是数据报通信协议 UDP(User Datagran Protocol)，通信时服务器与客户端不需要建立可靠的连接，数据以独立的包为单位发送，缺点是数据包可能丢失延误，因此 UDP 通信是不可靠的通信，但 UDP 通信速度快，因此常常被应用在要求实时交互，准确性要求不高，但传输速度要求较高的场合。目前 UDP 通信在各种聊天工具中被广泛使用。

1.2.4 多线程编程技术

进程是程序的一次动态执行过程，每个进程都有自己独立的内存空间。一个应用程序可以同时启动多个进程，线程是进程中的一个执行流程，一个进程可以由多个线程组成，即一个进程中可以同时运行多个不同的线程，每个线程完成不同的任务。一个进程内的若干个线程同时运行时，称为线程的并发运行。在 Java 语言中，通过继承 Thread 类和实现 Runnable

接口来创建多线程。本书第 7 章也采用了多线程编程技术。

1.2.5　数据结构编程技术

数据结构是计算机存储、组织数据的方式，包括三个组成成分，数据的逻辑结构、数据的存储结构和数据运算结构。

数据的逻辑结构反映数据元素之间的逻辑关系的数据结构，其中的逻辑关系是指数据元素之间的前后件关系，而与它们在计算机中的存储位置无关。逻辑结构包括集合、线性结构、树形结构、图形结构。

数据的物理结构指数据的逻辑结构在计算机存储空间的存放形式，它包括数据元素的机内表示和关系的机内表示，具体实现方法有顺序、链接、索引、散列等多种，一种数据结构可以表示成一种或多种存储结构。在 Java 语言中，通过集合实现数据结构编程。

1.2.6　Java 绘图编程技术

绘图编程指利用 Java 语言绘制各种不同的图形，例如绘制直线、空心矩形、空心椭圆、实心矩形、实心椭圆等，鼠标拖动作为铅笔进行自由绘图，可以为图形线条选择各种颜色，也可以选择填充图形的颜色。Java 语言提供的 Draw 类和 Graphics 类进行绘图，本书第 4 章采用了 Java 绘图编程技术。

1.2.7　JDBC 数据库编程技术

JDBC(Java Data Base Connectivity，Java 数据库连接)是一种用于执行 SQL 语句的 Java API，可以为多种关系数据库提供统一访问，它由一组用 Java 语言编写的类和接口组成。JDBC 提供了一种基准，据此可以构建更高级的工具和接口，使数据库开发人员能够编写数据库应用程序。

利用 JDBC 可以完成与数据库之间信息交流：①与数据库建立连接；②发送 SQL 语句到数据库服务器；③把数据库服务器处理结果返回给应用程序。将 Java 语言和 JDBC 结合起来，使系统开发人员不必为不同的数据库平台编写不同的应用程序，只需写一遍程序就可以让该系统在任何数据库平台上运行，这体现了 Java 语言"一次编写，处处运行"的优势。

JDBC API 既支持数据库访问的两层模型(C/S)，同时也支持三层模型(B/S)。在两层模型中，Java applet 或应用程序将直接与数据库进行对话。这种情况下需要一个 JDBC 驱动程序来与所访问的特定数据库管理系统进行通信。在三层模型中，命令先是被发送到服务的"中间层"，然后由它将 SQL 语句发送给数据库。数据库对 SQL 语句进行处理并将结果送回到中间层，中间层再将结果送回给用户。中间层通常都用 C 或 C++ 这类语言来编写，执行速度较快。然而，随着即时编译技术的发展(即时编译就是把 Java 字节代码转换为高效的特定于机器的代码)，用 Java 实现中间层使人们可以充分利用 Java 的坚固、多线程和安全等很多优点。

不同的数据库系统需要不同的 JDBC 驱动程序，例如支持 SQL Server 的 JDBC 是 Microsoft JDBC Driver for SQL Server，支持 Oracle 的 JDBC 是 Oracle Database JDBC Drivers，在开发系统时需要下载并配置开发环境。

1.2.8 本书各项目采用技术

本书共设计了六个 Java 开发项目，每个项目侧重的知识点不同，表 1-1 列出了每个项目覆盖的主要技术。

表 1-1 项目所覆盖的主要技术

序号	项目名称	主要技术
1	简单计算器	图形用户界面编程
2	简单日历记事本	图形用户界面编程、输入输出编程
3	简易画图板	绘图编程、输入输出编程、图形用户界面编程
4	简易职员管理系统	JDBC 数据库编程、图形用户界面编程
5	基于数据结构的学籍管理	输入输出编程、数据结构编程、图形用户界面编程
6	简单聊天室	网络编程、多线程编程、输入输出编程、数据结构编程

1.3 Java 项目开发工具

"工欲善其事，必先利其器"，好的开发工具可以帮助系统开发人员快速构建软件系统，用于开发 Java 应用程序的工具很多，下面介绍几种常用的开发工具。

1.3.1 JDK 开发工具包

JDK 是 Java 语言的软件开发工具包，主要用于互联网软件系统、移动设备、嵌入式设备等方面的应用程序开发，利用该工具包能够完成 Java 源程序的编译、运行。JDK 由一个标准类库和一组 Java 实用程序组成，其核心是 Java API。JDK 包含的基本组件见表 1-2。

表 1-2 JDK 基本组件

序号	组件名	描述
1	javac	编译器，将源程序转成字节码
2	java	运行编译后字节码文件（后缀为 .class）
3	jar	打包工具，将相关的类文件打包成一个文件
4	javadoc	文档生成器，从源码注释中提取注释文档
5	jdb	查错工具（debugger）
6	appletviewer	执行 HTML 文件上的 Java 小程序的 Java 浏览器
7	jconsole	Java 进行系统调试和监控的工具

目前 JDK 已由最初的 JDK1.0 发展到现在的 JDK 8.0，主要有四个不同成员，见表 1-3。本书利用 Java SE 实现项目开发。

表 1－3　JDK 版本

序号	版本名	描述
1	Java SE(Java 标准版)	为 PC 机桌面应用系统提供支持的 Java 语言平台
2	Java EE(Java 企业版)	提供 Web 服务、组件模型、管理和通信 API，可以用来实现企业级的面向服务体系结构(service－oriented architecture，SOA)和 Web 2.0应用程序
3	Java ME(Java 微缩版)	为用户机顶盒、移动电话和 PDA 等嵌入式消费电子设备提供支持的 Java 语言平台
4	Java FX	为创建富 Internet 应用程序(RIAs)(Rich Internet application)提供支持

JDK(Java Development Kit)是 Sun 公司的 Java 开发工具，Sun 公司为 Solaris、Linux、Microsoft Windows 等操作系统提供了不同版本的 Java 开发工具。

本书以基于 Microsoft Windows XP 操作系统的 Java SE 为开发环境，分为 4 步完成 JDK 环境的搭建：

第一步，下载对应的 JDK 开工工具包。

在 Sun 公司的网站(http：//www. oracle. com/technetwork/java/javasebusiness/downloads/java－archive－downloads－javase6－419409. html)下载 Windows x86 工具包，如图 1－2 所示。

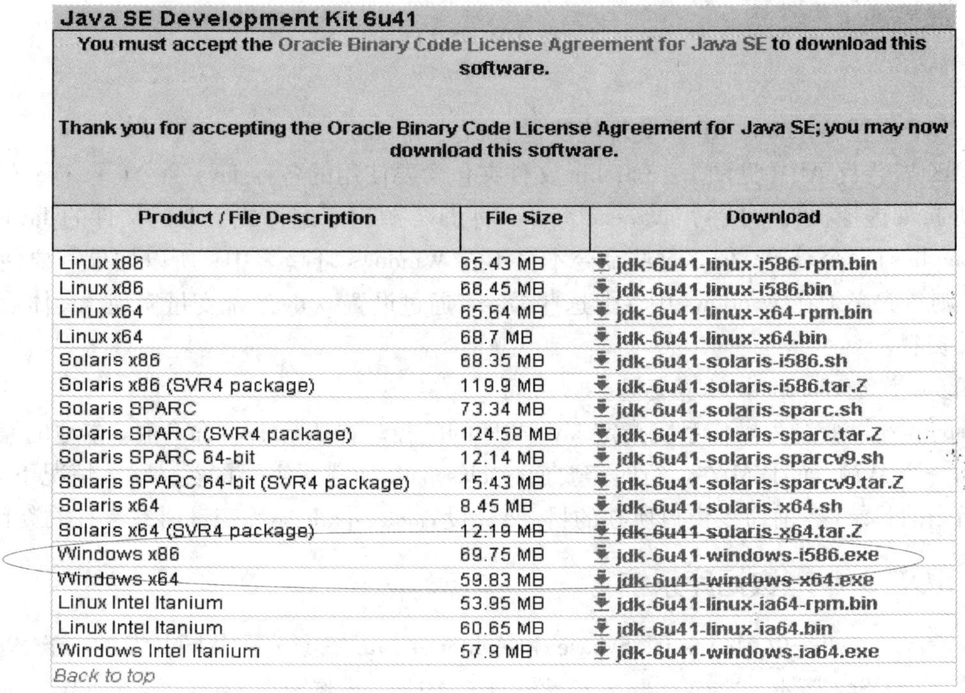

Java SE Development Kit 6u41

You must accept the Oracle Binary Code License Agreement for Java SE to download this software.

Thank you for accepting the Oracle Binary Code License Agreement for Java SE; you may now download this software.

Product / File Description	File Size	Download
Linux x86	65.43 MB	jdk-6u41-linux-i586-rpm.bin
Linux x86	68.45 MB	jdk-6u41-linux-i586.bin
Linux x64	65.64 MB	jdk-6u41-linux-x64-rpm.bin
Linux x64	68.7 MB	jdk-6u41-linux-x64.bin
Solaris x86	68.35 MB	jdk-6u41-solaris-i586.sh
Solaris x86 (SVR4 package)	119.9 MB	jdk-6u41-solaris-i586.tar.Z
Solaris SPARC	73.34 MB	jdk-6u41-solaris-sparc.sh
Solaris SPARC (SVR4 package)	124.58 MB	jdk-6u41-solaris-sparc.tar.Z
Solaris SPARC 64-bit	12.14 MB	jdk-6u41-solaris-sparcv9.sh
Solaris SPARC 64-bit (SVR4 package)	15.43 MB	jdk-6u41-solaris-sparcv9.tar.Z
Solaris x64	8.45 MB	jdk-6u41-solaris-x64.sh
Solaris x64 (SVR4 package)	12.19 MB	jdk-6u41-solaris-x64.tar.Z
Windows x86	69.75 MB	jdk-6u41-windows-i586.exe
Windows x64	59.83 MB	jdk-6u41-windows-x64.exe
Linux Intel Itanium	53.95 MB	jdk-6u41-linux-ia64-rpm.bin
Linux Intel Itanium	60.65 MB	jdk-6u41-linux-ia64.bin
Windows Intel Itanium	57.9 MB	jdk-6u41-windows-ia64.exe

Back to top

图 1－2　下载 JDK 工具包

第二步，安装 JDK。

运行 JDK 安装文件 jdk－6u41－windows－i586.exe 完成 JDK 的安装。

在安装时需要指定文件的安装目录，安装完成后的环境配置都与该目录有关。本书将 JDK 安装在 C：\Program Files\Java\jdk1.6.0_11 目录中，如图 1－3 所示。

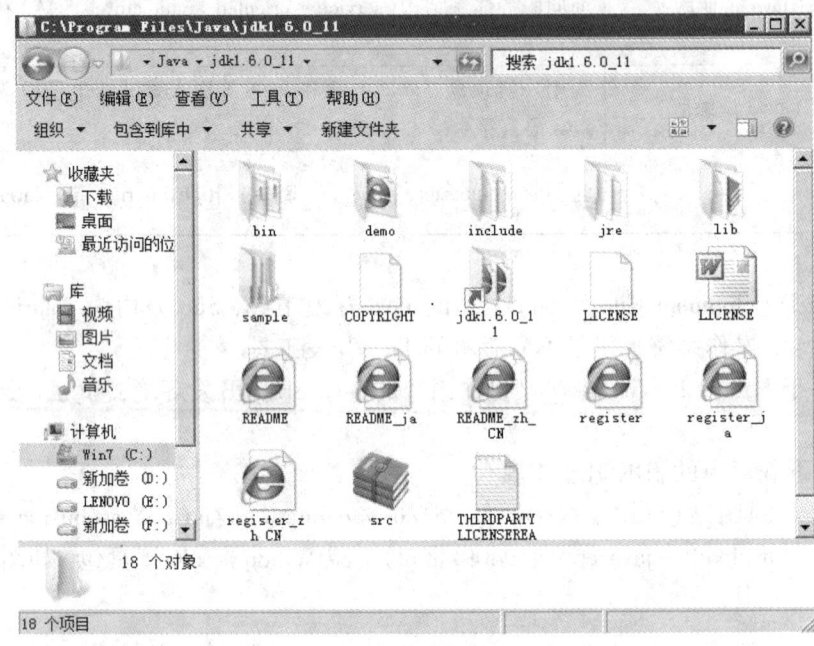

图 1－3　JDK 安装目录

第三步，设置 Windows XP 系统环境变量 path。

在 JDK 安装目录中（见图 1－3），bin 文件夹包含要使用的各种 Java 命令（*.exe 文件），例如启动 Java 虚拟机（JVM）的 java.exe 命令、将 Java 源程序编译成字节码文件的 Javac.exe（Java Complies）命令等等，但是这些命令本身不在 Windows 环境之中，所以如果需要使用这些命令，则首先必须在 Windows 中注册这些命令，通过设置 path 系统变量实现，具体设置可参考有关资料。

第四步，设置 classpath 环境变量。

classpath 环境变量为操作系统指定 Java 类库的路径。在执行 Java 命令时，本地的操作系统将启动一个 JVM，而 JVM 在运行时需要通过 classpath 加载所需要的类，默认情况下 classpath 是指当前目录（当前命令窗口所在的目录）。设置 classpath 环境变量请参考有关资料。

1.3.2　SQL Server 数据库系统

SQL Server 最初是由 Microsoft、Sybase 和 Ashton－Tate 三家公司共同开发的，于 1988 年推出了第一个 OS/2 版本。在 Windows NT 推出后，Microsoft 将 SQL Server 移植到 Windows NT 系统上，专注于开发推广 SQL Server 的 Windows NT 版本。在这之后，SQL Server 得到了快速发展与应用。

(1) 1998 年，微软公司成功地推出了 Microsoft SQL Server 7.0 系统。该系统在数据存储、查询引擎、可伸缩性等性能方面有了巨大的改进。该系统的推出，使微软公司在数据库市场上开始了与甲骨文的 Oracle 系统、IBM 的 DB2 系统开展激烈的竞争。

(2) 2000 年，微软发布了与传统 SQL Server 有重大不同的 Microsoft SQL Server 2000 系统，该系统比先前的版本有了巨大的提高，并引入了对 XML 语言的支持。

(3) 2005 年，微软发布了 Microsoft SQL Server 2005 系统，该版本对整个数据库系统的安全性和可用性进行了巨大的改善，并且与.NET 架构的捆绑更加紧密。

(4) 2008 年，微软公司发布了 Microsoft SQL Server 2008 系统，该系统在安全性、可用性、易管理性、可扩展性、商业智能等方面有了更多的改进和提高，对企业的数据存储和应用需求提供了更强大的支持和便利。

本书采用 SQL Server 2005 关系数据库管理系统作为后台数据库平台，该系统的主要特点有：①采用.NET 框架；②引入 XML 技术；③使用 ADO.NET2.0 版本；④增强的安全性；⑤Transact-SQL 的增强性能；⑥SQL 服务中介；⑦通告服务；⑧支持 Web 服务；⑨灵活的报表服务；⑩增强的全文搜索功能。

SQL Server 2005 提供了五个不同版本，它们的特点见表 1-4。本书根据实际需要采用 Express Edition 作为后台数据库支持系统。

表 1-4 SQL Server 2005 版本

序号	版本	描述
1	Enterprise Edition（企业版）	支持超大型企业进行联机事务处理（OLTP）、高度复杂的数据分析、数据仓库系统和网站所需的性能水平，提供全面商业智能和分析能力及其高可用性功能（如故障转移群集），它是最全面的 SQL Server 版本，可满足超大型企业复杂的数据处理需求
2	Standard Edition（标准版）	适合中小型企业的数据管理和分析平台，它包括电子商务、数据仓库和业务流解决方案所需的基本功能，该版本可满足中小型企业所需要的数据管理和分析需求
3	Workgroup Edition（工作组版）	适合在大小和用户数量上没有限制的小型企业，该版本提供入门级的数据处理，具有可靠、功能强大且易于管理的特点，也可升级到标准版和企业版
4	Developer Edition（开发版）	适合独立软件供应商（ISV）、咨询人员、系统集成商、解决方案供应商以及生成和测试应用程序的企业开发人员使用，该版本允许开发人员在 SQL Server 顶部生成任何类型的应用程序，包括 Enterprise Edition 的所有功能，但仅仅许可用作开发和测试系统，而不能用作生产服务器
5	Express Edition（学习版）	该版本适合独立软件供应商 ISV、服务器用户、非专业开发人员、Web 应用程序开发人员、网站主机和创建客户端应用程序的编程爱好者使用，该版本是免费的，不仅可以进行再分发（受制于协议），还可以充当客户端数据库以及数据库服务器。如果需要更高级的数据库功能，则可以将该版本无缝升级到更复杂的其他版本

1.3.3 JCreator

JCreator 是 Xinox Software 公司开发的一个用于 Java 程序设计的集成开发环境(IDE)，具有编辑、调试、运行 Java 程序的功能，当前最新版本是 JCreator5.0。JCreator 分为 LE 和 Pro 版本。LE 版本是免费的，但功能上受到一些限制，Pro 版本功能齐全，使用时要求用户注册。该软件完全用 C++编写，对硬件环境要求不高，速度快、效率高。具有语法着色、代码自动完成、代码参数提示、工程向导、类向导等功能。第一次启动时提示设置 JDK 主目录及 JavaDoc 目录，软件自动设置好类路径、编译器及解释器路径，还可以在帮助菜单中使用 JDK 帮助。JCreator 是 Java 初级程序员的理想 IDE 工具，主界面如图 1-4 所示。

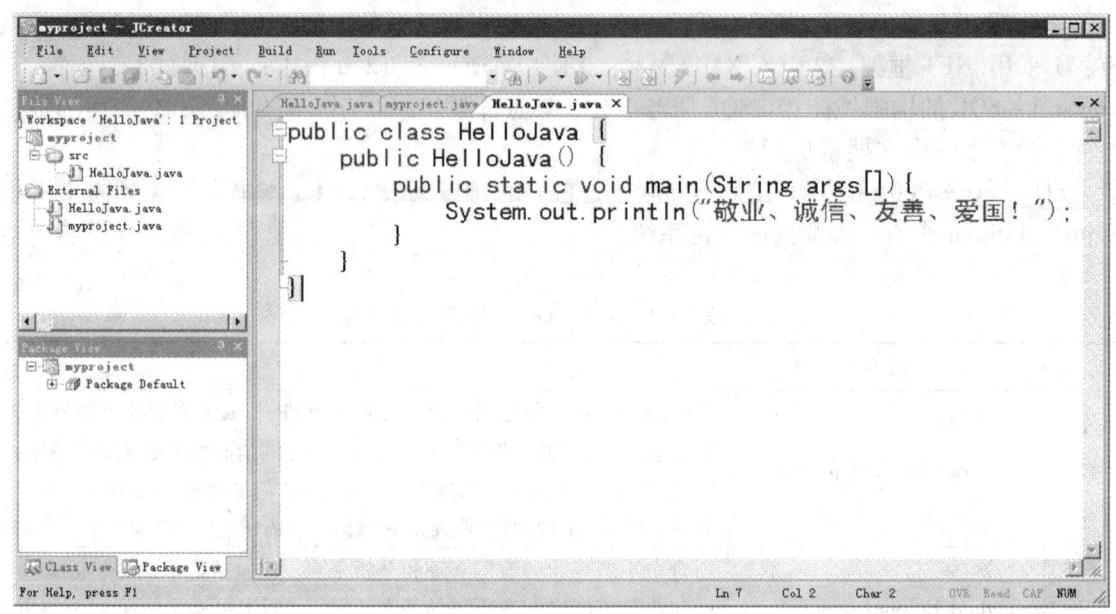

图 1-4　JCreator 主界面

1.3.4 Eclipse

Eclipse 是一个开放源代码的、基于 Java 的可扩展开发平台，1999 年由 OTI 和 IBM 两家公司的 IDE 产品开发组创建，IBM 提供了最初的 Eclipse 代码基础，包括 Platform、JDT 和 PDE，由于其开放源码，任何人都可以免费得到，并可以在此基础上开发各自的插件，因此越来越受人们关注，目前围绕着 Eclipse 已经发展成为了一个庞大的 Eclipse 联盟，有 150 多家软件公司参与到 Eclipse 项目中，其中包括 Oracle、Borland、Rational Software 及 Red Hat 等，Eclipse 的目标是成为可进行任何语言开发的 IDE 集成者，使用者只需下载各种语言的插件即可，目前它支持 EJB、JSP、JSF、SSH 等企业级的大型 Web 项目的开发。

Eclipse 作为高度集成的开发工具提供一个全功能的、具有商业品质的工业平台，包括四个部分，即 Eclipse Platform、JDT、CDT 和 PDE，其中 JDT 支持 Java 开发、CDT 支持 C 开发、PDE 用来支持插件开发，Eclipse Platform 则是一个开放的可扩展 IDE，提供了一个通用的开发平台。Eclipse SDK(软件开发者包)是 Eclipse Platform、JDT 和 PDE 的组件合并，它们可以一并下载,不需要安装即可使用。

Eclipse 编辑器提供了丰富的软件开发特性,比如关键字着色、自动规范格式、语法检查、代码提示、自动生成代码、统一识别并修改标识符名等编辑功能,极大减轻了软件开发人员在文字编辑方面的负担。

目前 Eclipse SDK 是主流的 Java 开发平台,它的主界面如图 1-5 所示,具体使用方法请参阅有关资料。

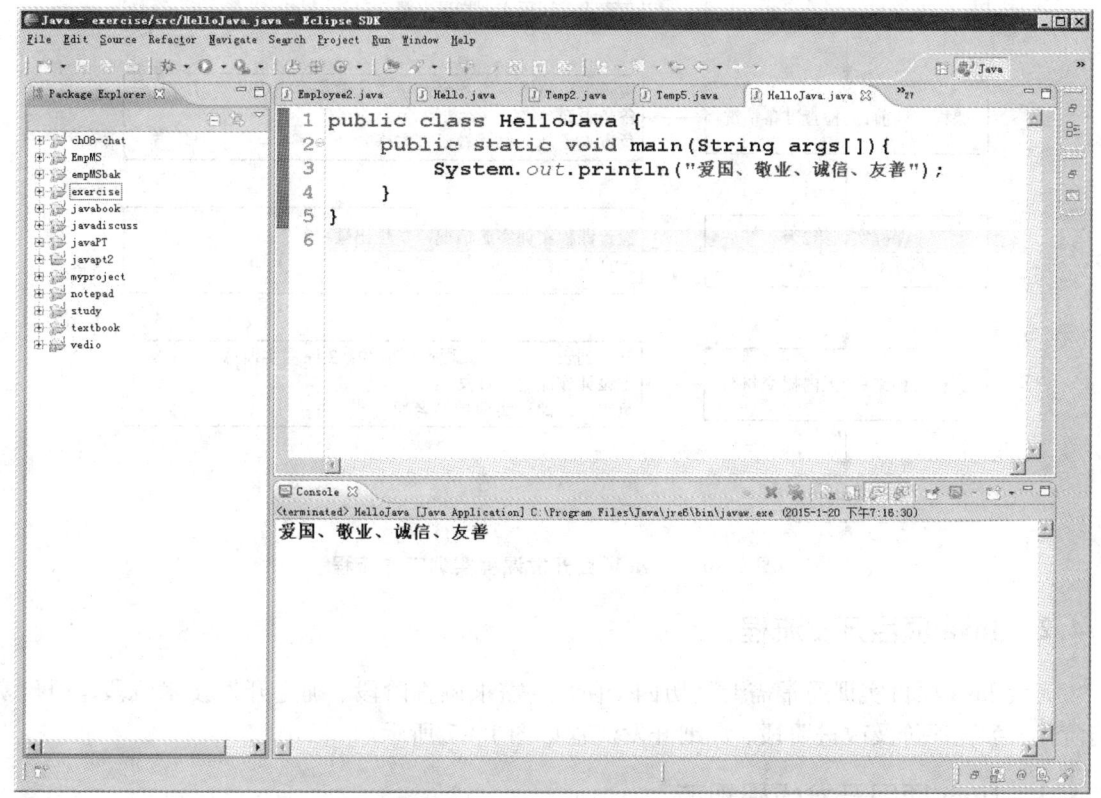

图 1-5　Eclipse SDK 主界面

1.4　Java 项目开发规范

由于 Java 项目开发具有分散性和交互性的特点,需要团队合作才能完成,决定了 Java 项目开发必须遵从一定的开发规范和技术约定,为确保高质量完成 Java 项目开发实训,以及后续实训(JavaEE 项目开发、Asp.Net 项目开发),特制定以下流程与规范。

1.4.1　Java 项目开发实训工作流程

为确保课程实训工作的顺利开展,必须制定完善的课程实训工作流程,具体流程如图 1-6 所示。

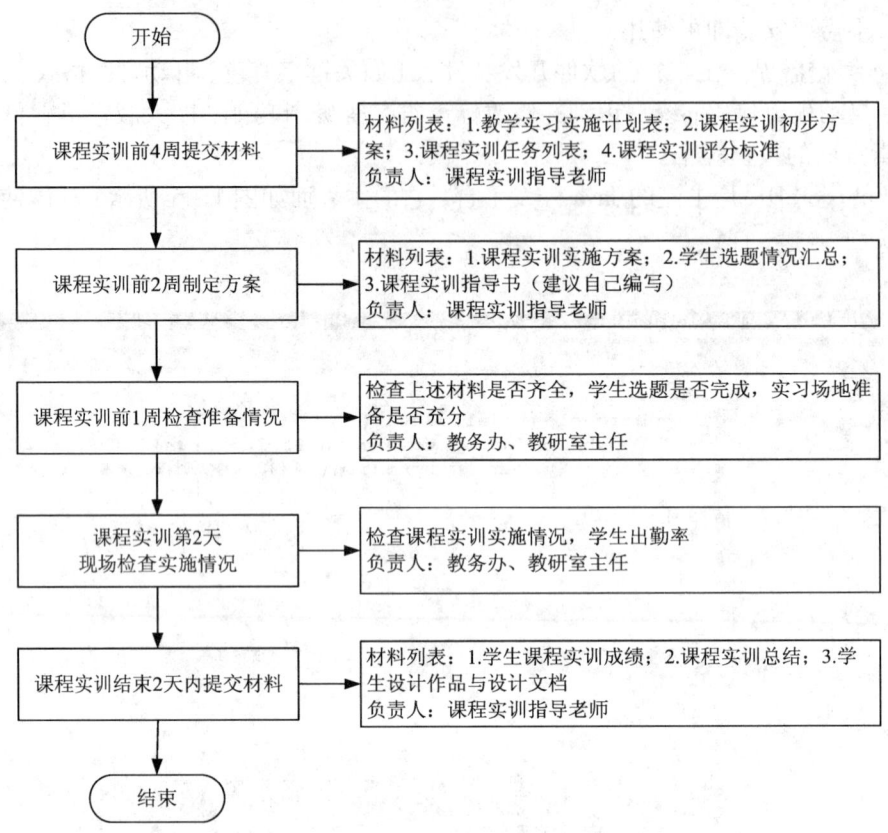

图1-6 Java项目开发课程实训工作流程

1.4.2 Java项目开发流程

完成Java项目实训通常需要经历四个阶段：需求调查阶段、确定开发技术阶段、项目实施阶段、系统评价及改进阶段，详细开发流程如图1-7所示。

1.4.3 Java项目开发代码规范

在软件开发过程中，良好的命名规范无论在项目开发，还是产品维护上都起到了至关重要的作用。命名规范是一种约定，也是程序员之间良好沟通的桥梁。在定义程序中的标识符时，除了见名知意外，还需要确定命名规则，命名规则是一种惯例，并无绝对与强制，目的是增加程序的识别和可读性。

一、代码命名规范

Java程序一般采用驼峰命名法的命名规则。

1. 类名

类名尽量用名词，若是几个单词组成，则每个单词的首字母大写，例如Slogan、System、DataOutputStream等；若类名中包含单词缩写，则将缩写词的每个字母均大写，如XMLDemotional。

2. 接口名

接口名与类命名规范类似，但一般采用形容词，例如Runnable、Comparable等。

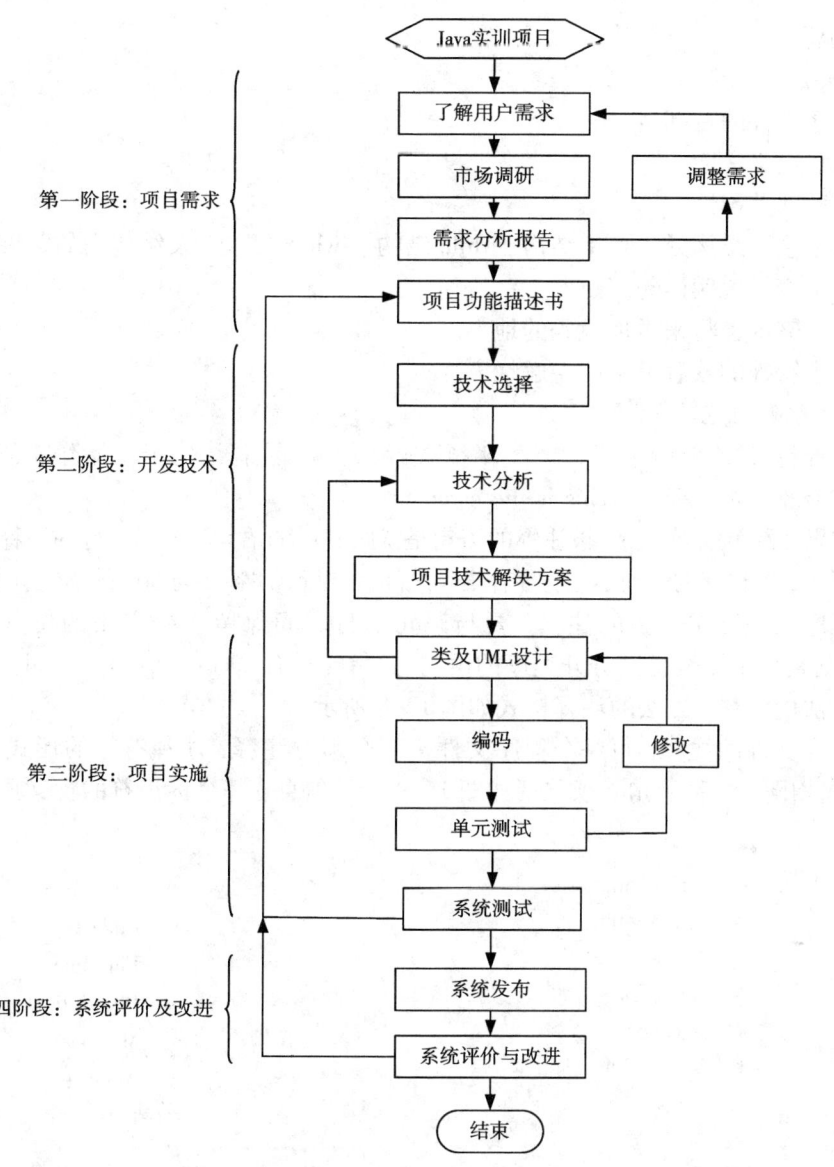

图 1-7　Java 项目开发流程

3. 方法名和变量名

方法名和变量名的第一个单词全部小写,其他单词的首字母大写,例如 getProperties( )、setColor( )、compareToIgnoreCase( )等。

4. 包名

包的名字都是由小写字母组成,一般采用域名的反写。如:com. edu. flower. demo、com. book. simple 等。

5. 常量名

常量名的所有字母采用大写形式,如果由多个单词构成,则单词之间采用下划线"_"连接。例如 MAX_VALUE、PI 等。

二、注释

1. 需要注释地方

(1) 程序文件的首部。
(2) 方法定义之前。
(3) 程序的关键地方。
(4) 每个主要结构处,如 if 结构、while 结构、switch 结构,及结构内的关键语句处。
(5) 每个变量说明语句。
(6) 空出来准备将来添加代码的地方。
(7) 每个特殊的或容易引起误解地方。

2. 注释编写规范

(1) 注释符号"/* * */","/* */"或者"//",注释语句于注释符号之间要有1个或1个以上的空格。如:/* * This is the comment */。
(2) 如果注释单独起一行,被注释的语句是紧跟其后的语句,单起一行的注释要与被注释的语句垂直对齐,被注释的语句不能与注释语句之间有空行,注释要与前面的语句有个空行。
(3) 程序某一语句之后的注释,要与语句本身之间保留4个空格的位置(注意不要用TAB),原则是尽量用容易区分开程序的语句与注释。如:语句1 /* this is the comment */。
(4) 方法的注释,方法的注释格式如图1-8所示。
(5) 程序文件的注释,每一个程序文件头部必须有注释,注释符号的形式与方法的注释符号的形式相同,注释语句必须包括如图1-9所示信息,每个标识符的含义见表1-5。

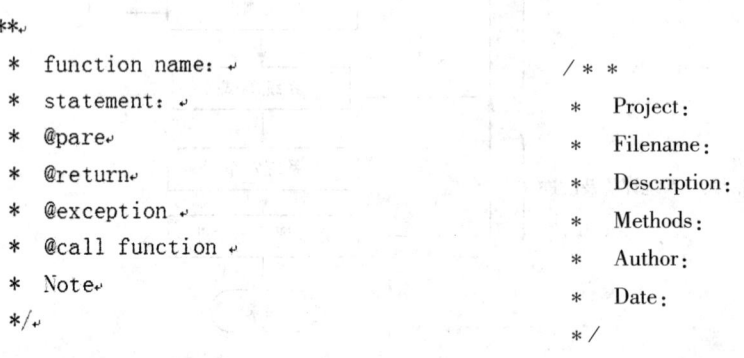

图1-8 方法注释　　　　　图1-9 注释语句包括信息

表1-5 文件注释标识符含义

标识符	含义
Filename	文件名称
Description	本程序的描述(功能、作用与之相关的程序等)
Project	所属项目
Methods	列出在本程序文件中定义的方法及简要说明
Author	程序的编写者
Date	程序完成的日期 格式:yyyy-MM-dd

三、行宽、缩进与对齐

1. 行宽

为了使程序在屏幕中不需要通过滑动条就能更好的阅读，程序每行的宽度不得超过 100 个字符，超过 100 个字符必须折行显示。

2. 对齐

①方法的定义与方法的注释，必须顶头写。②同一层次的相对语句必须对齐。③不同行的左花括号"｛"和与相对应的右花括号"｝"必须对齐。④单独起行的注释与被注释语句对齐。

3. 缩进

缩进是与上一条语句相比向右推进 4 个空格，被派生出来的语句需要缩进。

四、花括号

左花括号写在类、方法或者结构语句的最右边，右花括号要另起一行，数组初始化情况例外。另起一行的花括号要符合对齐规范。

五、空行、空格

空行只容许一行。必须空行的地方如下：方法与其他语句之间，以及方法与方法之间。相对独立的小节之间，除语法规定要加空格的地方与缩进加空格以外，程序的其他地方不能加空格。

1.4.4 文档与源码提交规范

Java 项目开发实训完成后，文档与源码需要分目录管理并进行提交，提交列表如图 1 – 10 所示。

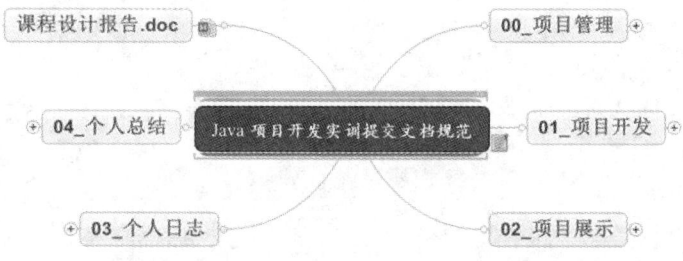

图 1 – 10　实训文档与源码提交列表

其中项目管理提交列表如图 1 – 11 所示，项目开发提交列表如图 1 – 12 所示，个人日志提交列表如图 1 – 13 所示，个人总结提交列表如图 1 – 14 所示，项目展示主要为 ppt 汇报文件。

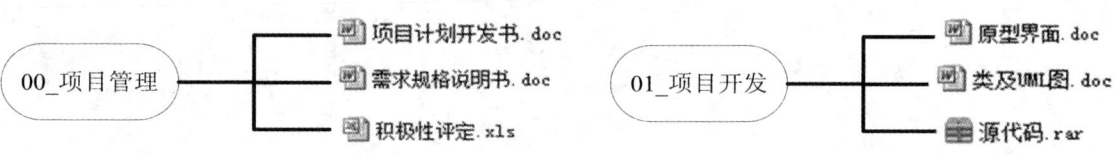

图 1 – 11　项目管理提交列表　　　　　　图 1 – 12　项目开发提交列表

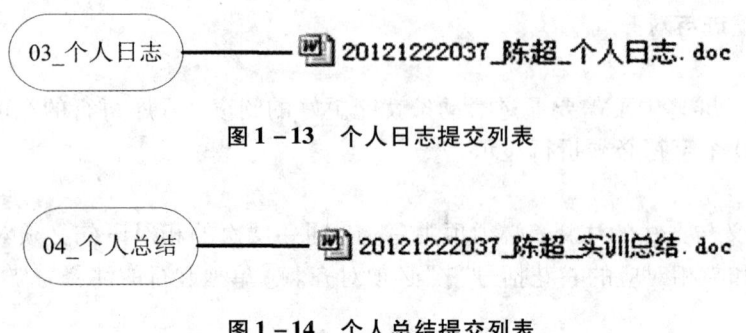

图1-13 个人日志提交列表

图1-14 个人总结提交列表

1.5 小结

本章首先从知识、能力和素质三个方面介绍了Java实训目标，然后介绍了Java开发的主要技术和主流开发工具，最后从实训工作流程、开发流程、代码规范和文档规范等方面给出了Java项目实训应遵循的原则。

第 2 章

简易计算器项目设计与开发

2.1 项目描述

日常生活中，人们经常要用计算器进行各种运算，采用人工的口算方式仅可计算简单的加减乘除运算，而且容易出错。随着计算机的快速发展以及软件系统在工作中的应用，利用计算机进行科学计算、数值计算、会计业务等方面具有效率高、可靠性高、功能全面的优点。计算器在电脑系统中是必不可少的一个计算软件。

本项目利用 Java 语言中提供的 Math 类来进行相关运算，实现简单的四则运算，以及常用的正弦、取反、开平方等函数功能，能够方便和快捷地给用户提供计算服务。

2.2 项目目标

2.2.1 系统功能

本系统采用 Eclipse 和 JDK 作为开发工具，利用图形用户界面编程，实现一个基于十进制数据的简易计算器，要求界面简单易用、美观大方，具备的功能目标如下：①具备加法、减法、乘法、除法四则运算；②具备正弦、开平方、求倒数、取反函数功能；③具备小数点、清零、退格功能。

功能结构图如图 2-1 所示，计算器界面如图 2-2 所示。

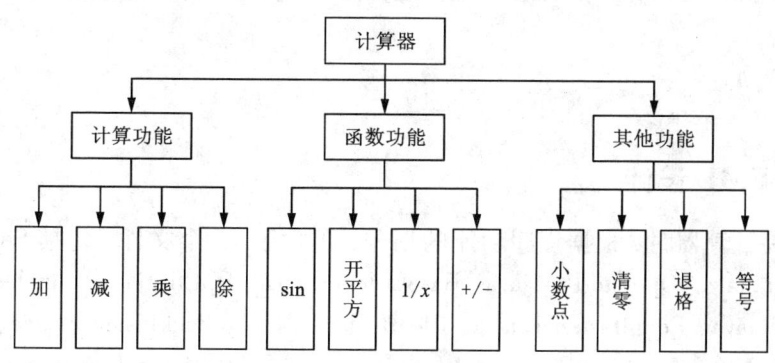

图 2-1 计算器功能结构图

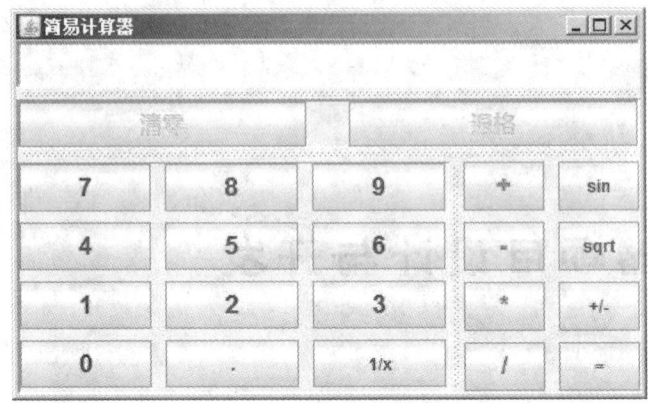

图2-2 简易计算器主界面

2.2.2 功能描述

1. 数字按键

提供10个数字按键(0,1,2,3,4,5,6,7,8,9),鼠标直接点击按钮输入数字,并在当前数据文本框显示。

2. 四则运算符

提供加法、减法、乘法、除法四则运算,当用户用鼠标点击数字按钮输入第一个操作数,按用户需求点击加减乘除运算符的其中一个按钮,然后输入第二个操作数,点击等号即可得出计算结果。

3. 等号按键

用户鼠标点击等号按键,在文本显示区显示当前的计算结果。

4. 其他运算

本计算器提供其他运算符,包括 sin(正弦函数)、sqrt(开平方)、$1/x$(求倒数)、+/-(求相反数)等常用函数的计算功能,使用时,先输入数字,再单击函数按钮,即可直接得出计算结果。

5. 数据清除按钮

提供清零功能,可以清除当前结果显示区域输入的所有数字。

提供退格功能,可以清除当前输入数字的最后一位,且支持连续退格。

2.3 项目实施

2.3.1 类及 UML 设计

在设计简易计算器时,根据程序功能的划分,包含了15个文件,包括 SimpleCalculator.java、NumberBtn.java、OperatorBtn.java、BaseListener.java、OpUtil.java、NumberListener.java、OperatorListener.java、EqualListener.java、ClearListener.java、BackListener.java、PointListener.java、SinListener.java、SqrtListener.java、PorNListener.java、ReciprocalListener.java。下面分别介绍它们的功能及 UML 图。

1. SimpleCalculator. java

该文件包含一个 public SimpleCalculator 类,该类继承 JFrame,是系统运行的主类,负责创建计算器的主窗口。main()方法用于系统启动,是程序的入口。LinkedList < String > 是 String 类型的操作数链表,用于保存两个操作数和一个运算符,用于计算。NumberBtn[ ]数组是数字按钮 0 ~ 9, OperatorBtn[ ]数组是操作符按钮 " + "、" - "、" * "、"/", SimpleCalculator ()是构造方法,用于设计计算器的图形主界面,并且包含相关按钮的监听事件。UML 如图 2 - 3 所示。

2. NumberBtn. java

该文件包含一个 public NumberBtn 类,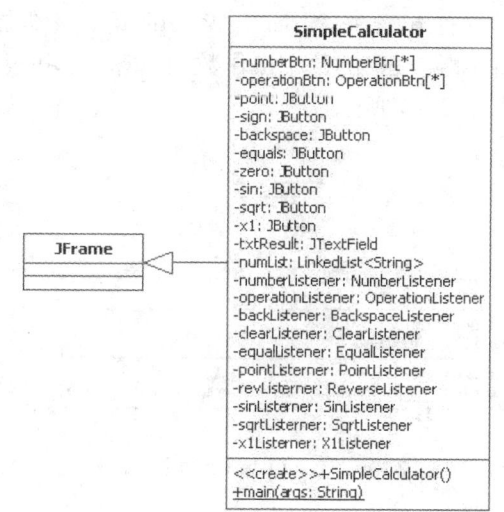

图 2 - 3 SimpleCalculator 类图

该类继承 JButton,主要功能是设置主窗口中(0 ~ 9)10 个数字按钮样式。该类中有一个 int 类型的成员 number,用来表示按钮表示的数字,该类包含两个方法,构造方法 NumberBtn()设计数字按钮的字体、大小,以及数字的颜色。方法 getNumber()返回其所含有的数字。如图 2 - 4 所示。

3. OperatorBtn. java

该文件包含一个 public OperatorBtn 类,该类继承 JButton,主要功能是创建的对象主窗口中的 " + "、" - "、" * "、"/"四个运算符按钮,该类有一个 String 类型的成员 OperateStr,用于标明创建的按钮所包含的运算符,该类包含两个方法,构造方法用于创建四个按钮的文本以及颜色设置。方法 getOpStr()返回其所含有的运算符。如图 2 - 5 所示。

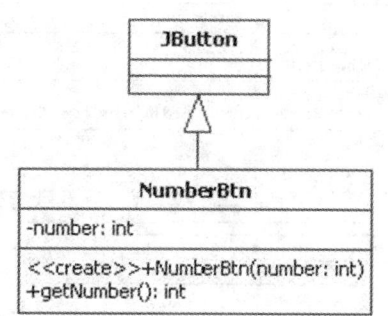

图 2 - 4 NumberBtn 类图

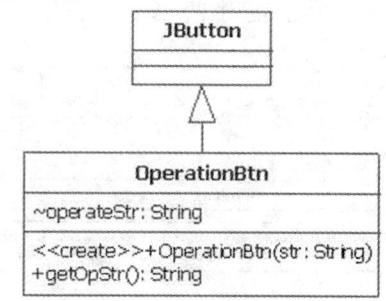

图 2 - 5 OperatorBtn 类图

4. BaseListener. java

该文件包含一个 public abstract BaseListener 类,实现了 ActionListener 接口,是一个抽象类,所以不能创建对象,只能够被继承,封装了其他监听器类的通用属性,所有的监听器类都继承该类,同时重写事件处理方法 actionPerformed()。如图 2 - 6 所示。

5. OpUtil.java

该文件包含一个 public OpUtil 类，该类提供一个 getResult( ) 方法，主要功能是解析 LinkedList 链表中的两个操作数和运算符，并根据获得的加减乘除运算符进行计算，并返回结果。如图 2－7 所示。

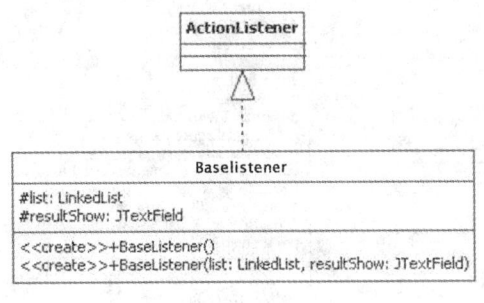

图 2－6　BaseListener 类图

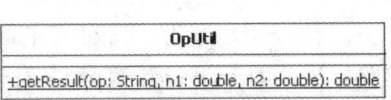

图 2－7　OpUtil 类图

6. NumberListener.java

该文件包含一个 public NumberListener 类，该类继承了父类 Baselistener，并实现了 ActionListener 中的 actionPerformed( ) 方法。创建的对象负责操作按钮处理 ActionEvent 事件，实现了 actionPerformed( ) 方法。该类主要处理数字按钮，将操作数放入链表对应位置，单击 0~9 十个数字按钮时，actionPerformed( ) 方法将被调用执行。如图 2－8 所示。

7. OperatorListener.java

该文件包含一个 public OperatorListener 类，该类继承了父类 Baselistener，并实现了 ActionListener 中的 actionPerformed( ) 方法。创建的对象负责操作按钮处理 ActionEvent 事件，实现了 actionPerformed( ) 方法。该类主要处理加减乘除四则运算，将操作数和运算符放入链表对应位置，单击运算符操作按钮，actionPerformed( ) 方法将被调用执行。如图 2－9 所示。

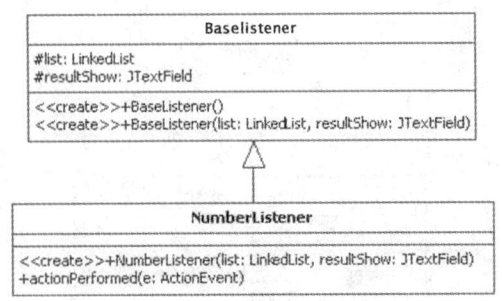

图 2－8　NumberListener 类图

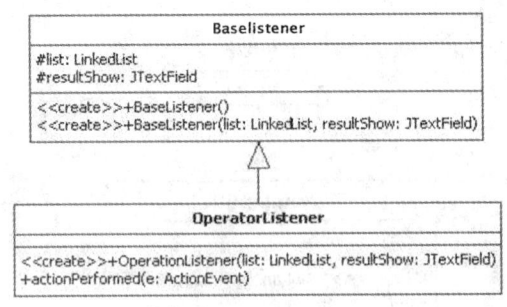

图 2－9　OperatorListener 类图

8. EqualListener.java

该文件包含一个 public EqualListener 类，该类继承了父类 Baselistener，该类创建的对象负责处理 ActionEvent 事件，实现了 actionPerformed( ) 方法，创建的对象 EqualListener 是 SimpleCalculator 窗口的组成成员之一。该类主要处理等号事件，通过调用 OpUtil 的 getResult 方法进行计算，得出结果。当用户单击"＝"操作按钮时，就会触发 ActionEvent 事件，actionPerformed()方法将被调用执行。如图 2-10 所示。

9. ClearListener.java

该文件包含一个 public ClearListener 类,该类继承了父类 Baselistener,该类创建的对象负责处理 ActionEvent 事件,实现了 actionPerformed()接口,创建的对象 ClearListener 是 SimpleCalculator 窗口的组成成员之一。该类包含一个成员变量 list,这是一个 LinkedList < String > 链表,用来存放两个操作数和一个运算符。当用户单击"清零"操作按钮时,就会触发 ActionEvent 事件,actionPerformed()方法将被调用执行,其操作就是清除链表中存储的运算数和操作符,并且设置 txtResult 中显示的数字为 0。如图 2-11 所示。

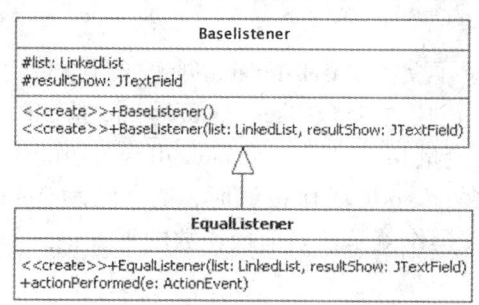

图 2-10　EqualListener 类图

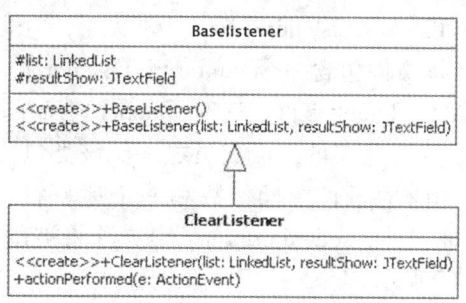

图 2-11　ClearListener 类图

10. BackspaceListener.java

该文件包含一个 public ClearListener 类,该类继承了父类 Baselistener,创建的对象负责处理 ActionEvent 事件,实现了 actionPerformed()方法,创建的对象 BackspaceListener 是 SimpleCalculator 窗口的组成成员之一。该类包含一个成员变量 list,这是一个 LinkedList < String > 链表,用来存放两个操作数和一个运算符。当用户单击"退格"操作按钮时,就会触发 ActionEvent 事件,actionPerformed()方法将被调用执行,其操作就是清除链表中存储的运算数最后一位。如图 2-12 所示。

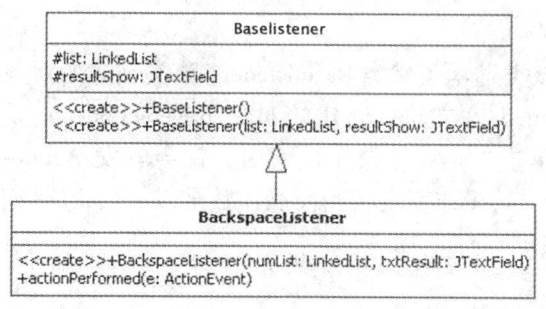

图 2-12　BackspaceListener 类图

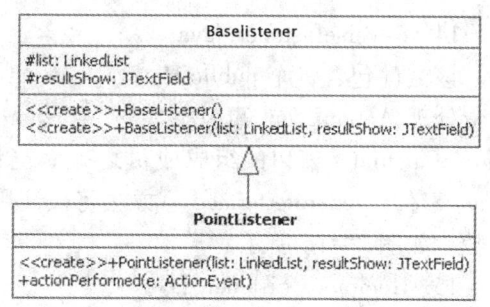

图 2-13　PointListener 类图

11. PointListener.java

该文件包含一个 public PointListener 类,该类继承了父类 Baselistener,该类创建的对象负责处理 ActionEvent 事件，实现了 actionPerformed( )方法，创建的对象 PointListener 是 SimpleCalculator 窗口的组成成员之一。该类主要处理小数点，将小数点前后两部分合成一个字符串。当用户单击"."操作按钮时，就会触发 ActionEvent 事件，actionPerformed( )方法将被调用执行。如图 2 – 13 所示。

12. SinListener. java

该文件包含一个 public SinListener 类，该类继承了父类 Baselistener，创建的对象负责处理 ActionEvent 事件，实现了 actionPerformed( )方法，创建的对象 BackspaceListener 是 SimpleCalculator 窗口的组成成员之一。当用户单击"sin"操作按钮时，就会触发 ActionEvent 事件，actionPerformed( )方法将被调用执行，其操作就是求当前操作数正弦值。如图 2 – 14 所示。

13. SqrtListener. java

该文件包含一个 public SinListener 类，该类继承了父类 Baselistener，创建的对象负责处理 ActionEvent 事件，实现了 actionPerformed( )方法，创建的对象 BackspaceListcner 是 SimpleCalculator 窗口的组成成员之一。该类包含一个成员变量 list，这是一个 LinkedList < string > 链表，用来存放两个操作数和一个运算符。当用户单击"sqrt"操作按钮时，就会触发 ActionEvent 事件，actionPerformed( )方法将被调用执行，其操作就是求当前操作数的平方根。如图 2 – 15 所示。

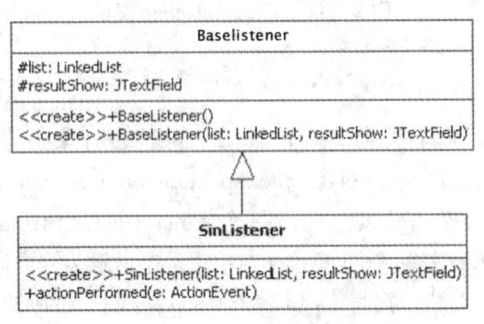

图 2 – 14　SinListener 类图

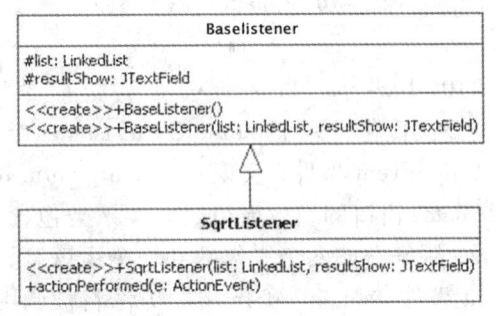

图 2 – 15　SqrtListener 类图

14. ReverseListener. java

该文件包含一个 public ReverseListener 类，该类继承了父类 Baselistener，该类创建的对象负责处理 ActionEvent 事件，实现了 actionPerformed( )方法，创建的对象 ReverseListener 是 SimpleCalculator 窗口的组成成员之一。当用户单击" +/ – "操作按钮时，就会触发 ActionEvent 事件，actionPerformed( )方法将被调用执行，其操作就是将当前操作数乘以 – 1，取得相反数。如图 2 – 16 所示。

15. ReciprocalListener. java

该文件包含一个 public ReciprocalListener 类，该类继承了父类 Baselistener，创建的对象负责处理 ActionEvent 事件，实现了 actionPerformed( )方法，创建的对象 BackspaceListener 是 SimpleCalculator 窗口的组成成员之一。当用户单击"1/X"操作按钮时，就会触发 ActionEvent 事件，actionPerformed( )方法将被调用执行，其操作就是 1 除以当前操作数的倒数。如图 2 – 17 所示。

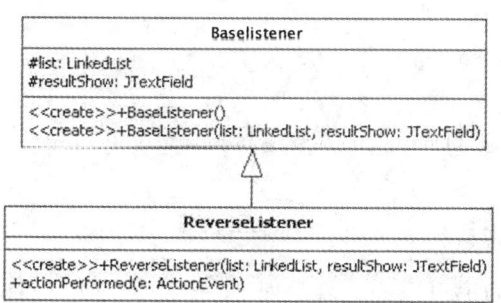

图 2 – 16　ReverseListener 类图

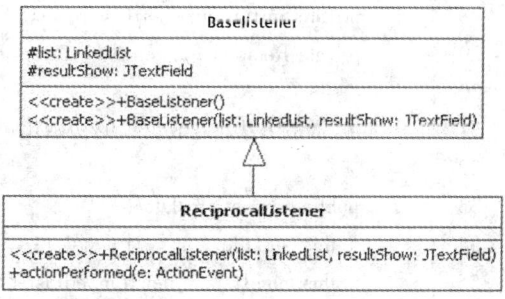

图 2 – 17　ReciprocalListener 类图

2.3.2　代码实现

简易计算器系统共有 15 个源文件代码，各文件的源代码如下。

1. SimpleCalculator.java

该源文件完成系统的启动。

```
1    package SimpleCalculator;
2    import java.awt.*;
3    import javax.swing.*;
4    import javax.swing.border.*;
5    import java.util.LinkedList;
6    /**
7     *简易计算器主框架类
8     */
9    public class SimpleCalculator extends JFrame {
10       // 声明主窗口所需要的全局变量
11       // 数字按钮数组，数字按钮中的数字包含 1,2,3,4,...0
12       private NumberBtn numberBtn[];
13       private OperationBtn operationBtn[];
14       private JButton point, sign, backspace, equals, zero, sin, sqrt, reci;
15       // 显示当前计算结果
16       private JTextField txtResult;
17       // 链表用来存放第一个运算数、运算符号和第二个运算数
18       private LinkedList<String> numList;
19       // 负责处理 ActionEvent 事件
20       private NumberListener numberListener;
21       private OperationListener operationListener;
22       private BackspaceListener backListener;
23       private ClearListener clearListener;
24       private EqualListener equalListener;
25       private PointListener pointListerner;
26       private ReverseListener revListerner;
27       private SinListener sinListerner;
```

```java
28          private SqrtListener sqrtListener;
29          private ReciprocalListener reciListener;
30          /**
31           * 构造方法,完成窗口的初始化
32           */
33          public SimpleCalculator() {
34              this.setTitle("简易计算器");
35              this.numList = new LinkedList<String>();
36              //结果显示区
37              this.txtResult = new JTextField(10);
38              this.txtResult.setHorizontalAlignment(JTextField.RIGHT);
39              this.txtResult.setForeground(Color.blue);
40              this.txtResult.setFont(new Font("TimesRoman", Font.BOLD, 20));
41              this.txtResult.setBorder(new SoftBevelBorder(BevelBorder.LOWERED));
42              this.txtResult.setEditable(false);
43              this.txtResult.setBackground(Color.white);
44              // 数字按钮
45              this.numberBtn = new NumberBtn[10];
46              this.numberListener = new NumberListener(this.numList, this.txtResult);
47              for (int i = 0; i <= 9; i++) {
48                  this.numberBtn[i] = new NumberBtn(i);
49                  this.numberBtn[i].setFont(new Font("Arial", Font.BOLD, 18));
50                  this.numberBtn[i].addActionListener(this.numberListener);
51              }
52          // 操作按钮
53          this.operationBtn = new OperationBtn[4];
54          this.operationListener = new OperationListener(this.numList, this.txtResult);
55          String calculator[] = {"+", "-", "*", "/"};
56          for (int i = 0; i < 4; i++) {
57              this.operationBtn[i] = new OperationBtn(calculator[i]);
58              this.operationBtn[i].setFont(new Font("Arial", Font.BOLD, 18));
59              this.operationBtn[i].addActionListener(this.operationListener);
60          }
61              // 小数点、= 及其他按钮
62              this.sin = new JButton("sin");
63              this.sinListener = new SinListener(this.numList, this.txtResult);
64              this.sin.addActionListener(this.sinListener);
65              this.sqrt = new JButton("sqrt");
66              this.sqrtListerner = new SqrtListener(this.numList, this.txtResult);
67              this.sqrt.addActionListener(this.sqrtListener);
68          this.sign = new JButton("+/-");
69              this.revListerner = new ReverseListener(this.numList, this.txtResult);
70              this.sign.addActionListener(this.revListerner);
```

```java
71      this.equals = new JButton(" = ");
72      this.equalListener = new EqualListener(this.numList, this.txtResult);
73      this.equals.addActionListener(this.equalListener);
74          this.point = new JButton(".");
75          this.pointListerner = new PointListener(this.numList, this.txtResult);
76          this.point.addActionListener(this.pointListerner);
77      this.reci = new JButton("1/x");
78      this.reciListener = new ReciprocalListener(this.numList, this.txtResult);
79      this.reci.addActionListener(this.reciListener);
80      // 退格,清除等号键的运用
81      this.backspace = new JButton("退格");
82      this.backListener = new BackspaceListener(this.numList, this.txtResult);
83      this.backspace.addActionListener(this.backListener);
84      this.backspace.setFont(new Font("微软雅黑", Font.BOLD, 16));
85      this.zero = new JButton("清零");
86      this.clearListener = new ClearListener(this.numList, this.txtResult);
87      this.zero.addActionListener(this.clearListener);
88      this.zero.setFont(new Font("微软雅黑", Font.BOLD, 16));
89      this.zero.setForeground(Color.green);
90      this.backspace.setForeground(Color.green);
91      this.equals.setForeground(Color.red);
92      this.sin.setForeground(Color.blue);
93      this.sign.setForeground(Color.blue);
94      this.point.setForeground(Color.blue);
95      this.sqrt.setForeground(Color.blue);
96      this.reci.setForeground(Color.blue);
97      JPanel panelDown, panelUp;
98      // 窗口的设计分为两部分
99      panelUp = new JPanel(new BorderLayout());
100      panelUp.add(this.txtResult, BorderLayout.CENTER);
101      // 数字存放区计算窗口按钮的摆放
102      panelDown = new JPanel();
103      panelDown.setLayout(new BorderLayout());
104      JPanel NorthInRight = new JPanel();
105      JPanel centerInRight = new JPanel();
106      JPanel SouthInRight = new JPanel();
107      panelDown.add(NorthInRight, BorderLayout.NORTH);
108      NorthInRight.setLayout(new GridLayout(1, 2, 30, 30));
109      NorthInRight.add(zero);
110      NorthInRight.add(backspace);
111      //分割线
112      JSplitPane split1 = new JSplitPane(JSplitPane.VERTICAL_SPLIT, NorthInRight,
113              centerInRight);
```

```
114        panelDown.add(split1, BorderLayout.NORTH);
115        panelDown.add(centerInRight, BorderLayout.WEST);
116            centerInRight.setLayout(new GridLayout(4, 3, 10, 8));
117        centerInRight.add(numberBtn[7]);
118        centerInRight.add(numberBtn[8]);
119        centerInRight.add(numberBtn[9]);
120        centerInRight.add(numberBtn[4]);
121        centerInRight.add(numberBtn[5]);
122        centerInRight.add(numberBtn[6]);
123        centerInRight.add(numberBtn[1]);
124        centerInRight.add(numberBtn[2]);
125        centerInRight.add(numberBtn[3]);
126        centerInRight.add(numberBtn[0]);
127        centerInRight.add(point);
128        centerInRight.add(reci);
129        //分割线
130        JSplitPane split2 = new JSplitPane(JSplitPane.HORIZONTAL_SPLIT, centerInRight,
131                SouthInRight);
132        panelDown.add(split2, BorderLayout.CENTER);
133        panelDown.add(SouthInRight, BorderLayout.EAST);
134        SouthInRight.setLayout(new GridLayout(4, 2, 10, 8));
135        SouthInRight.add(operationBtn[0]);
136        SouthInRight.add(sin);
137        SouthInRight.add(operationBtn[1]);
138        SouthInRight.add(sqrt);
139        SouthInRight.add(operationBtn[2]);
140        SouthInRight.add(sign);
141        SouthInRight.add(operationBtn[3]);
142        SouthInRight.add(equals);
143
144        setDefaultCloseOperation(JFrame.EXIT_ON_CLOSE);
145            JSplitPane split = new JSplitPane(JSplitPane.VERTICAL_SPLIT, panelUp,
146                    panelDown);
147          add(split, BorderLayout.CENTER);
148        setVisible(true);
149        setBounds(500, 350, 450, 280);
150        validate();
151    }
152        /**
153         * 计算器程序运行的入口主函数
154         */
155    public static void main(String args[]) {
156        new SimpleCalculator();
```

157　　}
158　}

2．NumberBtn．java

该源文件完成数字按钮的初始化设计。

```
1    package SimpleCalculator;
2    import java.awt.*;
3    import javax.swing.*;
4    /**
5     *数字按钮的设计类
6     */
7    public class NumberBtn extends JButton{
8      //成员变量，确定所创建的数字按钮所含有的数字
9      private int number;
10     /**
11      * 构造方法
12      */
13     public NumberBtn(int number){
14       this.number = number;
15       this.setText(""+number);
16         setForeground(Color.blue);//设置数字字体颜色
17     }
18     /**
19      * 调用该方法返回其所含有的数字
20      */
21     public int getNumber(){
22       return number;
23     }
24   }
```

3．OperatorBtn．java

该源文件完成操作按钮的初始化设计。

```
1    package SimpleCalculator;
2    import java.awt.*;
3    import javax.swing.*;
4    /**
5     * 设置运算符、操作符按钮的类
6     */
7    public class OperationBtn extends JButton{
8      //成员变量，确定所创建的操作按钮，包括加、减、乘、除等操作
9      String operateStr;
10     /**
11      * 构造方法
12      */
```

```
13    public OperationBtn(String str){
14        operateStr = str;
15        //设置字体颜色
16        this.setText(str);
17        setForeground(Color.red);
18    }
19    /**
20     * 调用该方法返回其所含有的字符
21     */
22    public String getOpStr(){
23        return operateStr;
24    }
25  }
```

4. BaseListerner.java

该源文件封装了监听器类的通用属性。

```
1   package SimpleCalculator;
2   import java.awt.event.ActionListener;
3   import java.util.LinkedList;
4   import javax.swing.JTextField;
5   /**
6    * 按钮监听事件的父类
7    */
8   public abstract class BaseListener implements ActionListener{
9       protected LinkedList<String> list;
10      protected JTextField resultShow;
11      public BaseListener(){}
12      public BaseListener(LinkedList<String> list, JTextField resultShow){
13          super();
14          this.list = list;
15          this.resultShow = resultShow;
16      }
17  }
```

5. OpUtil.java

该源文件封装了四则运算的业务逻辑。

```
1   package SimpleCalculator;
2   public class OpUtil{
3       /**
4        * 根据运算符和两个数得到对应的计算结果
5        */
6       public static double getResult(String op, double n1, double n2){
7           double result = 0;
8           if(op.equals("+"))
```

```
9              result = n1 + n2;
10          else if( op. equals( " - " ) )
11              result = n1 - n2;
12          else if( op. equals( " * " ) )
13              result = n1 * n2;
14          else if( op. equals( "/" ) )
15              result = n1/n2;
16          return result;
17      }
18  }
```

6. NumberListener. java

该源文件完成数字按键的事件监听处理。

```
1   package SimpleCalculator;
2   import java. util. LinkedList;
3   import javax. swing. * ;
4   import java. awt. event. * ;
5   /* *
6    * 数字按钮(0123456789)的事件监听类
7    */
8   public class NumberListener extends BaseListener {
9       /* *
10       * 构造方法
11       */
12      public NumberListener( LinkedList < String > list, JTextField resultShow) {
13          super( list, resultShow) ;
14      }
15      /* *
16       * 数字按钮(0123456789)的事件监听处理
17       */
18      public void actionPerformed( ActionEvent e) {
19          NumberBtn b = ( NumberBtn) e. getSource( );
20          switch ( list. size( ) ) {
21          case 0: {
22              int number = b. getNumber( );
23              list. add( " " + number) ;
24              resultShow. setText( " " + number) ;
25          }
26              break;
27          case 1: {
28              int number = b. getNumber( );
29              String num = list. getFirst( );
30              String s = num. concat( " " + number) ;
31              list. set( 0, s) ;
```

```
32            resultShow.setText(s);
33        }
34        break;
35     case 2:{
36            int number = b.getNumber();
37            list.add("" + number);
38            resultShow.setText("" + number);
39        }
40        break;
41     case 3:{
42            int number = b.getNumber();
43            String num = list.getLast();
44            String s = num.concat("" + number);
45            list.set(2, s);
46            resultShow.setText(s);
47        }
48        break;
49     default:
50        break;
51     }
52    }
53 }
```

7. OperationListener.java

该源文件完成操作按键的事件监听处理。

```
1  package SimpleCalculator;
2  import java.util.LinkedList;
3  import javax.swing.*;
4  import java.awt.event.*;
5  /**
6   * 运算符(加减乘除)的事件监听类
7   */
8  public class OperationListener extends BaseListener{
9     /**
10     * 构造方法
11     */
12    public OperationListener(LinkedList<String> list, JTextField resultShow){
13        super(list, resultShow);
14    }
15    /**
16     *运算符(加减乘除)的事件监听处理
17     */
18    public void actionPerformed(ActionEvent e){
19        OperationBtn b = (OperationBtn)e.getSource();
```

```
20              switch (list.size()) {
21          case 1:
22              {
23                  String op = b.getOpStr();
24                      list.add(op);
25              }
26              break;
27          case 2:
28              {
29                  String op = b.getOpStr();
30                      list.set(1, op);
31              }
32              break;
33          case 3:
34              {
35                  String numOne = list.getFirst();
36                      String numTwo = list.getLast();
37                      String op = list.get(1);
38                      try{
39                          double n1 = Double.parseDouble(numOne);
40                          double n2 = Double.parseDouble(numTwo);
41                          double result = 0;
42
43                          result = OpUtil.getResult(op, n1, n2);
44
45                          String oper = b.getOpStr();
46                          list.clear();
47                          list.add("" + result);
48                          list.add(oper);
49                          resultShow.setText("" + result);
50                      }
51                      catch(Exception ex){
52                          throw new RuntimeException(ex);
53                      }
54              }
55              break;
56          default:
57              break;
58          }
59      }
60  }
```

8. EqualListener.java

该源文件完成"等号"按键的事件监听处理。

```java
1   package SimpleCalculator;
2   import java.util.LinkedList;
3   import javax.swing.*;
4   import java.awt.event.*;
5   /**
6    * 等号按钮的事件监听类
7    */
8   public class EqualListener extends BaseListener {
9       /**
10       * 构造方法
11       */
12      public EqualListener(LinkedList<String> list, JTextField resultShow) {
13          super(list, resultShow);
14      }
15      /**
16       * 等号按钮的事件监听处理
17       */
18      public void actionPerformed(ActionEvent e) {
19          switch (list.size()) {
20              case 1: {
21                  String num = list.getFirst();
22                  resultShow.setText("" + num);
23              }
24              break;
25              case 2: {
26                  String num = list.getFirst();
27                  String op = list.get(1);
28                  try {
29                      double n1 = Double.parseDouble(num);
30                      double n2 = Double.parseDouble(num);
31                      double result = 0;
32                      result = OpUtil.getResult(op, n1, n2);
33                      resultShow.setText("" + result);
34                      list.set(0, "" + result);
35                  } catch (Exception ex) {
36                      throw new RuntimeException(ex);
37                  }
38              }
39              break;
40              case 3: {
41                  String numOne = list.getFirst();
42                  String op = list.get(1);
43                  String numTwo = list.getLast();
```

```
44          try {
45              double n1 = Double.parseDouble(numOne);
46              double n2 = Double.parseDouble(numTwo);
47              double result = 0;
48              result = OpUtil.getResult(op, n1, n2);
49              resultShow.setText("" + result);
50              list.set(0, "" + result);
51              list.removeLast(); // 移掉第 2 个运算数
52              list.removeLast(); // 移掉运算符号
53          } catch (Exception ex) {
54              throw new RuntimeException(ex);
55          }
56      }
57      break;
58  default:
59      break;
60  }
61  }
62  }
```

9. ClearListener.java

该源文件完成"清零"按键的事件监听处理。

```
1   package SimpleCalculator;
2   import java.util.LinkedList;
3   import javax.swing.*;
4   import java.awt.event.*;
5   /**
6    * 清零功能的事件监听类
7    */
8   public class ClearListener extends BaseListener {
9       /**
10       * 构造方法
11       */
12      public ClearListener(LinkedList<String> list, JTextField resultShow) {
13          super(list, resultShow);
14      }
15      /**
16       * 清零按钮的事件监听处理
17       */
18      public void actionPerformed(ActionEvent e) {
19          this.resultShow.setText("0");
20          this.list.clear();
21      }
22  }
```

10. BackspaceListener.java

该源文件完成"退格"按键的事件监听处理。

```java
package SimpleCalculator;
import java.awt.event.*;
import javax.swing.*;
import java.util.LinkedList;
/**
 * 退格的事件监听类
 */
public class BackspaceListener extends BaseListener {
    /**
     * 构造方法
     */
    public BackspaceListener(LinkedList<String> numList, JTextField txtResult) {
        super(numList, txtResult);
    }
    /**
     * 退格按钮的事件监听处理
     */
    public void actionPerformed(ActionEvent e) {
        switch (this.list.size()) {
        case 1: {
            String num = (String) this.list.getFirst();
            if (num.length() >= 1) {
                num = num.substring(0, num.length() - 1);
                this.list.set(0, num);
                resultShow.setText(num);
            } else {
                this.list.removeLast();
                resultShow.setText("0");
            }
        }
            break;
        case 3: {
            String num = (String) this.list.getLast();
            if (num.length() >= 1) {
                num = num.substring(0, num.length() - 1);
                this.list.set(2, num);
                resultShow.setText(num);
            } else {
                this.list.removeLast();
                resultShow.setText("0");
            }
        }
```

```
42          }
43          break;
44      default:
45          break;
46      }
47   }
48 }
```

11. PointListener.java

该源文件完成"."按键的事件监听处理。

```
49 package SimpleCalculator;
50 import java.util.LinkedList;
51 import javax.swing.*;
52 import java.awt.event.*;
53 /**
54  * 小数点按钮的事件监听类
55  */
56 public class PointListener extends BaseListener {
57     /**
58      * 构造方法,初始化对象
59      */
60     public PointListener(LinkedList<String> list, JTextField resultShow) {
61         super(list, resultShow);
62     }
63     /**
64      * 小数点的事件监听处理
65      */
66     public void actionPerformed(ActionEvent e) {
67         String point = e.getActionCommand();
68
69         switch (list.size()) {
70         case 1: {
71             String num = list.getFirst();
72             String s = null;
73             if (num.indexOf(point) == -1) {
74                 s = num.concat(point);
75                 list.set(0, s);
76             } else {
77                 s = num;
78             }
79             list.set(0, s);
80             resultShow.setText(s);
81         }
82             break;
```

```
83        case 2:{
84            String num = list.getLast();
85            String s = null;
86            if(num.indexOf(point) == -1){
87                s = num.concat(point);
88                list.set(2, s);
89            } else {
90                s = num;
91            }
92            resultShow.setText(s);
93        }
94        break;
95        default:
96            break;
97        }
98    }
99 }
```

12. SinListener.java

该源文件完成"sin"按键的事件监听处理。

```
1  package SimpleCalculator;
2  import java.awt.event.*;
3  import javax.swing.*;
4  import java.util.LinkedList;
5  /**
6   *sin 函数的监听事件处理
7   */
8  public class SinListener extends BaseListener {
9      /**
10      *构造方法
11      */
12     public SinListener(LinkedList<String> list, JTextField resultShow){
13         super(list, resultShow);
14     }
15     /**
16      *求正弦函数 sin 的事件监听处理
17      */
18     public void actionPerformed(ActionEvent e){
19         switch(list.size()){
20         case 1:
21
22         case 2:{
23             String numOne = list.getFirst();
24             try{
```

```
25          double x = Double.parseDouble(numOne);
26          double result = Math.sin(x);
27          String str = String.valueOf(result);
28          list.set(0, str);
29          resultShow.setText(str);
30          if (list.size() == 2)
31              list.removeLast();
32        } catch (Exception ex) {
33          throw new RuntimeException(ex);
34        }
35      }
36      break;
37    case 3: {
38      String numTwo = list.getLast();
39      try {
40          double x = Double.parseDouble(numTwo);
41          double result = Math.sin(x);
42          String str = String.valueOf(result);
43          list.set(0, str);
44          resultShow.setText(str);
45          list.removeLast();
46          list.removeLast();
47        } catch (Exception ex) {
48          throw new RuntimeException(ex);
49        }
50      }
51      break;
52    default:
53      break;
54    }
55  }
56 }
```

13. SqrtListener.java

该源文件完成"退格"按键的事件监听处理。

```
1  package SimpleCalculator;
2  import java.awt.event.ActionEvent;
3  import java.util.LinkedList;
4  import javax.swing.JTextField;
5  /**
6   * 求开平方函数的事件监听类
7   */
8  public class SqrtListener extends BaseListener {
9      /**
```

```
10      * 构造方法，初始化对象
11      */
12      public SqrtListener(LinkedList<String> list, JTextField resultShow) {
13          super(list, resultShow);
14      }
15      /**
16      * 开平方函数的事件监听处理
17      */
18      public void actionPerformed(ActionEvent e) {
19          switch (list.size()) {
20          case 1:
21
22          case 2: {
23              String numOne = list.getFirst();
24              try {
25                  double d = Double.parseDouble(numOne);
26                  double result = Math.sqrt(d); //调用 math 类的 sqrt 方法
27                  String str = String.valueOf(result);
28                  list.set(0, str);
29                  resultShow.setText(str);
30                  if (list.size() == 2)
31                      list.removeLast(); // 移掉运算符号
32              } catch (Exception ex) {
33                  throw new RuntimeException(ex);
34              }
35          }
36              break;
37          case 3: {
38              String numTwo = list.getLast();
39              try {
40                  double d = Double.parseDouble(numTwo);
41                  double result = Math.sqrt(d);
42                  String str = String.valueOf(result);
43                  list.set(0, str);
44                  resultShow.setText(str);
45                  list.removeLast(); // 移掉第 2 个运算数
46                  list.removeLast(); // 移掉运算符号
47              } catch (Exception ex) {
48                  throw new RuntimeException(ex);
49              }
50          }
51              break;
52          default:
```

```
53                break;
54            }
55        }
56  }
```

14. ReverseListener.java

该源文件完成"+/-"求相反数按键的事件监听处理。

```
57  package SimpleCalculator;
58  import java.util.LinkedList;
59  import javax.swing.*;
60  import java.awt.event.*;
61  /**
62   *求相反数的事件监听类
63   */
64  public class ReverseListener extends BaseListener {
65      /**
66       *构造方法,初始化对象
67       */
68      public ReverseListener(LinkedList<String> list, JTextField resultShow) {
69          super(list, resultShow);
70      }
71      /**
72       *求相反数的事件监听处理
73       */
74      public void actionPerformed(ActionEvent e) {
75          switch (list.size()) {
76          case 1: {
77              String number1 = list.getFirst();
78              try {
79                  double d = Double.parseDouble(number1);
80                  d = -1 * d;
81                  String str = String.valueOf(d);
82                  list.set(0, str);
83                  resultShow.setText(str);
84              } catch (Exception ex) {
85                  throw new RuntimeException(ex);
86              }
87          }
88              break;
89          case 3: {
90              String number2 = list.getLast();
91              try {
92                  double d = Double.parseDouble(number2);
93                  d = -1 * d;
```

```
94              String str = String.valueOf(d);
95              list.set(2, str);
96              resultShow.setText(str);
97          } catch (Exception ex) {
98              throw new RuntimeException(ex);
99          }
100       }
101       break;
102     default:
103       break;
104     }
105   }
106 }
```

15. ReciprocalListener.java

该源文件完成"1/X"求倒数按键的事件监听处理。

```
1  package SimpleCalculator;
2  import java.awt.event.ActionEvent;
3  import java.util.LinkedList;
4  import javax.swing.JTextField;
5  /**
6   * 求倒数的事件监听类
7   */
8  public class ReciprocalListener extends BaseListener {
9    /**
10    * 构造方法,初始化对象
11    */
12   public ReciprocalListener(LinkedList<String> list, JTextField resultShow) {
13     super(list, resultShow);
14   }
15   /**
16    * 1/X 求倒数事件监听处理
17    */
18   public void actionPerformed(ActionEvent e) {
19     switch (this.list.size()) {
20     case 1:
21     case 2: {
22       String numOne = list.getFirst();
23       try {
24         double d = Double.parseDouble(numOne);
25         double result = 1.0 / d;
26         String str = String.valueOf(result);
27         list.set(0, str);
28         resultShow.setText(str);
```

```
29            if (list.size() == 2)
30              list.removeLast(); // 移掉运算符号
31          } catch (Exception ex) {
32            throw new RuntimeException(ex);
33          }
34        }
35        break;
36      case 3: {
37        String numTwo = list.getLast();
38        try {
39          double d = Double.parseDouble(numTwo);
40          double result = 1.0 / d;
41          String str = String.valueOf(result);
42          list.set(0, str);
43          resultShow.setText(str);
44          list.removeLast(); // 移掉第 2 个运算数
45          list.removeLast(); // 移掉运算符号
46        } catch (Exception ex) {
47          throw new RuntimeException(ex);
48        }
49      }
50      break;
51    default:
52      break;
53    }
54  }
55
56 }
```

2.3.3 系统发布

利用 jar.exe 命令可以发布简易计算器系统,把系统中所涉及的类压缩成一个 jar 文件。发布该系统分为四个步骤。

第一步:配置清单文件。

使用文本编辑器编写清单文件 MANIFEST.MF。如图 2-18 所示。清单文件说明 JDK 的版本号以及主类的名字,需要把清单文件保存在项目的根目录下。

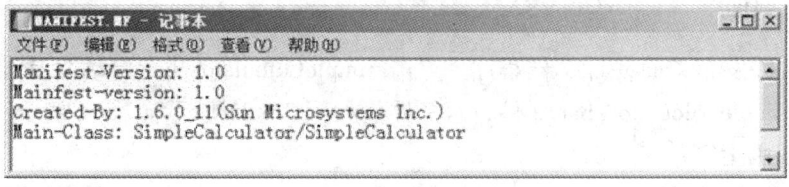

图 2-18 MANIFEST.MF 文件

第二步：制作 jar 包。

进入代码根目录，放入清单文件，然后利用 jar.exe 命令生成 jar 文件，如图 2-19 所示。

jar cvfm SimpleCalculator.jar MANIFEST.MF -C bin/ .

参数 c 表示要创建一个新的文件，f 表示要生成的 jar 文件名（SimpleCalculator.jar），m 表示清单文件的名字（MANIFEST.MF）。

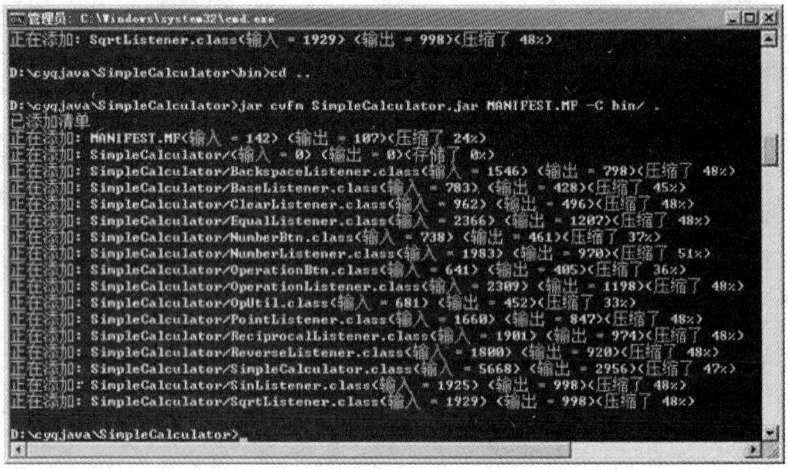

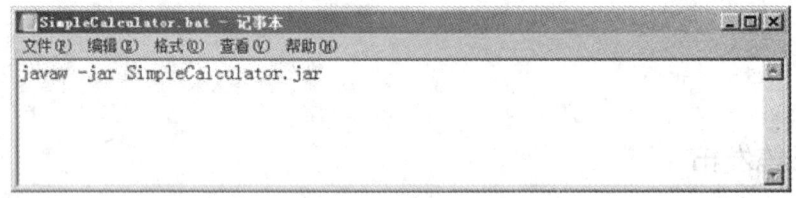

图 2-19 jar 命令打包

第三步：编写 bat 文件。

编写一个批处理 SimpleCalculator.bat，可用于自动启动程序，如图 2-20 所示。

图 2-20 SimpleCalculator.bat 文件

第四步，启动系统。

双击 SimpleCalculator.bat 启动简易计算器。

2.3.4 系统测试

通过 jar 文件发布了简易计算器程序，点击 SimpleCalculator.bat 启动简易计算器。

（1）点击 SimpleCalculator.bat 文件，运行界面如图 2-21 所示。

（2）测试四则运算。

鼠标点击数字和运算符按钮，且顺序为：5，8，+，6，3，=。即可得出结果，如图 2-22所示。

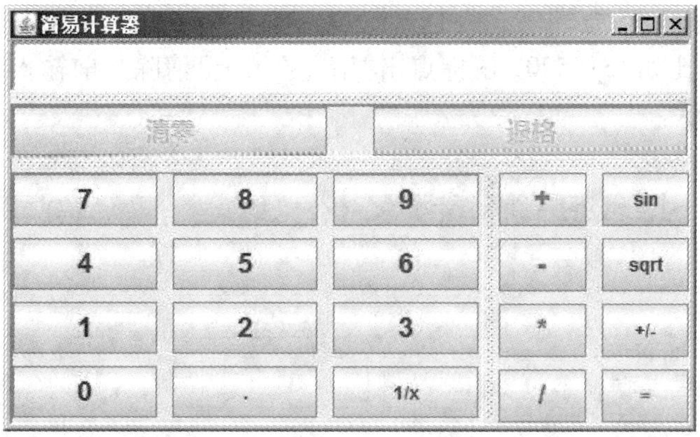

图 2-21　简易计算器运行界面截图

图 2-22　简易计算器加法计算结果

(3)测试其他函数。

鼠标点击数字和运算符按钮,且顺序为:2,5,sqrt。即可得出开根号的结果,如图 2-23 所示。其他函数也可用相同方法进行测试。

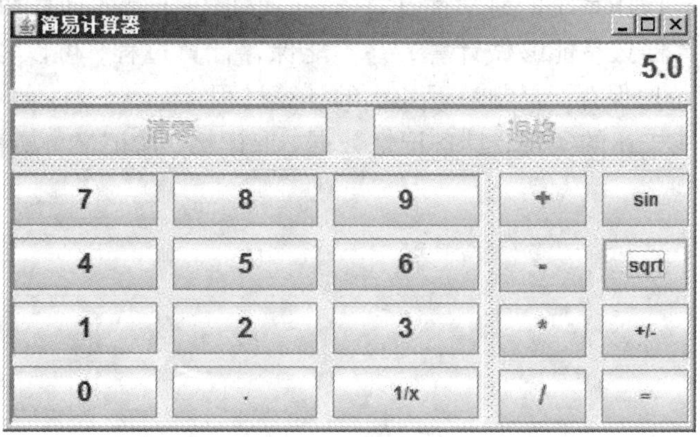

图 2-23　简易计算器 sqrt 函数计算结果

(4)测试清零和退格功能。

输入任意数字,比如1314520,鼠标点击"清零",即可清除当前输入,设置结果显示区域为0,如图2-24所示。

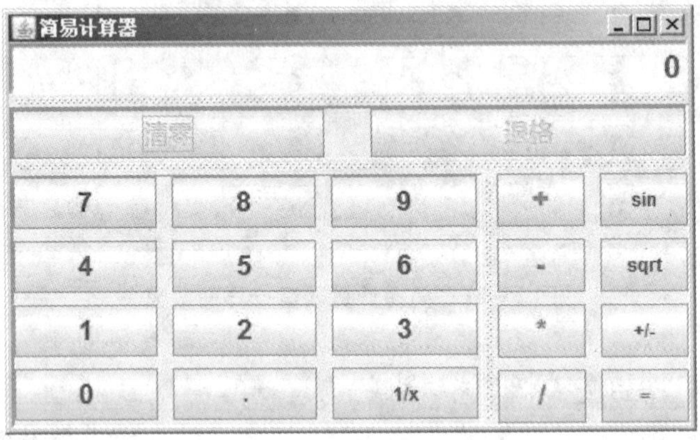

图2-24 简易计算器清零功能

2.4 项目小结与拓展

2.4.1 项目小结

本项目实现了一个简易计算器系统,利用该软件可以计算多位十进制数据的加减乘除运算,可以完成求倒数,正弦函数,开平方等函数功能。本项目的主要知识点是 Java 的图形界面编程和 Math 类使用。在具体的实现过程中注意界面布局的设计和按钮的事件监听。

2.4.2 项目拓展

本系统可进一步从如下几个方面进行拓展。
(1)参考 Windows 操作系统的科学性计算器,能够提供丰富的计算功能。
(2)大多数的计算器只是能够做计算,并不能保存计算过程,可以考虑实现一个基于过程的计算器,能够清楚地保存、复制最近几次的计算过程。
(3)提供记忆功能按钮的实现,具备记忆数据、取记忆、清记忆、复制、粘贴等功能。

第3章 日历记事本项目设计与开发

3.1 项目描述

现代生活节奏太快,经常会忘记某些重要日程安排。日历记事本将日历和记事本相结合,可以记录某天的心情和趣事,也可以将未来某天某个重要的信息保存下来。日历记事本是一个实用性较强,简洁,美观,方便的功能软件。

本项目利用 Java 语言提供的 Calender 类获得日期信息,实现查看日期,增加、删除和修改日志等功能。

3.2 项目目标

3.2.1 系统功能

利用 Java 实现具有图形界面的日历记事本,将日历和记事本结合在一起,要求界面简单实用,具备的功能目标如下:①日历具有基本的浏览和日期修改的功能;②记事本具有输入、保存、删除和查看日历等基本功能。日历记事本功能结构图如图 3-1 所示。

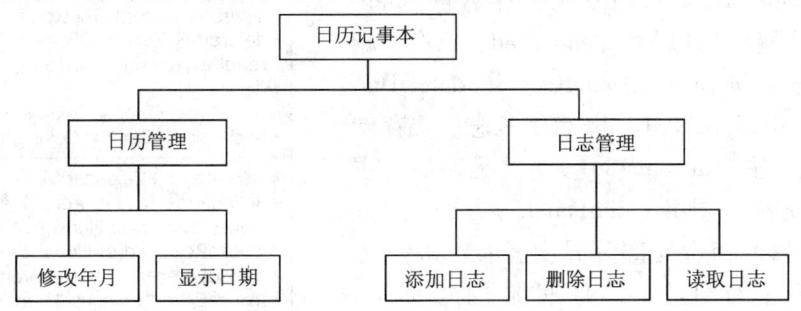

图 3-1 系统功能结构图

3.2.2 功能描述

1. 日历管理

界面的上半部分是日历,日历部分采用公历历法,日期部分每行 7 天,每列 5 天,可完全记录一个月中的所有天数。星期采用中文显示,每行的第一天为星期日,星期六显示为蓝色,星期日显示为红色,其他日期显示为黑色。点击某天可以给这天添加日志,某天如果有日志将会显示"有"标记。用户可通过使用鼠标点击"＜＜"、"＜"、"＞"、"＞＞"改变日历的年份和月份。

2．日志管理

对个人日志进行添加、删除、读取。可以通过记事本编辑、修改有关日志，并能将日志保存到一个文件，文件的名字是由当前日期组成的字符序列，保存在本系统所在的目录，后缀名为.txt的文本文件。还可以删除日志，如果某日期有日志，显示该日期的日历界面将会出现"有"标记，如果用户删除了某个日期的日历，这个标记就会消失。用户只要选定要查看日志的日期，即可以通过鼠标点击读取日志的按钮来实现。

3.3 项目实施

3.3.1 类及UML设计

日历记事本包括4个文件：CalendarWin.java、CalendarInformation.java、CalendarPad.java、CalendarNotePad.java。下面分别介绍它们的功能及UML图。

1. CalendarWin.java

该文件包含两个类 public CalendarWin 类、MyMouseListener 类，public CalendarWin 类是系统运行的主类。其中的内部类 MyMouseListener 类是鼠标监听器类，给主类中的组件添加鼠标事件监听器。Calenderwin 继承了 JFrame 类，主要是在窗口中添加各种组件。包括选择年份和月份的标签 preYear、preMonth、nextMonth、nextYear，显示日期的 CalendarInformation，编辑日志的 calendarPad，保存、删除、读取日志的按钮 saveDailyRecord、deleteDailyRecord 和 readDailyRecord。dir 表示日志所要存储的目录。构造方法 CalendarWin() 主要是初始化主界面，在构造方法中调用了 initPanel() 方法，该方法用来初始化修改年份的部分界面。doMark() 方法是当某个日期有日志，给日期加"有"标记。UML 如图 3－2 所示。

2. CalendarInformation.java

该文件包含一个类 public CalendarInformation 类，主要负责处理和日期相关的数据。主要包括年（year）、月（month）、日（day）数据成员以及对应的setter 和 getter 方法。getMonthCalendar() 方法用来获得某个月的日期信息。UML 如图 3－3 所示。

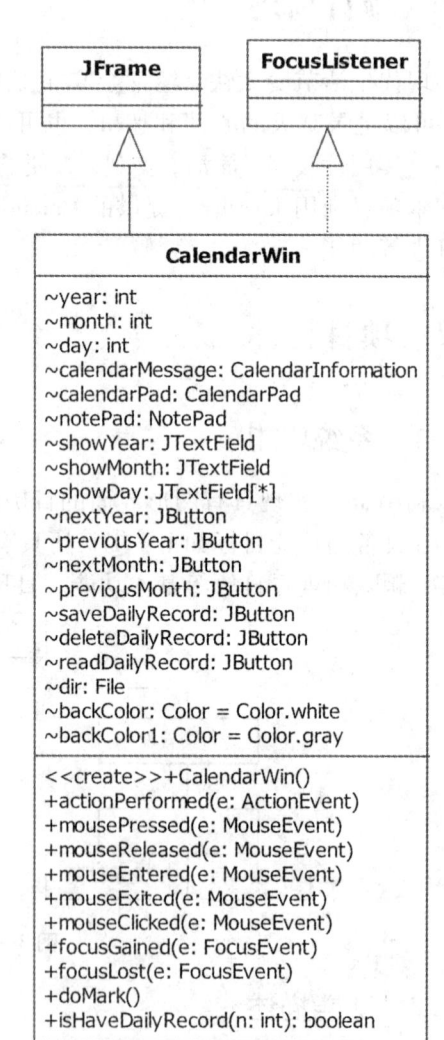

图 3－2　CalendarWin 类图

3. CalendarPad.java

该文件包含一个类 public CalendarPad 类，是 JPanel 的子类，负责显示经过 CalendarInformation 对象处理后的数据。UML 如图 3-4 所示。

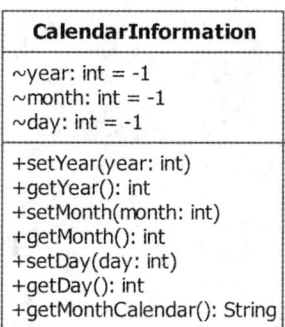

图 3-3 CalendarInformation 类图

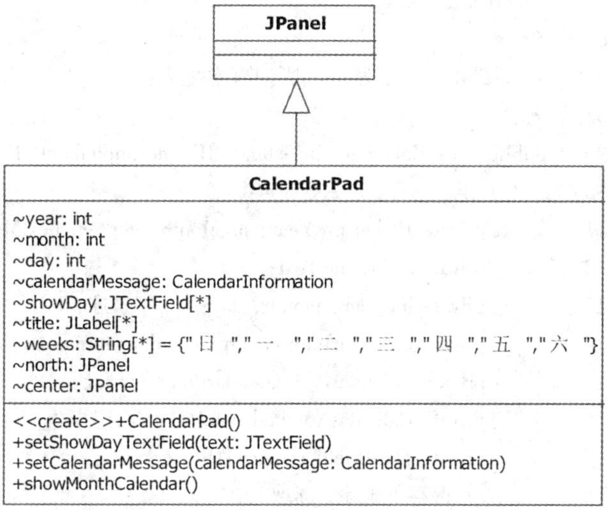

图 3-4 CalendarPad 类图

4. CalendarNotePad.java

该文件包含一个类 public CalendarNotePad 类，是 JPanel 的子类，表示记事本，用来编辑、读取、保存和删除日志。该类中有显示日期信息的 showMessage，用来编辑日志的 text，以及快捷菜单 menu，以及菜单中的菜单项 itemCopy、itemCut、itemPaste 和 itemClear。构造方法 CalendarNotePad() 用来初始化该界面，save() 方法、delete() 方法和 read() 方法用来保存、删除、读取日志信息。setShowMessage() 用来显示选中的日期信息。UML 如图 3-5 所示。

3.3.2 代码实现

本系统总共有 4 个 java 文件，分别是 CalendarWin.java、CalendarInformation.java、CalendarPad.java 和 CalendarNotePad.java，各文件的代码如下。

1. CalendarWin.java 代码

该文件包括系统运行的主类 CalendarWin 类，用来显示控制主界面。

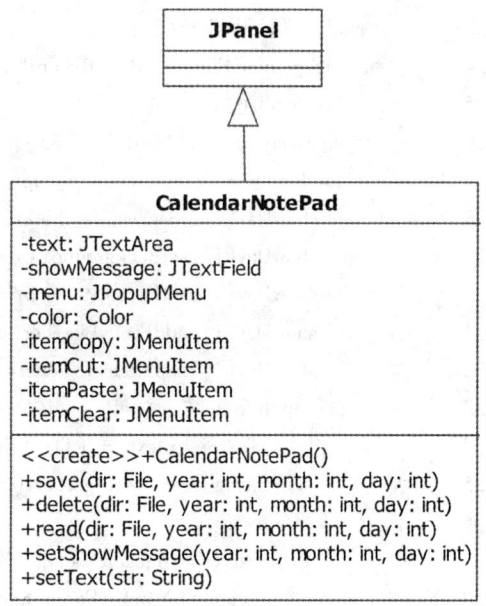

图 3-5 CalendarNotePad 类图

```java
1   import javax.swing.*;
2   import java.awt.*;
3   import java.awt.event.*;
4   import java.util.*;
5   import java.io.*;
6   /**
7    * 系统的主类，显示日历记事本主界面
8    */
9   public class CalendarWin extends JFrame implements FocusListener {
10      // 上年、上月、下月、下年标签
11      private JLabel preYear, preMonth, center, nextMonth, nextYear;
12      private String dayText;
13      private int year, month, day; // 年、月、日
14      private CalendarInformation CalendarInformation; // 日期信息
15      private CalendarPad calendarPad; // 日历
16      private CalendarNotePad notePad; // 记事本
17      private JTextField[] showDay;
18      // 保存、删除、读取日志
19      private JButton saveDailyRecord, deleteDailyRecord, readDailyRecord;
20      private File dir; /**
21       * 构造方法，完成窗口的初始化
22       */
23      public CalendarWin() {
24          dir = new File("./dailyRecord"); // 建立存储日志的文件
25          dir.mkdir(); // 创建目录
26          showDay = new JTextField[42];
27          for (int i = 0; i < showDay.length; i++) {
28              showDay[i] = new JTextField();
29              showDay[i].setBackground(Color.white);
30              showDay[i].setLayout(new GridLayout(3, 3));
31              showDay[i].addFocusListener(this);
32              showDay[i].addMouseListener(new MouseAdapter() {
33                  public void mousePressed(MouseEvent e) {
34                      JTextField text = (JTextField) e.getSource();
35                      String str = text.getText().trim();
36                      try {
37                          day = Integer.parseInt(str);
38                      } catch (NumberFormatException exp) {
39                      }
40                      CalendarInformation.setDay(day);
41                      notePad.setShowMessage(year, month, day);
42                      notePad.setText("");
43                  }
```

```java
44              });
45          }
46          CalendarInformation = new CalendarInformation();
47          calendarPad = new CalendarPad();
48          notePad = new CalendarNotePad();
49          Calendar calendar = Calendar.getInstance();
50          calendar.setTime(new Date());
51          year = calendar.get(Calendar.YEAR);
52          month = calendar.get(Calendar.MONTH) + 1;
53          day = calendar.get(Calendar.DAY_OF_MONTH);
54          JPanel titlePanel = new JPanel();
55          initTitlePanel(titlePanel);
56          CalendarInformation.setYear(year);
57          CalendarInformation.setMonth(month);
58          CalendarInformation.setDay(day);
59          calendarPad.setCalendarInformation(CalendarInformation);
60          calendarPad.setShowDayTextField(showDay);
61          notePad.setShowMessage(year, month, day);
62          calendarPad.showMonthCalendar();
63          doMark();  // 给有日志的日期做标记
64          add(titlePanel, BorderLayout.NORTH);
65          JSplitPane splitV = new JSplitPane(JSplitPane.VERTICAL_SPLIT,
66                  calendarPad, notePad);
67          add(splitV, BorderLayout.CENTER);
68          saveDailyRecord = new JButton("保存日志");
69          deleteDailyRecord = new JButton("删除日志");
70          readDailyRecord = new JButton("读取日志");
71          saveDailyRecord.addActionListener(new ActionListener() {
72          // 给保存日志按钮添加动作监听器
73              public void actionPerformed(ActionEvent e) {
74                  notePad.save(dir, year, month, day);  // 保存日志
75                  doMark();
76              }
77          });
78          deleteDailyRecord.addActionListener(new ActionListener() {
79          // 给删除日志按钮添加动作监听器
80              public void actionPerformed(ActionEvent e) {
81                  notePad.delete(dir, year, month, day);  // 删除日志
82                  doMark();
83              }
84          });
85          readDailyRecord.addActionListener(new ActionListener() {
86          // 给读取日志按钮添加动作监听器
```

```java
87              public void actionPerformed(ActionEvent e) {
88                  notePad.read(dir, year, month, day); // 读取日志
89              }
90          });
91          JPanel pSouth = new JPanel();
92          pSouth.setBackground(new Color(216, 224, 231));
93          pSouth.add(saveDailyRecord);
94          pSouth.add(deleteDailyRecord);
95          pSouth.add(readDailyRecord);
96          add(pSouth, BorderLayout.SOUTH);
97          setBounds(60, 60, 400, 500);
98          setDefaultCloseOperation(JFrame.EXIT_ON_CLOSE);
99          setResizable(false);
100         setVisible(true);
101         validate();
102     }
103     /**
104      * 初始化修改年份和月份的界面
105      */
106     public void initTitlePanel(JPanel titlePanel) {
107         dayText = year + "年" + month + "月";
108         preYear = new JLabel(" < <", JLabel.CENTER);
109         preMonth = new JLabel(" <", JLabel.CENTER);
110         center = new JLabel(dayText, JLabel.CENTER);
111         nextMonth = new JLabel(" >", JLabel.CENTER);
112         nextYear = new JLabel(" > >", JLabel.CENTER);
113         preYear.setToolTipText("上一年");
114         preMonth.setToolTipText("上一月");
115         nextMonth.setToolTipText("下一月");
116         nextYear.setToolTipText("下一年");
117         preYear.setBorder(javax.swing.BorderFactory.createEmptyBorder
118             (2, 10, 0, 0));
119         preMonth.setBorder(javax.swing.BorderFactory.createEmptyBorder
120             (2, 15, 0, 0));
121         nextMonth.setBorder(javax.swing.BorderFactory.createEmptyBorder
122             (2, 0, 0, 15));
123         nextYear.setBorder(javax.swing.BorderFactory.createEmptyBorder
124             (2, 0, 0, 10));
125         preYear.addMouseListener(new MyMouseListener(preYear));
126         preMonth.addMouseListener(new MyMouseListener(preMonth));
127         nextMonth.addMouseListener(new MyMouseListener(nextMonth));
128         nextYear.addMouseListener(new MyMouseListener(nextYear));
129         titlePanel.add(preYear);
```

```java
130            titlePanel.add(preMonth);
131            titlePanel.add(center);
132            titlePanel.add(nextMonth);
133            titlePanel.add(nextYear);
134            titlePanel.setBackground(new Color(216, 224, 231));
135            titlePanel.setPreferredSize(new java.awt.Dimension(210, 25));
136        }
137        /**
138         * 定义鼠标监听类
139         */
140        class MyMouseListener implements MouseListener {
141            JLabel label;
142            public MyMouseListener(final JLabel label) {
143                this.label = label;
144            }
145            /**
146             * 鼠标进入时,将标签颜色改为蓝色
147             */
148            public void mouseEntered(MouseEvent me) {
149                label.setCursor(new java.awt.Cursor
150                    (java.awt.Cursor.HAND_CURSOR));
151                label.setForeground(Color.BLUE);
152            }
153            /**
154             * 鼠标离开,将标签颜色改为黑色
155             */
156            public void mouseExited(MouseEvent me) {
157                label.setCursor(new java.awt.Cursor
158                    (java.awt.Cursor.DEFAULT_CURSOR));
159                label.setForeground(java.awt.Color.BLACK);
160            }
161            /**
162             * 鼠标按下,将标签颜色改为白色
163             */
164            public void mousePressed(MouseEvent me) {
165                label.setForeground(java.awt.Color.WHITE);
166            }
167            /**
168             * 鼠标放开,将标签颜色改为黑色
169             */
170            public void mouseReleased(MouseEvent me) {
171                label.setForeground(java.awt.Color.BLACK);
172            }
```

```java
173        /**
174         * 鼠标单击，修改日期
175         */
176        public void mouseClicked(MouseEvent e){
177            if(e.getSource() == nextYear){
178                year ++;
179            } else if(e.getSource() == preYear){
180                year --;
181            } else if(e.getSource() == nextMonth){
182                month ++;
183                if(month > 12){
184                    month = 1;
185                    year ++;
186                }
187            } else if(e.getSource() == preMonth){
188                month --;
189                if(month < 1){
190                    month = 12;
191                    year --;
192                }
193            }
194            center.setText(year + "年" + month + "月");
195            CalendarInformation.setYear(year);
196            CalendarInformation.setMonth(month);
197            calendarPad.setCalendarInformation(CalendarInformation);
198            calendarPad.showMonthCalendar();
199            notePad.setShowMessage(year, month, 1);
200            notePad.setText("");
201            doMark();
202        }
203    }
204    /**
205     * 组件获得焦点，改变颜色
206     */
207    public void focusGained(FocusEvent e){
208        Component com = (Component)e.getSource();
209        com.setBackground(new Color(255, 187, 255));
210    }
211    /**
212     * 组件失去焦点，改变颜色
213     */
214    public void focusLost(FocusEvent e){
215        Component com = (Component)e.getSource();
```

```java
216            com.setBackground(Color.white);
217        }
218        /**
219         * 给有日志的日期添加标记
220         */
221        public void doMark() {
222            for (int i = 0; i < showDay.length; i++) {
223                showDay[i].removeAll();
224                String str = showDay[i].getText().trim();
225                try {
226                    int n = Integer.parseInt(str);
227                    if (isHaveDailyRecord(n) == true) {
228                        JLabel mess = new JLabel("有");
229                        mess.setFont(new Font("TimesRoman", Font.PLAIN, 11));
230                        mess.setForeground(Color.RED);
231                        showDay[i].add(mess);
232                    }
233                } catch (Exception exp) {
234                }
235            }
236            calendarPad.repaint();
237            calendarPad.validate();
238        }
239        /**
240         * 判断该日期是否有日志,有则返回true,否则返回false
241         */
242        public boolean isHaveDailyRecord(int n) {
243            String key = "" + year + "" + month + "" + n;
244            String[] dayFile = dir.list();
245            boolean boo = false;
246            for (int k = 0; k < dayFile.length; k++) {
247                if (dayFile[k].equals(key + ".txt")) {
248                    boo = true;
249                    break;
250                }
251            }
252            return boo;
253        }
254        /**
255         * 主方法
256         */
257        public static void main(String args[]) {
258            new CalendarWin();
```

```
259          }
260 }
```

2. CalendarInformation. java

该文件主要包括日期信息,以及负责处理和日期相关的数据等。

```
1    import java. util. Calendar;
2    /**
3     * 负责处理和日期有关的数据
4     */
5    public class CalendarInformation{
6       int year = -1, month = -1, day = -1;
7       public void setYear(int year){
8           this. year = year;
9       }
10      public int getYear(){
11          return year;
12      }
13      public void setMonth(int month){
14          if(month < =12&&month > =1)
15              this. month = month;
16          else
17              this. month =1;
18      }
19      public int getMonth(){
20          return month;
21      }
22      public void setDay(int day){
23          this. day = day;
24      }
25      public int getDay(){
26          return day;
27      }
28      /**
29       * 处理日期数据
30       */
31      public String [ ] getMonthCalendar(){
32          String [ ] day = new String[42];
33          Calendar calen = Calendar. getInstance();
34          //获得这个月的第一天,year 年 month 月 1 日,注意 0 表示一月...11 表示十二月
35          calen. set(year, month -1, 1);
36          int weekDay = calen. get(Calendar. DAY_OF_WEEK) -1; //获得当前是星期几
37          int dayAmount =0;
38          if(month ==1||month ==3||month ==5||month ==7||month ==8||month ==10
39             ||month ==12)
```

```
40              dayAmount = 31; //1、3、5、7、8、10、12 有 31 天
41          if(month ==4||month ==6||month ==9||month ==11)
42              dayAmount = 30; //4、6、9、11 有 30 天
43          if(month ==2)//2 月: 平年 28 天 闰年 29 天
44              if(((year%4 ==0)&&(year%100! =0))||(year%400 ==0))
45                  dayAmount = 29;
46              else
47                  dayAmount = 28;
48          for(int i =0; i < weekDay; i ++ )
49              day[i] = " ";
50          for(int i = weekDay, n = 1; i < weekDay + dayAmount; i ++ ){
51              day[i] = String. valueOf(n) ;
52              n ++ ;
53          }
54          for(int i = weekDay + dayAmount; i < 42; i ++ )
55              day[i] = " ";
56          return day;
57      }
58 }
```

3. CalendarPad. java

该文件中主要包括显示日期、修改日期信息中的数据等功能。

```
1   import javax. swing. * ;
2   import java. awt. * ;
3   import java. awt. event. * ;
4   import java. io. File;
5   import java. util. * ;
6   /**
7    * 显示日期, 以及修改 CalendarInformation 中的数据
8    */
9   public class CalendarPad extends JPanel {
10      private CalendarInformation calendarInformation;// 处理与日期有关的数据
11      private int year, month, day;// 年、月、日
12      private JLabel title[ ];// 用来显示星期几的标签
13      private JTextField[ ] showDay;// 用来显示日期的文本框
14      private JPanel north, center;
15      private String[ ] weeks = { "日"," 一 "," 二 "," 三 "," 四 ",
16              " 五 "," 六 "};
17      private File dir;
18      /**
19       * 构造方法, 用来创建对象
20       */
21      public CalendarPad() {
22          dir = new File(". /dailyRecord");
```

```
23          dir.mkdir();
24       setLayout(new BorderLayout());
25       north = new JPanel();
26       north.setLayout(new GridLayout(1,7));
27       north.setBackground(new Color(216,224,231));
28       center = new JPanel();
29       center.setLayout(new GridLayout(6,7));
30       add(north,BorderLayout.NORTH);
31       add(center,BorderLayout.SOUTH);
32       title = new JLabel[7];
33       for(int j = 0; j < 7; j++){
34          title[j] = new JLabel();
35          title[j].setFont(new Font("TimesRoman",Font.BOLD,12));
36          title[j].setText(weeks[j]);
37          title[j].setHorizontalAlignment(JLabel.CENTER);
38          title[j].setBorder(BorderFactory.createRaisedBevelBorder());
39          north.add(title[j]);
40       }
41       title[0].setForeground(Color.red);
42       title[6].setForeground(Color.blue);
43    }
44    /**
45     * 负责设置showDay数组
46     */
47    public void setShowDayTextField(JTextField[] text){
48       showDay = text;
49       for(int i = 0; i < showDay.length; i++){
50          showDay[i].setFont(new Font("TimesRoman",Font.BOLD,15));
51          showDay[i].setHorizontalAlignment(JTextField.CENTER);
52          showDay[i].setEditable(false);
53          if(i % 7 == 0)// 将星期日的日期设为红色
54             showDay[i].setForeground(Color.red);
55          if((i + 1) % 7 == 0)// 将星期六的日期设为蓝色
56             showDay[i].setForeground(Color.blue);
57          center.add(showDay[i]);
58       }
59    }
60    /**
61     * 设置日历信息
62     */
63    public void setCalendarInformation(CalendarInformation
64    calendarInformation){
65       this.calendarInformation = calendarInformation;
```

```
66          }
67     /**
68      * 显示日历
69      */
70     public void showMonthCalendar( ) {
71         String[ ] a = calendarInformation.getMonthCalendar( );
72         for (int i = 0; i < 42; i ++ )
73             showDay[i].setText(a[i]);
74         validate( );
75     }
76 }
```

4. CalendarNotePad.java

该文件中主要包括实现编辑、删除、显示日志等功能。

```
1  import java.awt.*;
2  import javax.swing.*;
3  import java.io.*;
4  import java.awt.event.*;
5  /**
6   * 主要负责编辑日志、删除日志、显示日志
7   */
8  public class CalendarNotePad extends JPanel {
9      private JTextArea text; // 编辑日志的文本区
10     private JTextField showMessage; // 显示日期
11     private JPopupMenu menu; // 快捷菜单
12     private Color color;
13     private JMenuItem itemCopy, itemCut, itemPaste, itemClear; // 菜单项
14     /**
15      * 构造方法,用来创建对象
16      */
17     public CalendarNotePad( ) {
18         // 添加快捷菜单
19         menu = new JPopupMenu( );
20         itemCut = new JMenuItem("剪切");
21         itemCopy = new JMenuItem("复制");
22         itemPaste = new JMenuItem("粘贴");
23         itemClear = new JMenuItem("清空");
24         itemCut.addActionListener(new ActionListen( ));
25         itemCopy.addActionListener(new ActionListen( ));
26         itemPaste.addActionListener(new ActionListen( ));
27         itemClear.addActionListener(new ActionListen( ));
28         menu.add(itemCut);
29         menu.add(itemCopy);
30         menu.add(itemPaste);
```

```java
31      menu.add(itemClear);
32      showMessage = new JTextField();
33      showMessage.setHorizontalAlignment(JTextField.CENTER);
34      showMessage.setFont(new Font("TimesRoman", Font.BOLD, 16));
35      showMessage.setForeground(Color.blue);
36      showMessage.setBackground(new Color(216, 224, 231));
37      showMessage.setBorder(BorderFactory.createRaisedBevelBorder());
38      showMessage.setEditable(false);
39      text = new JTextArea(10, 10);
40      text.addMouseListener(new MouseAdapter() {
41          public void mousePressed(MouseEvent e) {
42              if (e.getModifiers() == InputEvent.BUTTON3_MASK)
43                  menu.show(text, e.getX(), e.getY());
44          }
45      });
46      setLayout(new BorderLayout());
47      add(showMessage, BorderLayout.NORTH);
48      add(new JScrollPane(text), BorderLayout.CENTER);
49  }
50  /**
51   * 保存日志
52   */
53  public void save(File dir, int year, int month, int day) {
54      String dailyContent = text.getText(); // 日志内容
55      // 日志文件名称
56      String fileName = "" + year + "" + month + "" + day + ".txt"; String key = "" + year + "" + month + "" + day;
57      String[] dayFile = dir.list();
58      boolean boo = false;
59      // 查找某天的日志是否存在
60      for (int k = 0; k < dayFile.length; k++) {
61          if (dayFile[k].startsWith(key)) {
62              boo = true;
63              break;
64          }
65      }
66      String m;
67      if (boo) {// 日志存在,修改日志
68          m = "" + year + "年" + month + "月" + day + "有日志,确定修改日志吗?";
69      } else {// 不存在日志,保存日志
70          m = "" + year + "年" + month + "月" + day + "还没有日志,保存日志吗?";
71      }
72      int ok = JOptionPane.showConfirmDialog(this, m, "询问",
```

```
73                  JOptionPane.YES_NO_OPTION, JOptionPane.QUESTION_MESSAGE);
74            if(ok == JOptionPane.YES_OPTION){
75                try{
76                    File f = new File(dir, fileName);
77                    RandomAccessFile out = new RandomAccessFile(f, "rw");
78                    long fileEnd = out.length();
79                    byte[] bb = dailyContent.getBytes();
80                    out.write(bb);
81                    out.close();
82                }catch(IOException exp){
83                }
84            }
85        }
86        /**
87         * 删除日志
88         */
89        public void delete(File dir, int year, int month, int day){
90            String key = "" + year + "" + month + "" + day;
91            String[] dayFile = dir.list();
92            boolean boo = false;
93            for(int k = 0; k < dayFile.length; k++){
94                if(dayFile[k].startsWith(key)){
95                    boo = true;
96                    break;
97                }
98            }
99            if(boo){
100               String m = "删除" + year + "年" + month + "月" + day + "日的日志吗?";
101               int ok = JOptionPane.showConfirmDialog(this, m, "询问",
102                   JOptionPane.YES_NO_OPTION, JOptionPane.QUESTION_MESSAGE);
103               if(ok == JOptionPane.YES_OPTION){
104                   String fileName = "" + year + "" + month + "" + day + ".txt";
105                   File deleteFile = new File(dir, fileName);
106                   deleteFile.delete();
107               }
108           }else{
109               String m = "" + year + "年" + month + "月" + day + "无日志记录";
110               JOptionPane.showMessageDialog(this, m, "提示",
111                   JOptionPane.WARNING_MESSAGE);
112           }
113       }
114       /**
115        * 将日志文件里的内容读出来显示在文本区
```

```
116         */
117        public void read(File dir, int year, int month, int day) {
118            String fileName = "" + year + "" + month + "" + day + ".txt";
119            String key = "" + year + "" + month + "" + day;
120            String[] dayFile = dir.list();
121            boolean boo = false;
122            for (int k = 0; k < dayFile.length; k ++) {
123                if (dayFile[k].startsWith(key)) {
124                    boo = true;
125                    break;
126                }
127            }
128            if (boo) {
129                String m = "" + year + "年" + month + "月" + day
130        + "有日志,显示日志内容吗?";
131                int ok = JOptionPane.showConfirmDialog(this, m, "询问",
132                    JOptionPane.YES_NO_OPTION, JOptionPane.QUESTION_MESSAGE);
133                if (ok == JOptionPane.YES_OPTION) {
134                    text.setText(null);
135                    try {
136                        File f = new File(dir, fileName);
137                        FileReader inOne = new FileReader(f);
138                        BufferedReader inTwo = new BufferedReader(inOne);
139                        String s = null;
140                        while ((s = inTwo.readLine()) != null)
141                            text.append(s + "\n");
142                        inOne.close();
143                        inTwo.close();
144                    } catch (IOException exp) {
145                    }
146                }
147            } else {
148                String m = "" + year + "年" + month + "月" + day + "无日志记录";
149                JOptionPane.showMessageDialog(this, m, "提示",
150                    JOptionPane.WARNING_MESSAGE);
151            }
152        }
153        /**
154         * 设置显示的日期
155         */
156        public void setShowMessage(int year, int month, int day) {
157            showMessage.setText("" + year + "年" + month + "月" + day + "日");
158        }
```

```
159    /**
160     * 将显示日志的文本框
161     */
162    public void setText(String str){
163        text.setText(str);
164    }
165    /**
166     * 定义菜单监听器类
167     */
168    class ActionListen implements ActionListener {
169        public void actionPerformed(ActionEvent e){
170            if (e.getSource() == itemCopy)
171                text.copy();
172            else if (e.getSource() == itemCut)
173                text.cut();
174            else if (e.getSource() == itemPaste)
175                text.paste();
176            else if (e.getSource() == itemClear)
177                text.setText(null);
178        }
179    }
180 }
```

3.3.3 系统发布

日历记事本的发布利用 jar.exe 命令进行打包,把系统中所涉及的类压缩成一个 jar 文件。发布程序分为四个步骤。

第一步:配置清单文件。

使用文本编辑器编写清单文件 calendarPadWin.MF。清单文件说明 JDK 的版本号以及主类的名字,需要把清单文件与类以及图片等文件保存在同一目录下。如图 3-6 所示。

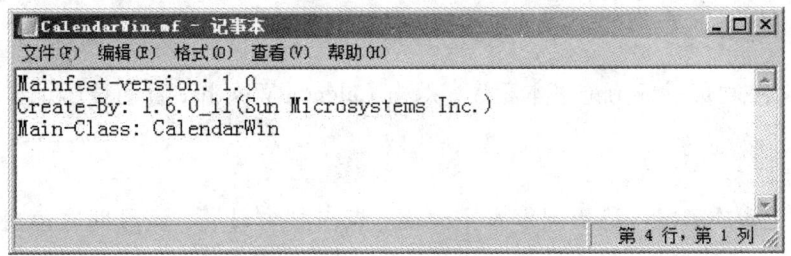

图 3-6 编写清单文件

在编辑该文件时,需要注意几个问题:①每行冒号后面有一个空格,例如 Mainfest - version:与1.0之间有空格;②注意大小写一致;③最后一行(Main - Class:CalendarWin)需要回车换行。

第二步：生成 jar 文件。

在命令提示符下进入该项目的 bin 目录，利用 jar.exe 命令生成 jar 文件。

jar cfmCalendarWin.jar CalendarWin.mf *.class

在上面的 jar 命令中，参数 c 表示要创建一个新的 jar 文件，f 表示要生成的 jar 文件名（CalendarWin.jar），m 表示清单文件的名字（CalendarWin.mf）。如图 3-7 所示。

图 3-7 生成 jar 文件

第三步：编写 bat 文件。

编写一个批处理 CalendarWin.bat，可用于自动启动程序。如图 3-8 所示。

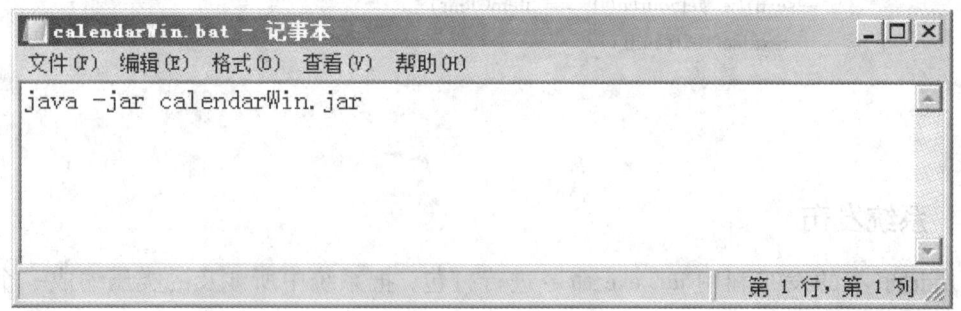

图 3-8 编辑 bat 文件

第四步：启动系统。

双击 CalendarWin.bat 启动程序。

3.3.4 系统测试

通过 jar 文件发布了日历记事本程序，双击 CalendarWin.bat 启动日历记事本。对系统进行了详细的测试。

1. 选择日期

打开日历记事本，出现日历记事本主界面，点击某个日期，该日期底色变成粉红色，说明该日期被选定，这时可以给该日期添加日志。如图 3-9 所示。

2. 修改年份和月份

点击"≤"年份减 1，点击"<"月份减一，点击">"月份加一，点击"≥"年份加 1，点击后日历中的数据跟着修改。如图 3-10 所示。

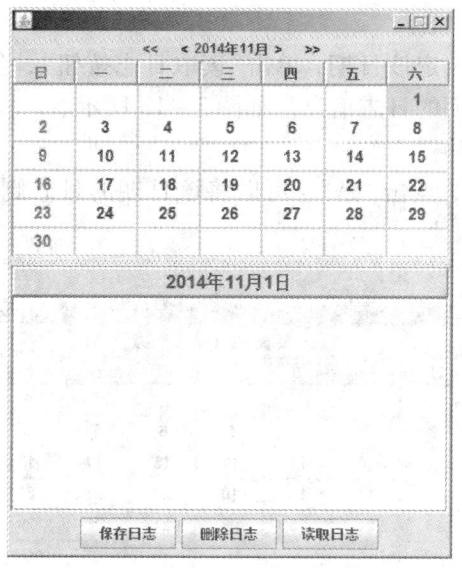

图 3-9　选择日期

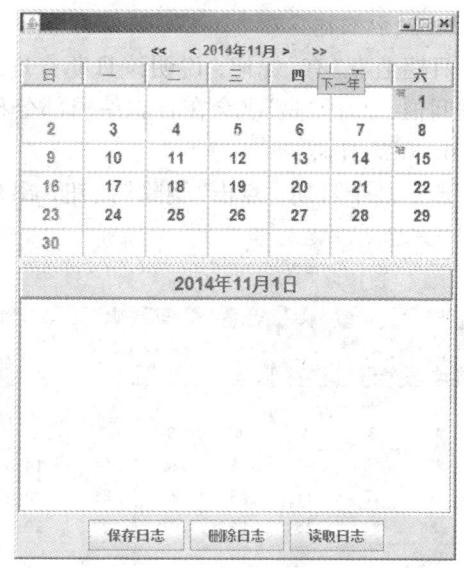

图 3-10　修改月份

3. 编辑日历

在日历中点击要添加日志的日期，然后在编辑区编辑日历信息。如图 3-11 所示。

4. 保存日志

日历编辑完后，点击保存日志按钮，提示询问对话框，如果本日期有日志，将提示是否修改，如果没有，将提示是否保存。点击"是"，这时会以当前的日期为文件名建立一个文本文件，里面存储了日历信息。同时，在日历部分该日期会加上"有"标记，说明该日期有日志。如图 3-12 所示。

图 3-11　编辑日志

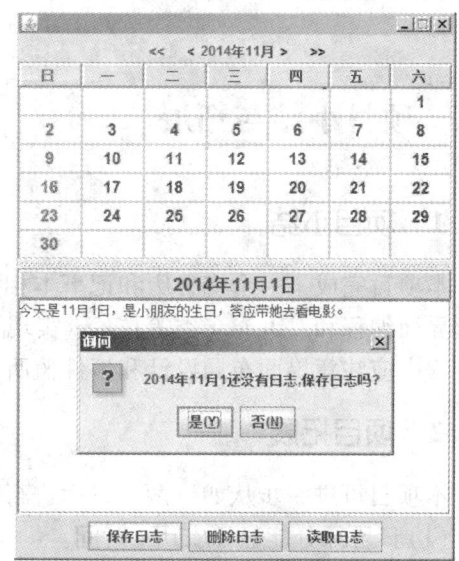

图 3-12　保存日志

5. 读取日志

日期上有"有"标记,说明该日期有日志,可以选定该日期,单击"读取日志按钮",会出现询问框,选择"是",会在日志编辑部分显示该日期的日志信息。如图 3 – 13 所示。

6. 删除日志

选定某个日期,点击"删除"按钮,出现询问框,点击"是",可以将该日期的日志删除。如图 3 – 14 所示。

图 3 – 13　读取日志

图 3 – 14　删除日志

3.4　项目小结与拓展

3.4.1　项目小结

本项目完成了一个将日历和记事本相结合的日历记事本系统开发,主要运用了 Java 中的图形界面编程和 Calendar 类等技术,实现了查看、保存、删除和读取日历等功能,在具体实现过程中应注意界面布局设计和事件监听功能。

3.4.2　项目拓展

本项目可进一步从如下两个方面进行拓展:
(1)日历部分能显示农历、时间。
(2)能改变界面颜色。

第4章
简易画图板项目设计与开发

4.1 项目描述

日常生活中，我们经常需要处理一些基本的图形图像，用户可以在画板上任意画自己喜欢的东西。本项目利用 Java 语言提供的 Draw 类和 Graphics 类进行绘图，实现类似于 Windows 画图工具的简易画图板程序。该程序可以绘制各种图形，包括直线、空心矩形、空心椭圆、空心圆形、空心圆角矩形、实心矩形、实心椭圆、实心圆形、实心圆角矩形等，鼠标拖动作为铅笔进行自由绘图。绘图时可以选择各种颜色，输入文本时可以自由选择字体。绘图过程可以新建、保存和导入图片。

4.2 项目目标

4.2.1 系统功能

本系统的主界面由菜单栏、画图区域、绘图工具栏、颜色工具栏和鼠标状态栏五部分组成。菜单栏包括文件菜单栏、粗细菜单栏、颜色菜单栏和关于菜单栏。文件菜单栏包括文件的新建、打开、保存及退出四个选项。粗细菜单栏可以设置画笔线条粗细。颜色菜单栏可以进行颜色选择。关于菜单栏提供设计者的相关版权信息。绘图工具栏由新建、打开和保存文件按钮、基本图形的按钮、选择字体风格复选框和字体下拉列表框组成。颜色工具栏由多种颜色的快捷选择按钮。鼠标状态栏用来显示当前鼠标的状态。本系统的功能结构图如图 4-1 所示，系统的界面如图 4-2 所示。

4.2.2 功能描述

1. 菜单栏功能

菜单栏实现的功能包含文件、粗细、颜色和关于四个部分。
（1）文件菜单包含新建图片，保存图片，打开图片和退出画图工具四个功能选项。
（2）粗细菜单可以在弹出的对话框中设置画笔粗细的值，设置成功后，以后所画的图形都是基于本次设置的值。当画笔需要调整时，可以通过点击菜单栏中的设置画笔粗细进行设置。
（3）颜色菜单在通过弹出的对话框中设置画笔颜色，选择后，以后所画的图形都是基于

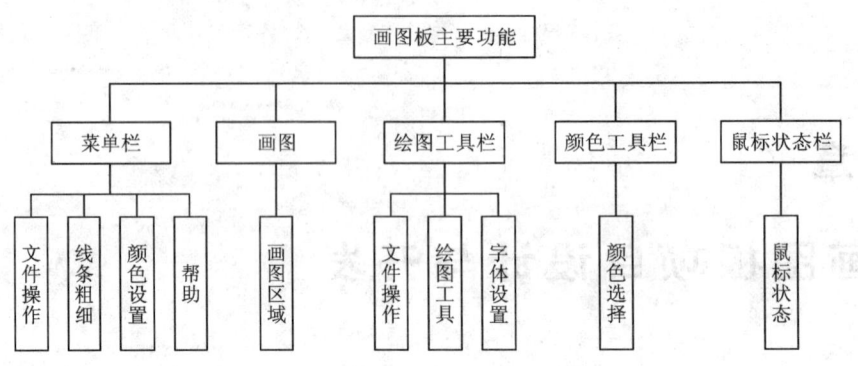

图 4-1　简易画图板功能结构图

图 4-2　简易画图板主界面

本次设置的颜色。当想改变颜色时，可以通过点击菜单栏中的选择颜色进行设置。

（4）关于菜单下有关于画图板和作者的介绍。

2．画图区域

初始化画图区域，白色背景，默认黑色画笔，可以通过单击鼠标和按住鼠标在画图区域上移动画出图形，根据需要在绘图工具栏选择合适的图形样式（如直线、矩形、椭圆等）画图。

3．绘图工具栏

绘图工具栏主要是为了便于画图而将常用的画图工具设置为按钮罗列出来，并且显示到工具栏上，其中包含：

（1）提供新建图片，打开本地图片文件，保存当前图片到本地三个快捷按钮。

（2）提供绘制图形按钮：铅笔，橡皮擦，直线、矩形、椭圆、圆形、圆角矩形、实心椭圆、实心矩形、实心圆形、实心圆角矩形等各类常见的几何图形。

（3）提供添加文字字形设置按钮，用以设置文字是否为黑体，斜体以及字体选择。

4．颜色工具栏

简易画图板的右侧颜色工具栏仿照 Windows 系统中画图软件的颜色选择面板来设计，将一些较为主要的，常见的颜色添加到面板中，相当于提供多种颜色的快捷按钮，供用户选择。点击颜色按钮，可以马上设置画笔颜色并应用。

5．鼠标状态栏

简易画图板的下方显示一个状态栏，主要用来显示当前鼠标的状态，包括鼠标按下，鼠标释放，鼠标移动，鼠标退出的状态。

4.3 项目实施

4.3.1 类及 UML 设计

在设计简易画图板时，根据程序功能的划分，包含了 12 个文件，包括 SimpleDraw.java、MenuContainer.java、DrawPanel.java、Drawings.java、DrawBtnListener、ToolBtnListener、NewFileListener.java、LoadFileListener.java、SaveFileListener.java、CheckBoxList.java、MouseA.java、MouseB.java，下面分别介绍它们的功能及 UML 图。

1. SimpleDraw.java

该文件包含一个 public SimpleDraw 类，该类封装了画图板的界面和按钮的监听事件。Main( ) 是主方法，用于启动简易画图板程序。SimpleDraw( ) 是构造方法，用于初始化窗口。setToolPanel( ) 方法创建左侧绘图工具栏的工具按钮设置，实现的工具包括铅笔，橡皮擦，直线，矩形，圆形，椭圆等工具按钮，其中用到 toolBar 进行设置，用 GridLayout 进行布局，8 行两列，按顺序排列按钮，最终返回一个 Panel 值。setColorPanel( ) 方法用来创建右侧颜色选择面板工具栏，有多种颜色选择，创建过程与创建工具栏类似，用 toolBar 设置布局，用 GridLayout 进行布局，18 行一列，按顺序排列按钮，最后返回一个 JPanel 值。setToolListener( ) 封装了绘图工具栏的工具按钮的事件处理方法。setMenuContainerListener( ) 封装了设置菜单栏的按钮事件处理方法。createNewItem( ) 方法创建一个画图基本单元对象的程序段。colorChoice( ) 方法调用 JColorChooser 的 showDialog( ) 方法设置当前画笔的颜色，调用 getRed( ) 方法获取所选中颜色的 R、G、B 的值设置颜色。setDrawWidth( ) 用来设置当前选择的线条粗细的值。setHelp( ) 用来设置关于菜单。setColor(Color color) 用来设置画笔颜色。如图 4 - 3 所示。

2. MenuContainer.java

该文件包含一个 public MenuContainer 类，该类利用 JMenuBar 创建菜单栏的容器类，用来读取各个菜单项文字的二维数组，去迭代创建每个菜单项，该类封装了菜单栏创建的各种方法，用来实例化 MenuContainer 对象的方法 newInstance( )，根据菜单名称添加一个菜单方法 addMenu(String menuName)，根据菜单名称添加一个菜单到指定位置的方法 addMenu(String menuName, int index)，添加多级菜单到菜单容器中的方法 addMenu(String[ ] menu-

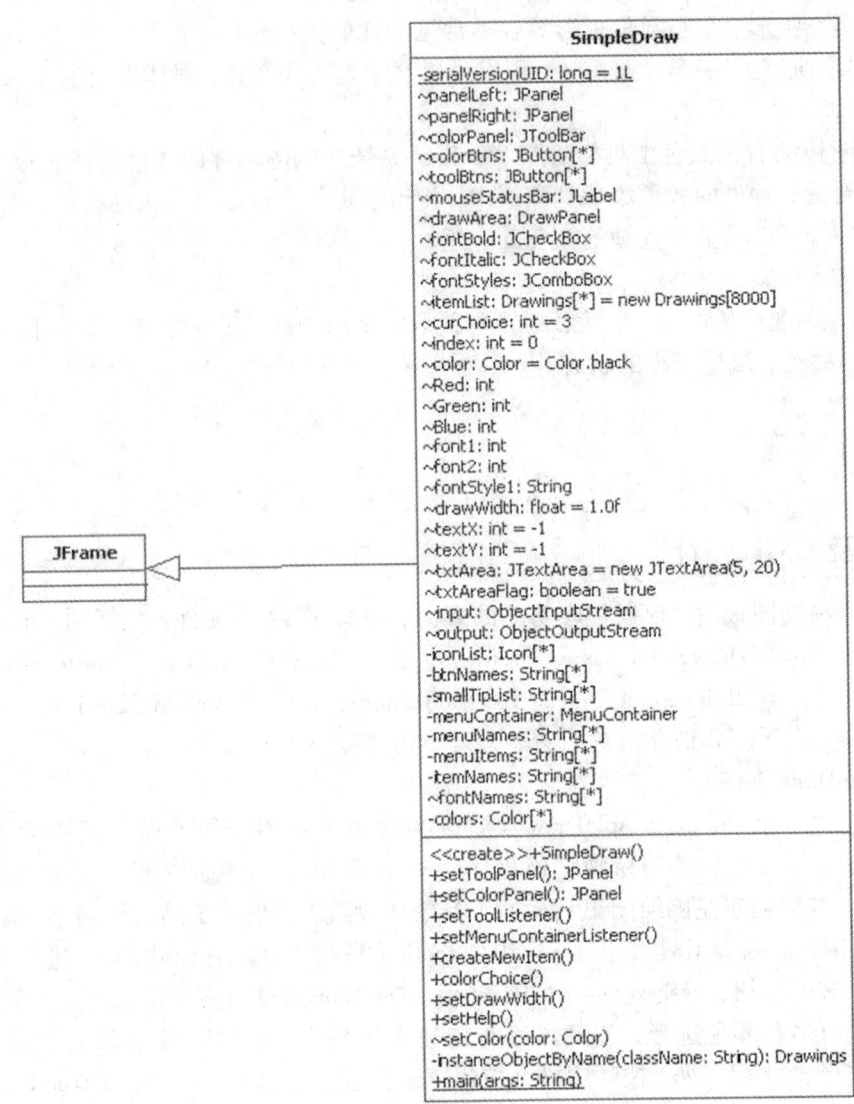

图 4-3 SimpleDraw 类图

Names），得到指定位置菜单的方法 getAt（int index），添加子菜单到指定菜单中的方法 addMenuItem（String[ ] itemNames, JMenu menu），添加子菜单到指定菜单中的方法 addMenuItem（String itemName, JMenu menu），得到指定位置的子菜单 getMenuItem（JMenu menu, int index）。如图 4-4 所示。

3. DrawPanel. java

该文件包含一个 public DrawPanel 的画图面板类，该类继承了 JFrame，封装了画图区域的初始状态，并且增加了鼠标事件监听，用来画图。如图 4-5 所示。

4. Drawings. java

该文件包含一个 public Drawings 类，实现了序列化接口，封装其他基本的图形单元的通用属性，所有的画图操作都继承该类，同时重写画图方法 draw()。该文件还包含各种图形工具的子类，继承 Drawings 父类提供的属性，并分别实现各自的 draw 方法，在 draw 方法中调用 Grapchis 提供的方法去画图形。如图4-6所示。

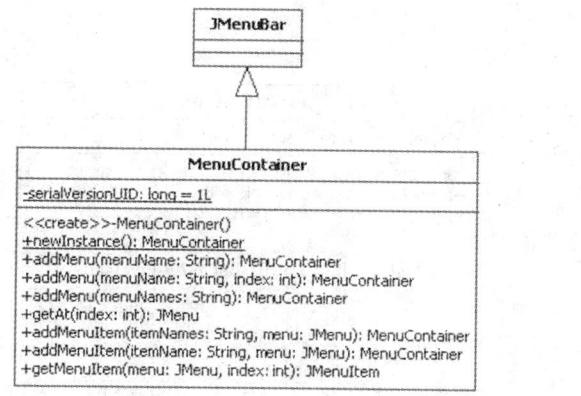

图4-4 MenuContainer 类图

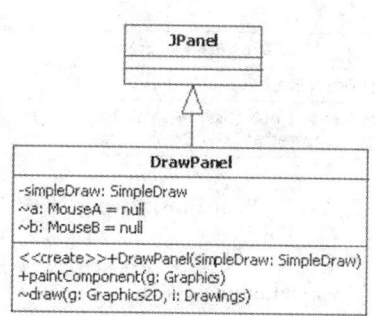

图4-5 DrawPanel 类图

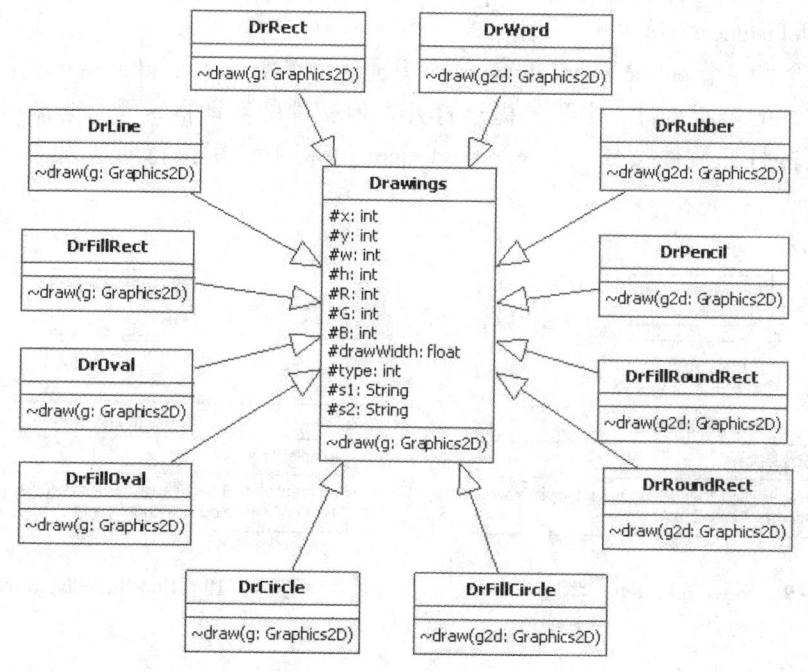

图4-6 Drawings 类图

5. DrawBtnsListener.java

该文件包含了一个 public DrawBtnsListener 类，该类实现了 ActionListener 接口，主要功能是监听绘图相关操作按钮的操作，当用户点击绘图工具按钮时，actionPerformed() 将被调用执行对应操作。如图4-7所示。

6. ToolBtnsListener.java

该文件包含了一个 public ToolBtnsListener 类，该类实现了 ActionListener 接口，主要功能

是监听绘制工具栏部分那些绘图按钮的操作,当用户点击绘图工具栏中的颜色设置,线条粗细,添加文件这三个画图按钮时,actionPerformed()将被调用执行对应操作。如图4-8所示。

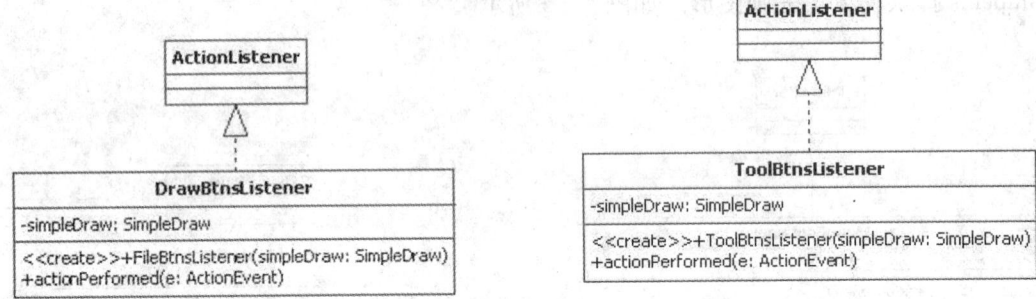

图4-7　DrawBtnsListener 类图　　　　　　图4-8　ToolBtnsListener 类图

7. NewFileListener. java

该文件包含了一个 public NewFileListener 类,该类实现了 ActionListener 适配器,主要功能是新建一个空白的画图文件,初始化画图区域以及画笔、颜色等,当用户点击新建文件按钮时,actionPerformed()将被调用执行对应操作。如图4-9所示。

8. LoadFileListener. java

该文件包含了一个 public LoadFileListener 类,该类实现了 ActionListener 接口,主要功能是处理打开文件的监听事件,主要是提供打开本地文件的对话框,可以选择本地的图片文件。当用户点击打开文件按钮时,actionPerformed()将被调用执行对应操作。如图4-10所示。

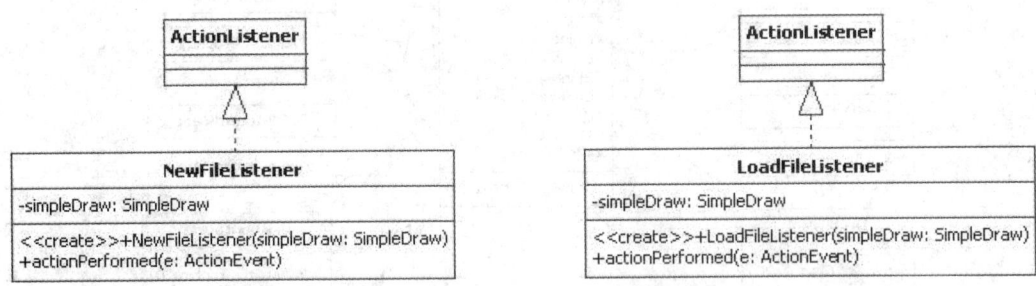

图4-9　NewFileListener 类图　　　　　　图4-10　LoadFileListener 类图

9. SaveFileListener. java

该文件包含了一个 public LoadFileListener 类,该类实现了 ActionListener 接口,主要功能是处理保存文件的监听事件,主要是提供保存文件的对话框,可以选择本地路径,设置用户名,点击确定可以保存文件到本地。当用户点击打开文件按钮时,actionPerformed()将被调用执行对应操作。如图4-11所示。

10. CheckBoxListener. java

该文件包含了一个 public CheckBoxListener 类,该类实现了 ActionListener 接口,主要功能

是提供字体风格的选项,当用户点击打开文件按钮时,actionPerformed()将被调用执行对应操作。如图4-12所示。

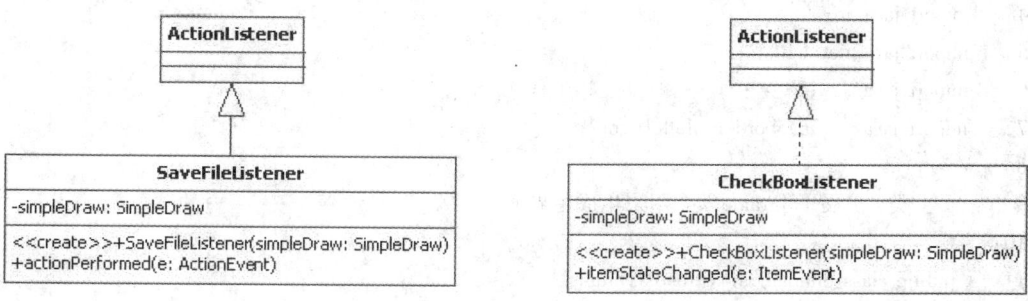

图4-11 SaveFileListener 类图　　　　　图4-12 CheckBoxListener 类图

11. MouseA. java

该文件包含鼠标事件 public MouseA 类,该类继承 MouseAdapter 适配器,主要用来画图时鼠标相应事件的监听和操作。包括鼠标进入 mouseEntered(),鼠标移出 mouseExited(),鼠标按下 mousePressed(),松开鼠标 mouseReleased(),同时会在鼠标状态栏中显示当前坐标。如图4-13所示。

12. MouseB. java

该文件包含鼠标事件 public MouseB 类,继承 MouseMotionAdapter,用来完成鼠标拖动和鼠标移动时的相应事件。mouseDragged()方法通过不断记录当前鼠标移动过的点,来进行画图,mouseMoved()的功能是将鼠标移动过程中坐标的变化显示到鼠标状态栏。如图4-14所示。

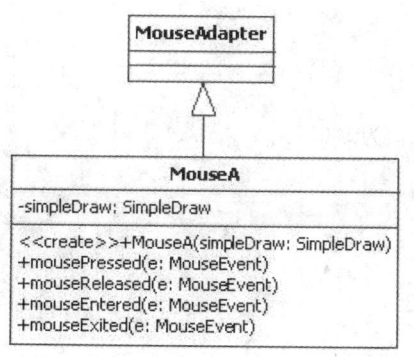
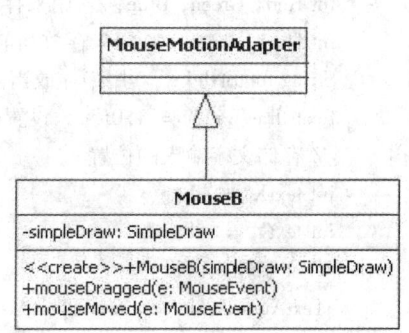

图4-13 MouseA 类图　　　　　图4-14 MouseB 类图

4.3.2 代码实现

简易画图板系统共有12个源文件代码,下面给出每个源文件。

1. SimpleDraw. java

该源文件完成系统的启动。

```
1   package simpleDraw;
2   import java.awt.*;
3   import java.awt.event.*;
4   import java.io.*;
5   import java.net.URL;
6   import javax.swing.*;
7   import javax.swing.border.MatteBorder;
8   /**
9    * 主类,扩展了 JFrame 类,用来生成主界面
10   */
11  public class SimpleDraw extends JFrame {
12      private static final long serialVersionUID = 1L;
13      JPanel panelLeft, panelRight;
14      JToolBar colorPanel; // 定义颜色选择面板
15      JButton colorBtns[];
16      JButton toolBtns[]; // 按钮数组,存放以下名称的功能按钮
17      JLabel mouseStatusBar; // 显示鼠标状态的提示条
18      DrawPanel drawArea; // 画图区域
19      JCheckBox fontBold; // 定义字体风格选择框
20      JCheckBox fontItalic; // bold 为粗体,italic 为斜体,二者可以同时使用
21      JComboBox fontStyles; // 可供选择的字体选项名称
22      Drawings[] itemList = new Drawings[8000]; // 用来存放基本图形的数组
23      int curChoice = 3; // 设置默认画图状态为随笔画
24      int index = 0; // 当前已经绘制的图形数目
25      Color color = Color.black; // 当前画笔颜色,默认黑色
26      int Red, Green, Blue; // 用来存放当前色彩值
27      int font1, font2; // 用来存放当前字体风格
28      String fontStyle1; // 用来存放当前字体
29      float drawWidth = 1.0f; // 设置画笔粗细,默认值为 1.0f
30      // 存储文字输入的位置
31      int textX = -1;
32      int textY = -1;
33      // 文字输入区设置
34      JTextArea txtArea = new JTextArea(5, 20);
35      boolean txtAreaFlag = true;
36      // 定义输入输出流,用来调用和保存图像文件
37      ObjectInputStream input;
38      ObjectOutputStream output;
39
40      private Icon iconList[];
41      private String btnNames[] = {"New", "Open", "Save", // 文件操作的三个基本操作按钮,"新建、打开和保存"
42          "Pencil", // 铅笔,也就是用鼠标拖动着随意绘图
```

```
43              "Rubber", // 橡皮擦,可用来擦去已经绘制好的图案
44              "Line",   // 绘制直线
45              "Rect",   // 绘制空心矩形
46              "Oval",   // 绘制空心椭圆
47              "Circle", // 绘制圆形
48              "RoundRect", // 绘制空心圆角矩形
49              "fRect",  // 绘制以指定颜色填充的实心矩形
50              "fOval",  // 绘制以指定颜色填充的实心椭圆
51              "fCircle",// 绘制以指定颜色填充的实心圆形
52              "frRect", // 绘制以指定颜色填充的实心圆角矩形
53              "Color",  // 选择颜色按钮,可用来选择需要的颜色
54              "DrawWidth", // 选择线条粗细的按钮,输入需要的数值可以实现绘图线条粗细的变
                             化
55              "Word"    // 输入文字按钮,可以在绘图板上实现文字输入
56          };
57
58      private String smallTipList[] = {
59              // 这里是鼠标移动到相应按钮上面上停留时给出的提示说明条
60              "新建图片","打开图片","保存当前图片","画普通线条","擦除线条","画直
                 线","画一个空心的矩形框",
61              "画一个空心的椭圆形框","画一个空心的圆形框","画一个空心的圆角矩形框","
                 画一个实心的矩形图形",
62              "画一个实心的椭圆图形","画一个实心的圆形图形","画一个实心的圆角矩形图
                 形","选择颜色","设置线条粗细",
63              "文字输入" };
64      // 菜单容器
65      private MenuContainer menuContainer;
66      // 菜单项名称数组
67      private String[] menuNames = {"文件","粗细","颜色","关于"};
68      // 子菜单项名称数组
69      private String[][] menuItems = {{"新建","保存","导入","退出"},{"设置线条粗细"},
70              {"选择颜色"},{"关于"}};
71      // 画各种图形的全类名的数组
72      private String itemNames[] = {"","","","simpleDraw.DrPencil",
73              "simpleDraw.DrRubber","simpleDraw.DrLine","simpleDraw.DrRect",
74              "simpleDraw.DrOval","simpleDraw.DrCircle",
75              "simpleDraw.DrRoundRect","simpleDraw.DrFillRect",
76              "simpleDraw.DrFillOval","simpleDraw.DrFillCircle",
77              "simpleDraw.DrFillRoundRect","simpleDraw.DrWord"};
78      String fontNames[] = {"宋体","隶书","Serif",};
79      private Color colors[] = { Color.BLACK, Color.BLUE, Color.CYAN,
80              Color.DARK_GRAY, Color.GRAY, Color.GREEN, Color.LIGHT_GRAY,
81              Color.MAGENTA, Color.ORANGE, Color.PINK, Color.RED, Color.WHITE,
```

```java
82              Color.YELLOW, new Color(12, 12, 12), new Color(215, 202, 153),
83              new Color(201, 250, 30), new Color(201, 30, 250) };
84      /**
85       * 构造方法,生成主界面
86       */
87      public SimpleDraw()  // 构造函数
88      {
89          super("简易画图板");
90          // 创建画图区域各种基本按钮
91          iconList = new ImageIcon[btnNames.length];
92          toolBtns = new JButton[btnNames.length];
93          colorBtns = new JButton[colors.length];
94          // 实例化菜单容器对象
95          this.menuContainer = MenuContainer.newInstance();
96          // 添加所有的菜单项
97          this.menuContainer.addMenu(menuNames);
98          // 添加所有的子菜单项
99          for (int i = 0; i < menuItems.length; i ++) {
100             for (int j = 0; j < menuItems[i].length; j ++) {
101                 this.menuContainer.addMenuItem(menuItems[i][j],
102                         this.menuContainer.getAt(i));
103             }
104         }
105         // 窗口的设计
106         Container c = getContentPane();
107         super.setJMenuBar(this.menuContainer);
108         panelLeft = new JPanel();
109         panelRight = new JPanel();
110         drawArea = new DrawPanel(this);
111         JPanel wordPanel = new JPanel();
112         panelLeft.add(this.setToolPanel());
113         panelRight.add(this.setColorPanel());
114         mouseStatusBar = new JLabel();
115         mouseStatusBar.setText("欢迎使用简易画图板!!!");
116         // 添加所有监听
117         this.setMenuContainerListener();
118         this.setToolListener();
119         CheckBoxListener checkbox = new CheckBoxListener(this);
120         fontBold.addItemListener(checkbox);
121         fontItalic.addItemListener(checkbox);
122         fontStyles.addItemListener(checkbox);
123         // 布局设计
124         c.add(panelLeft, BorderLayout.WEST);
```

```java
125         c.add(drawArea, BorderLayout.CENTER);
126         c.add(panelRight, BorderLayout.EAST);
127         c.add(mouseStatusBar, BorderLayout.SOUTH);
128         createNewItem();
129         setBounds(300, 150, 930, 680);
130         setVisible(true);
131     }
132
133     /**
134      * 设置工具栏布局
135      */
136     public JPanel setToolPanel() {
137         JPanel panel = new JPanel();
138         JToolBar toolBar = new JToolBar("工具");  // 设置为垂直排列
139         toolBar.setOrientation(JToolBar.VERTICAL);  // 设置为可以拖动
140         toolBar.setFloatable(true);  // 设置与边界的距离
141         toolBar.setMargin(new Insets(3, 3, 3, 3));  // 设置布局方式
142         toolBar.setLayout(new GridLayout(10, 2, 2, 2));
143         for (int i = 0; i < toolBtns.length; i++) {
144             URL url = SimpleDraw.class.getClassLoader().getResource(
145                     btnNames[i] + ".jpg");
146             if (url != null) {
147                 iconList[i] = new ImageIcon(url);
148             }
149             toolBtns[i] = new JButton("", iconList[i]);
150             toolBtns[i].setBackground(Color.WHITE);
151             toolBtns[i].setToolTipText(smallTipList[i]);
152             toolBar.add(toolBtns[i]);
153         }
154         fontStyles = new JComboBox(fontNames);
155         fontBold = new JCheckBox("黑体");
156         fontItalic = new JCheckBox("斜体");
157         toolBar.add(fontBold);
158         toolBar.add(fontItalic);
159         toolBar.add(fontStyles);
160         panel.add(toolBar);
161         return panel;
162     }
163
164     /**
165      * 设置颜色工具栏布局及监听
166      */
167     public JPanel setColorPanel() {
```

```java
168         DrawBtnsListener hfile = new DrawBtnsListener(this);
169         JPanel panel = new JPanel();
170         JToolBar colorBar = new JToolBar("颜色"); // 设置为垂直排列
171         colorBar.setOrientation(JToolBar.VERTICAL); // 设置为可以拖动
172         colorBar.setFloatable(true); // 设置与边界的距离
173         colorBar.setMargin(new Insets(1, 1, 1, 1)); // 设置布局方式
174         colorBar.setLayout(new GridLayout(17, 1, 2, 2)); // 工具数组
175         for (int i = 0; i < colorBtns.length; i++) {
176             // 下面颜色部分的 button
177             colorBtns[i] = new JButton("");
178             colorBtns[i].setBorder(new MatteBorder(10, 30, 10, 35, colors[i]));
179             colorBtns[i].setBackground(colors[i]);
180             colorBtns[i].addActionListener(hfile);
181             colorBar.add(colorBtns[i]);
182         }
183         panel.add(colorBar);
184         return panel;
185     }
186     /**
187      * 增加绘图工具栏监听
188      */
189     public void setToolListener() {
190         DrawBtnsListener hfile = new DrawBtnsListener(this);
191         ToolBtnsListener htool = new ToolBtnsListener(this);
192         // 将字体动作监听器加入按钮里面
193         for (int i = 3; i < toolBtns.length - 3; i++) {
194             toolBtns[i].addActionListener(hfile);
195         }
196         for (int i = 3; i > 0; i--) {
197             toolBtns[toolBtns.length - i].addActionListener(htool);
198         }
199         toolBtns[0].addActionListener(new NewFileListener(this));
200         toolBtns[1].addActionListener(new LoadFileListener(this));
201         toolBtns[2].addActionListener(new SaveFileListener(this));
202     }
203
204     /**
205      * 设置菜单容器中各菜单的监听
206      */
207     public void setMenuContainerListener() {
208         // 新建菜单添加监听事件
209         this.menuContainer.getMenuItem(this.menuContainer.getAt(0), 0)
210                 .addActionListener(new NewFileListener(this));
```

```
211        this.menuContainer.getMenuItem(this.menuContainer.getAt(0), 1)
212                .addActionListener(new SaveFileListener(this));
213        this.menuContainer.getMenuItem(this.menuContainer.getAt(0), 2)
214                .addActionListener(new LoadFileListener(this));
215        this.menuContainer.getMenuItem(this.menuContainer.getAt(0), 3)
216                .addActionListener(new ActionListener() {
217                    public void actionPerformed(ActionEvent e) {
218                        System.exit(0); // 系统调用退出程序
219                    }
220                });
221        // 给线条粗细的菜单添加监听事件
222        this.menuContainer.getMenuItem(this.menuContainer.getAt(1), 0)
223                .addActionListener(new ActionListener() {
224                    public void actionPerformed(ActionEvent e) {
225                        SimpleDraw.this.setDrawWidth();
226                    }
227                });
228        // 给颜色选择菜单添加监听事件
229        this.menuContainer.getMenuItem(this.menuContainer.getAt(2), 0)
230                .addActionListener(new ActionListener() {
231                    public void actionPerformed(ActionEvent e) {
232                        SimpleDraw.this.colorChoice(); // 调用选择颜色函数段
233                    }
234                });
235
236        this.menuContainer.getMenuItem(this.menuContainer.getAt(3), 0)
237                .addActionListener(new ActionListener() {
238                    public void actionPerformed(ActionEvent e) {
239                        SimpleDraw.this.setAbout(); // 调用选择颜色函数段
240                    }
241                });
242    }
243    /**
244     * 新建一个画图基本单元对象的程序段
245     */
246    public void createNewItem() {
247        // 利用反射实例化对应的画图类
248        this.itemList[index] = instanceObjectByName(itemNames[this.curChoice]);
249        this.itemList[index].type = curChoice;
250        this.setColor(null);
251        this.itemList[index].drawWidth = drawWidth;
252    }
253    /**
```

```
254            * 选择当前颜色
255            */
256           public void colorChoice() {
257               this.color = JColorChooser.showDialog(SimpleDraw.this,"选择一种颜色",color);
258               this.setColor(color);
259           }
260           /**
261            * 选择当前线条粗细
262            */
263           public void setDrawWidth() {
264               String input;
265               input = JOptionPane.showInputDialog("请输入线条粗细的值!( >0 )");
266               try {
267                   this.drawWidth = Float.parseFloat(input);
268                   this.itemList[index].drawWidth = drawWidth;
269               } catch (Exception e) {
270               }
271           }
272           /**
273            * 设置关于菜单项内容
274            */
275           public void setAbout() {
276               JOptionPane.showMessageDialog(null,
277                   "我的小小画图板!\nCopyright (c) 2014 JiShou University","画图程序说明",
278                   JOptionPane.INFORMATION_MESSAGE);
279           }
280
281           // 设置颜色的方法
282           void setColor(Color color) {
283               if (color != null) {
284                   this.Red = color.getRed();
285                   this.Green = color.getGreen();
286                   this.Blue = color.getBlue();
287               }
288               this.itemList[index].R = Red;
289               this.itemList[index].G = Green;
290               this.itemList[index].B = Blue;
291           }
292
293           private Drawings instanceObjectByName(String className) {
294               Drawings obj;
295               try {
296                   Class<?> clazz = Class.forName(className);
```

```
297
298                obj = (Drawings) clazz.newInstance();
299            } catch (Exception e) {
300                throw new RuntimeException(e);
301            }
302            return obj;
303        }
304
305        // 主函数段
306        public static void main(String args[]) {
307            try {
308                UIManager.setLookAndFeel(UIManager.getSystemLookAndFeelClassName());
309                // 设置外观设置为当前系统使用的平台外观
310            } catch (Exception e) {
311                throw new RuntimeException(e);
312            }
313            new SimpleDraw();
314        }
315    }
```

2. MenuContainer.java

该源文件提供创建菜单栏的相关方法。

```
1    package simpleDraw;
2    import javax.swing.JMenu;
3    import javax.swing.JMenuBar;
4    import javax.swing.JMenuItem;
5    /**
6     * 菜单容器类
7     */
8    public class MenuContainer extends JMenuBar {
9        /**
10        * 实例化 MenuContainer 对象的方法
11        */
12       public static MenuContainer newInstance() {
13           return new MenuContainer();
14       }
15       /**
16        * 私有方法,隐藏构造器
17        */
18       private MenuContainer() {
19       }
20       /**
21        * 根据菜单名称添加一个菜单
22        */
```

```java
23    public MenuContainer addMenu(String menuName) {
24        this.add(new JMenu(menuName));
25        return this;
26    }
27    /**
28     * 根据菜单名称添加一个菜单到指定的位置
29     */
30    public MenuContainer addMenu(String menuName, int index) {
31        this.add(new JMenu(menuName), index);
32        return this;
33    }
34    /**
35     * 添加多个菜单到菜单容器中
36     */
37    public MenuContainer addMenu(String[] menuNames) {
38        for (int i = 0; i < menuNames.length; i++) {
39            this.addMenu(menuNames[i]);
40        }
41        return this;
42    }
43    /**
44     * 得到指定位置的菜单
45     */
46    public JMenu getAt(int index) {
47        return this.getMenu(index);
48    }
49    /**
50     * 添加子菜单到指定的菜单中
51     */
52    public MenuContainer addMenuItem(String[] itemNames, JMenu menu) {
53        for (int i = 0; i < itemNames.length; i++) {
54            this.addMenuItem(itemNames[i], menu);
55        }
56        return this;
57    }
58    /**
59     * 添加子菜单到指定的菜单中
60     */
61    public MenuContainer addMenuItem(String itemName, JMenu menu) {
62        menu.add(new JMenuItem(itemName));
63        return this;
64    }
65    /**
```

```
66        * 得到菜单项指定位置的子菜单
67        */
68       public JMenuItem getMenuItem(JMenu menu, int index){
69            return menu.getItem(index);
70       }
71  }
```

3. DrawPanel.java

该源文件完成画图区域的基本设置。

```
1   package simpleDraw;
2   import java.awt.Color;
3   import java.awt.Cursor;
4   import java.awt.Graphics;
5   import java.awt.Graphics2D;
6   import javax.swing.JPanel;
7   /**
8    * 画板基本类
9    */
10  public class DrawPanel extends JPanel{
11       private SimpleDraw simpleDraw;
12       MouseA a = null;
13       MouseB b = null;
14       /**
15        * 构造方法
16        */
17       public DrawPanel(SimpleDraw simpleDraw){
18            this.simpleDraw = simpleDraw;
19            this.setCursor(Cursor.getPredefinedCursor(Cursor.CROSSHAIR_CURSOR));
20            this.setBackground(Color.white);
21            this.a = new MouseA(this.simpleDraw);
22            this.b = new MouseB(this.simpleDraw);
23            this.addMouseListener(a);
24            this.addMouseMotionListener(b);
25       }
26       /**
27        * 画板组件
28        */
29       public void paintComponent(Graphics g){
30            super.paintComponent(g);
31            Graphics2D g2 = (Graphics2D) g;   // 定义画笔
32            int i = 0;
33            while(i <= simpleDraw.index){
34                this.draw(g2, simpleDraw.itemList[i]);
35                i++;
```

```
36          }
37      }
38      /**
39       * 画笔
40       */
41      void draw(Graphics2D g, Drawings i) {
42          i.draw(g); // 将画笔传入到各个子类中,用来完成各自的绘图
43      }
44  }
45
```

4. Drawings.java

该源文件完成基本图形单元的各种画法。

```
1   package simpleDraw;
2   import java.awt.BasicStroke;
3   import java.awt.Color;
4   import java.awt.Font;
5   import java.awt.Graphics2D;
6   import java.io.Serializable;
7   /**
8    * 定义画图的基本图形单元
9    */
10  class Drawings implements Serializable{
11      protected int x, y, w, h; // 定义坐标属性
12      protected int R, G, B; // 定义色彩属性
13      protected float drawWidth; // 定义线条粗细属性
14      protected int type; // 定义字体属性
15      protected String s1;
16      protected String s2; // 定义字体风格属性
17      void draw(Graphics2D g) {
18          g.setPaint(new Color(R, G, B));
19          g.setStroke(new BasicStroke(drawWidth));
20      }; // 定义绘图函数
21  }
22  /**
23   * 直线类
24   */
25  class DrLine extends Drawings
26  {
27      void draw(Graphics2D g) {
28          super.draw(g);
29          g.setStroke(new BasicStroke(drawWidth, BasicStroke.CAP_ROUND,
30              BasicStroke.JOIN_BEVEL));
31          g.drawLine(x, y, w, h);
```

```
32        }
33   }
34   /**
35    * 矩形类
36    */
37   class DrRect extends Drawings
38   {
39       void draw(Graphics2D g) {
40           super.draw(g);
41           g.drawRect(Math.min(x, w), Math.min(y, h), Math.abs(x - w),
42                   Math.abs(y - h));
43       }
44   }
45   /**
46    * 实心矩形类
47    */
48   class DrFillRect extends Drawings
49   {
50       void draw(Graphics2D g) {
51           super.draw(g);
52           g.fillRect(Math.min(x, w), Math.min(y, h), Math.abs(x - w),
53                   Math.abs(y - h));
54       }
55   }
56   /**
57    * 椭圆类
58    */
59   class DrOval extends Drawings
60   {
61       void draw(Graphics2D g) {
62           super.draw(g);
63           g.drawOval(Math.min(x, w), Math.min(y, h), Math.abs(x - w),
64                   Math.abs(y - h));
65       }
66   }
67   /**
68    * 实心椭圆
69    */
70   class DrFillOval extends Drawings
71   {
72       void draw(Graphics2D g) {
73           super.draw(g);
74           g.fillOval(Math.min(x, w), Math.min(y, h), Math.abs(x - w),
```

```
75              Math.abs(y - h));
76         }
77    }
78    /**
79     * 圆类
80     */
81    class DrCircle extends Drawings
82    {
83         void draw(Graphics2D g) {
84              super.draw(g);
85              g.drawOval(Math.min(x, w), Math.min(y, h),
86                   Math.max(Math.abs(x - w), Math.abs(y - h)),
87                   Math.max(Math.abs(x - w), Math.abs(y - h)));
88         }
89    }
90    /**
91     * 实心圆
92     */
93    class DrFillCircle extends Drawings
94    {
95         void draw(Graphics2D g2d) {
96              super.draw(g2d);
97              g2d.fillOval(Math.min(x, w), Math.min(y, h),
98                   Math.max(Math.abs(x - w), Math.abs(y - h)),
99                   Math.max(Math.abs(x - w), Math.abs(y - h)));
100        }
101   }
102   /**
103    * 圆角矩形类
104    */
105   class DrRoundRect extends Drawings
106   {
107        void draw(Graphics2D g2d) {
108             super.draw(g2d);
109             g2d.drawRoundRect(Math.min(x, w), Math.min(y, h), Math.abs(x - w),
110                  Math.abs(y - h), 50, 35);
111        }
112   }
113   /**
114    * 实心圆角矩形类
115    */
116   class DrFillRoundRect extends Drawings
117   {
```

```
118     void draw(Graphics2D g2d) {
119         super.draw(g2d);
120         g2d.fillRoundRect(Math.min(x, w), Math.min(y, h), Math.abs(x - w),
121                 Math.abs(y - h), 50, 35);
122     }
123 }
124 /**
125  * 随笔画类
126  */
127 class DrPencil extends Drawings
128 {
129     void draw(Graphics2D g2d) {
130         super.draw(g2d);
131         g2d.setStroke(new BasicStroke(drawWidth, BasicStroke.CAP_ROUND,
132                 BasicStroke.JOIN_BEVEL));
133         g2d.drawLine(x, y, w, h);
134     }
135 }
136 /**
137  * 橡皮擦类
138  */
139 class DrRubber extends Drawings
140 {
141     void draw(Graphics2D g2d) {
142         g2d.setPaint(new Color(255, 255, 255));
143         g2d.setStroke(new BasicStroke(drawWidth + 10, BasicStroke.CAP_ROUND,
144                 BasicStroke.JOIN_BEVEL));
145         g2d.drawLine(x, y, w, h);
146     }
147 }
148 /**
149  * 输入文字类
150  */
151 class DrWord extends Drawings
152 {
153     void draw(Graphics2D g2d) {
154         super.draw(g2d);
155         g2d.setFont(new Font(s2, w + h, ((int) drawWidth) * 18));
156         if (s1 != null) {
157             String[] ss = s1.split("\n");
158             for (int i = 0; i < ss.length; i++) {
159                 g2d.drawString(ss[i], x, y + (i * 18));
160             }
```

```
161            }
162        }
163 }
```

5. DrawBtnsListener.java

该源文件完成绘图按钮的事件监听处理。

```
1  package simpleDraw;
2  import java.awt.event.ActionEvent;
3  import java.awt.event.ActionListener;
4  /**
5   * 按钮监听器类,用来监听基本按钮的操作
6   */
7  public class DrawBtnsListener implements ActionListener {
8      private SimpleDraw simpleDraw;
9      /**
10      * 构造方法
11      */
12     public DrawBtnsListener(SimpleDraw simpleDraw){
13         this.simpleDraw = simpleDraw;
14     }
15     /**
16      * 事件监听
17      */
18     public void actionPerformed(ActionEvent e){
19         for(int i = 0; i < simpleDraw.toolBtns.length; i++){
20             if(i >= 3 && i < simpleDraw.toolBtns.length - 3 && e.getSource() == simpleDraw.toolBtns[i]){
21                 simpleDraw.curChoice = i;
22                 if(i == 14){
23                     simpleDraw.txtAreaFlag = true;
24                 }
25                 simpleDraw.createNewItem();
26                 simpleDraw.repaint();
27             }
28             if(e.getSource() == simpleDraw.colorBtns[i]){
29                 simpleDraw.setColor(simpleDraw.colorBtns[i].getBackground());
30             }
31         }
32     }
33 }
```

6. ToolBtnsListener.java

该源文件完成颜色设置,画笔粗细和文字的监听处理。

```
1  package simpleDraw;
```

```java
2    import java.awt.event.ActionEvent;
3    import java.awt.event.ActionListener;
4    import javax.swing.JOptionPane;
5    /**
6     * 按钮监听器类,用来监听基本按钮的操作
7     */
8    public class ToolBtnsListener implements ActionListener {
9    
10       private SimpleDraw simpleDraw;
11       /**
12        * 构造方法
13        */
14       public ToolBtnsListener(SimpleDraw simpleDraw) {
15           this.simpleDraw = simpleDraw;
16       }
17       /**
18        * 事件监听
19        */
20       public void actionPerformed(ActionEvent e) {
21           if (e.getSource() == simpleDraw.toolBtns[simpleDraw.toolBtns.length - 3]) {
22               simpleDraw.colorChoice();
23           }
24           if (e.getSource() == simpleDraw.toolBtns[simpleDraw.toolBtns.length - 2]) {
25               simpleDraw.setDrawWidth();
26           }
27           if (e.getSource() == simpleDraw.toolBtns[simpleDraw.toolBtns.length - 1]) {
28               JOptionPane.showMessageDialog(null, "鼠标点击选中画布中所需输入文字的位置",
29                       "Hint", JOptionPane.INFORMATION_MESSAGE);
30               simpleDraw.curChoice = 14;
31               simpleDraw.createNewItem();
32               simpleDraw.repaint();
33           }
34       }
35   }
```

7. NewFileListener.java

该源文件处理新建文件的事件监听。

```java
1    package simpleDraw;
2    import java.awt.Color;
3    import java.awt.event.ActionEvent;
4    import java.awt.event.ActionListener;
5    /**
6     * 新建文件监听类
7     */
```

```
8     public class NewFileListener implements ActionListener {
9       private SimpleDraw simpleDraw;
10      /**
11       * 构造方法
12       */
13      public NewFileListener(SimpleDraw simpleDraw) {
14          this.simpleDraw = simpleDraw;
15      }
16      /**
17       * 新建文件监听
18       */
19      public void actionPerformed(ActionEvent e) {
20          simpleDraw.index = 0;
21          simpleDraw.curChoice = 3;
22          simpleDraw.color = Color.black;
23          simpleDraw.drawWidth = 1.0f;
24          simpleDraw.createNewItem();
25          simpleDraw.repaint();
26      }
27  }
```

8. LoadFileListener.java

该源文件处理打开本地文件的事件监听。

```
28  package simpleDraw;
29  import java.awt.event.ActionEvent;
30  import java.awt.event.ActionListener;
31  import java.io.*;
32  import javax.swing.JFileChooser;
33  import javax.swing.JOptionPane;
34  /**
35   * 打开文件监听类
36   */
37  public class LoadFileListener implements ActionListener {
38      private SimpleDraw simpleDraw;
39      /**
40       * 构造方法
41       */
42      public LoadFileListener(SimpleDraw simpleDraw) {
43          this.simpleDraw = simpleDraw;
44      }
45      /**
46       * 打开文件事件监听
47       */
48      public void actionPerformed(ActionEvent e) {
```

```
49      JFileChooser file = new JFileChooser();
50      file.setFileSelectionMode(JFileChooser.FILES_ONLY);
51      int result = file.showOpenDialog(simpleDraw);
52      if (result == JFileChooser.CANCEL_OPTION)
53          return;
54      File fileName = file.getSelectedFile();
55      fileName.canRead();
56      if (fileName == null || fileName.getName().equals(""))
57          JOptionPane.showMessageDialog(file,"无效的文件名","无效的文件名",
58              JOptionPane.ERROR_MESSAGE);
59      else {
60          try {
61              FileInputStream fis = new FileInputStream(fileName);
62              simpleDraw.input = new ObjectInputStream(fis);
63              Drawings inputRecord;
64              int countNumber = 0;
65              countNumber = simpleDraw.input.readInt();
66              for (simpleDraw.index = 0; simpleDraw.index < countNumber; simpleDraw.index
                  ++) {
67                  inputRecord = (Drawings) simpleDraw.input.readObject();
68                  simpleDraw.itemList[simpleDraw.index] = inputRecord;
69              }
70              simpleDraw.createNewItem();
71              simpleDraw.input.close();
72              simpleDraw.repaint();
73          } catch (EOFException endofFileException) {
74              JOptionPane.showMessageDialog(simpleDraw,"无文件记录","找不到",
75                  JOptionPane.ERROR_MESSAGE);
76          } catch (ClassNotFoundException classNotFoundException) {
77              JOptionPane.showMessageDialog(simpleDraw,"不能创建对象","文件结束",
78                  JOptionPane.ERROR_MESSAGE);
79          } catch (IOException ioException) {
80              JOptionPane.showMessageDialog(simpleDraw,"读取过程中出现错误","读取错误",
81                  JOptionPane.ERROR_MESSAGE);
82          }
83      }
84  }
85 }
```

9. SaveFileListener.java

该源文件处理保存文件到本地的事件监听。

```
1   package simpleDraw;
2   import java.awt.event.ActionEvent;
3   import java.awt.event.ActionListener;
```

```java
4    import java.io.*;
5    import javax.swing.JFileChooser;
6    import javax.swing.JOptionPane;
7    /**
8     * 保存文件监听类
9     */
10   public class SaveFileListener implements ActionListener{
11       private SimpleDraw simpleDraw;
12       /**
13        * 构造方法
14        */
15       public SaveFileListener(SimpleDraw simpleDraw) {
16           this.simpleDraw = simpleDraw;
17       }
18       /**
19        * 保存文件事件处理
20        */
21       public void actionPerformed(ActionEvent e) {
22           JFileChooser file = new JFileChooser();
23           file.setFileSelectionMode(JFileChooser.FILES_ONLY);
24           int saveDlg = file.showSaveDialog(simpleDraw);
25           if (saveDlg == JFileChooser.CANCEL_OPTION)
26               return;
27           File fileName = file.getSelectedFile();
28           fileName.canWrite();
29
30           if (fileName == null || fileName.getName().equals(""))
31               JOptionPane.showMessageDialog(file, "无效的文件名", "无效的文件名",
32                   JOptionPane.ERROR_MESSAGE);
33           else {
34               try {
35                   fileName.delete();
36                   FileOutputStream fos = new FileOutputStream(fileName);
37                   simpleDraw.output = new ObjectOutputStream(fos);
38                   Drawings record;
39
40                   simpleDraw.output.writeInt(simpleDraw.index);
41                   for (int i = 0; i < simpleDraw.index; i++) {
42                       Drawings p = simpleDraw.itemList[i];
43                       simpleDraw.output.writeObject(p);
44                       simpleDraw.output.flush(); // 将所有图形信息强制转换成父类线性化存储
                                                   // 到文件中
45                   }
```

```
46                    simpleDraw.output.close();
47                    fos.close();
48                } catch (IOException ioe) {
49                    ioe.printStackTrace();
50                }
51            }
52        }
53    }
```

10. CheckBoxListener.java

该源文件处理字体设置的事件监听，可以选择宋体、隶书等字体。

```
1   package simpleDraw;
2   import java.awt.Font;
3   import java.awt.event.ItemEvent;
4   import java.awt.event.ItemListener;
5   /**
6    * 复选框监听类
7    */
8   public class CheckBoxListener implements ItemListener {
9       private SimpleDraw simpleDraw;
10      /**
11       * 构造方法
12       */
13      public CheckBoxListener(SimpleDraw simpleDraw) {
14          this.simpleDraw = simpleDraw;
15      }
16      /**
17       * 选择字体风格时候用到的事件监听器类，加入到字体风格的选择框中
18       */
19      public void itemStateChanged(ItemEvent e) {
20          if (e.getSource() == simpleDraw.fontBold) {
21              if (e.getStateChange() == ItemEvent.SELECTED) {
22                  simpleDraw.font1 = Font.BOLD;
23              } else {
24                  simpleDraw.font1 = Font.PLAIN;
25              }
26          }
27          if (e.getSource() == simpleDraw.fontItalic) {
28              if (e.getStateChange() == ItemEvent.SELECTED) {
29                  simpleDraw.font2 = Font.ITALIC;
30              } else {
31                  simpleDraw.font2 = Font.PLAIN;
32              }
33          }
```

```
34            if ( e. getSource( )  = =  simpleDraw. fontStyle1 ) {
35                simpleDraw. fontStyle1  =  simpleDraw. fontNames[ simpleDraw. fontStyles
36                      . getSelectedIndex( ) ] ;
37            }
38        }
39  }
```

11. MouseA. java

该源文件处理鼠标的相关事件。

```
1   package simpleDraw;
2   import java. awt. Color;
3   import java. awt. event. MouseAdapter;
4   import java. awt. event. MouseEvent;
5   / * *
6    * 鼠标事件 mouseA 类,继承了 MouseAdapter,用来完成鼠标相应事件操作
7    */
8   public class MouseA extends MouseAdapter {
9       private SimpleDraw simpleDraw;
10      / * *
11       * 构造方法
12       */
13      public MouseA( SimpleDraw simpleDraw) {
14          this. simpleDraw  =  simpleDraw;
15      }
16      / * *
17       * 鼠标按下
18       */
19      public void mousePressed( MouseEvent e) {
20          simpleDraw. mouseStatusBar. setText( "Mouse Pressed @ : [ "  +  e. getX( )
21                 +  ", "  +  e. getY( )  +  "]") ;// 设置状态提示
22
23          simpleDraw. itemList[ simpleDraw. index]. x  =  simpleDraw. itemList[ simpleDraw. index]. w  =
24                  e. getX( ) ;
25          simpleDraw. itemList[ simpleDraw. index]. y  =  simpleDraw. itemList[ simpleDraw. index]. h  =
26                  e. getY( ) ;
27          // 如果当前选择的图形是随笔画或者橡皮擦,则进行下面的操作
28          if ( simpleDraw. curChoice  = =  3 || simpleDraw. curChoice  = =  4) {
29              simpleDraw. itemList[ simpleDraw. index]. x  =  simpleDraw. itemList[ simpleDraw. index]. w  =
30                      e. getX( ) ;
31              simpleDraw. itemList[ simpleDraw. index]. y  =  simpleDraw. itemList[ simpleDraw. index]. h  =
32                      e. getY( ) ;
33              simpleDraw. index ++ ;
34              simpleDraw. createNewItem( ) ;
35          }
```

```
36              // 如果当前选择的图形式文字输入,则进行下面操作
37              if (simpleDraw.curChoice == 14) {
38                  String input = "";
39                  if (simpleDraw.textX != -1
40                          && (e.getX() < simpleDraw.textX
41                              || e.getY() < simpleDraw.textY
42                              || e.getX() > simpleDraw.textX
43                                  + simpleDraw.txtArea.getWidth() || e.getY() > simpleDraw.textY
44                                  + simpleDraw.txtArea.getHeight())) {
45                      if (simpleDraw.txtAreaFlag) {
46                          input = simpleDraw.txtArea.getText().toString();
47
48                          simpleDraw.itemList[simpleDraw.index].x = simpleDraw.textX;
49                          simpleDraw.itemList[simpleDraw.index].y = simpleDraw.textY + 20;
50
51                          simpleDraw.itemList[simpleDraw.index].s1 = input;
52                          simpleDraw.itemList[simpleDraw.index].w = simpleDraw.font1;
53                          simpleDraw.itemList[simpleDraw.index].h = simpleDraw.font2;
54                          simpleDraw.itemList[simpleDraw.index].s2 = simpleDraw.fontStyle1;
55
56                          simpleDraw.index++;
57                          simpleDraw.curChoice = 14;
58                          simpleDraw.createNewItem();
59                          simpleDraw.drawArea.repaint();
60
61                          simpleDraw.txtArea
62                                  .setVisible(simpleDraw.txtAreaFlag = false);
63                      } else {
64                          simpleDraw.txtArea.setText("");
65                          simpleDraw.txtArea
66                                  .setVisible(simpleDraw.txtAreaFlag = true);
67                      }
68                      simpleDraw.drawArea.setLayout(null);
69                      simpleDraw.txtArea.setLocation(e.getX(), e.getY());
70                  }
71                  simpleDraw.txtArea.setLocation(e.getX(), e.getY());
72                  simpleDraw.txtArea.setBackground(Color.GRAY);
73                  simpleDraw.drawArea.add(simpleDraw.txtArea);
74                  simpleDraw.txtArea.grabFocus();
75              }
76          }
77          /**
78           * 鼠标释放
```

```
79            */
80           public void mouseReleased(MouseEvent e) {
81               simpleDraw.textX = e.getX();
82               simpleDraw.textY = e.getY();
83               simpleDraw.mouseStatusBar.setText("Mouse Released @ : [" + e.getX()
84                       + "," + e.getY() + "]");
85               if (simpleDraw.curChoice == 3 || simpleDraw.curChoice == 4) {
86                   simpleDraw.itemList[simpleDraw.index].x = e.getX();
87                   simpleDraw.itemList[simpleDraw.index].y = e.getY();
88               }
89               simpleDraw.itemList[simpleDraw.index].w = e.getX();
90               simpleDraw.itemList[simpleDraw.index].h = e.getY();
91               simpleDraw.repaint();
92               simpleDraw.index++;
93               simpleDraw.createNewItem();
94           }
95           /**
96            * 鼠标进入
97            */
98           public void mouseEntered(MouseEvent e) {
99               simpleDraw.mouseStatusBar.setText("Mouse Entered @ : [" + e.getX()
100                      + "," + e.getY() + "]");
101          }
102          /**
103           * 鼠标退出
104           */
105          public void mouseExited(MouseEvent e) {
106              simpleDraw.mouseStatusBar.setText("Mouse Exited @ : [" + e.getX()
107                      + "," + e.getY() + "]");
108          }
109      }
```

12. MouseB.java

该源文件处理鼠标移动画图的事件。

```
1    package simpleDraw;
2    import java.awt.event.MouseEvent;
3    import java.awt.event.MouseMotionAdapter;
4    /**
5     * 鼠标事件mouseB类继承了MouseMotionAdapter,用来完成鼠标拖动和鼠标移动时的相应操作
6     */
7    public class MouseB extends MouseMotionAdapter {
8        private SimpleDraw simpleDraw;
9        /**
10        * 构造方法
```

```
11        */
12        public MouseB(SimpleDraw simpleDraw){
13            this.simpleDraw = simpleDraw;
14        }
15        /**
16         * 鼠标移动时不断获得当前点
17         */
18        public void mouseDragged(MouseEvent e){
19            simpleDraw.mouseStatusBar.setText("Mouse Dragged @:[" + e.getX()
20                    + "," + e.getY() + "]");
21
22            if (simpleDraw.curChoice == 3 || simpleDraw.curChoice == 4){
23                simpleDraw.itemList[simpleDraw.index - 1].x = simpleDraw.itemList[simpleDraw.index].w = simpleDraw.itemList[simpleDraw.index].x = e
24                        .getX();
25                simpleDraw.itemList[simpleDraw.index - 1].y = simpleDraw.itemList[simpleDraw.index].h = simpleDraw.itemList[simpleDraw.index].y = e
26                        .getY();
27                simpleDraw.index ++;
28                simpleDraw.createNewItem();
29            } else {
30                simpleDraw.itemList[simpleDraw.index].w = e.getX();
31                simpleDraw.itemList[simpleDraw.index].h = e.getY();
32            }
33            simpleDraw.repaint(); //画图
34        }
35        /**
36         * 鼠标移动
37         */
38        public void mouseMoved(MouseEvent e){
39            simpleDraw.mouseStatusBar.setText("Mouse Moved @:[" + e.getX()
40                    + "," + e.getY() + "]");
41        }
42    }
```

4.3.3 系统发布

利用 jar.exe 命令发布简易画图板，把系统中所涉及的类压缩成一个 jar 文件。发布程序分为四个步骤。

第一步：配置清单文件。

使用文本编辑器编写清单文件 MANIFEST.MF。清单文件说明 JDK 的版本号以及主类的名字，需要把清单文件保存在项目的根目录下。如图 4-15 所示。

第二步：制作 jar 包。

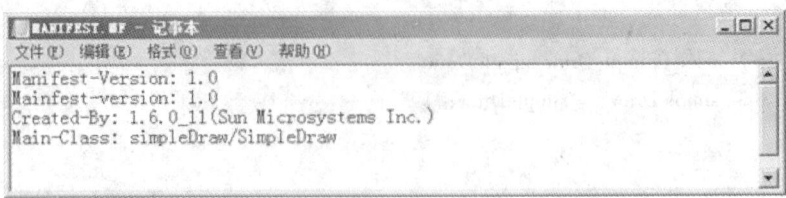

图 4－15　mySimpleDraw.MF 文件

进入代码根目录，放入清单文件，然后利用 jar.exe 命令生成 jar 文件。如图 4－16 所示。
jar cvfm SimpleDraw.jar MANIFEST.MF － C bin/ .

参数 c 表示要创建一个新的文件，f 表示要生成的 jar 文件名（SimpleCalculator.jar），m 表示清单文件的名字（MANIFEST.MF）。

图 4－16　生成 jar 文件

第三步：编写 bat 文件。

编写批处理 SimpleDraw.bat，可用于自动启动程序。如图 4－17 所示。

图 4－17　生成批处理文件

第四步：启动系统。

双击 SimpleDraw.bat 启动简易画图板程序。

4.3.4 系统测试

通过 jar 文件发布了简易画图板程序,点击 SimpleDraw.bat 启动简易画图板。

1. 点击 SimpleDraw.bat 文件

运行界面如图 4-18 所示。

图 4-18 程序运行效果图

2. 绘图及颜色设置功能

单机绘图软件左侧绘图工具,可以进行相应的绘画,可以画出基本图形,以及任意图形的铅笔画,还可以改变画笔颜色进行绘图。如图 4-19 所示。

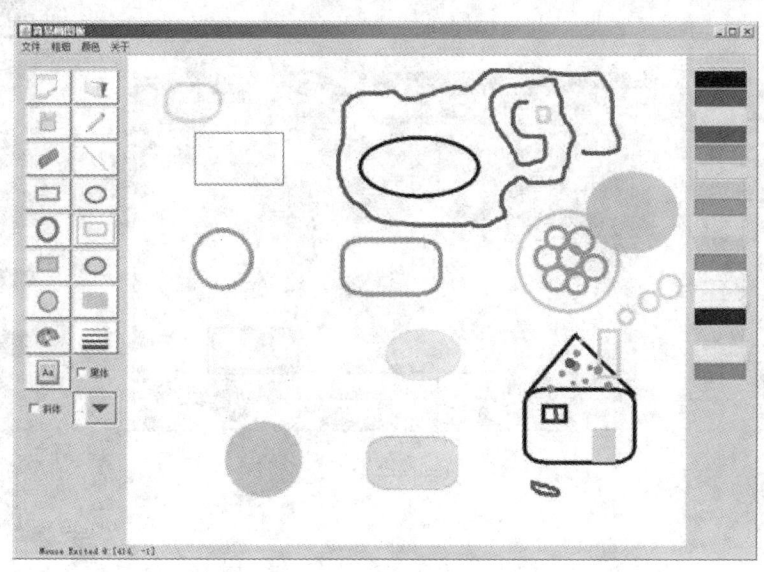

图 4-19 绘图功能

3. 文字输入功能

点击"文字"按钮,然后在指定区域输入文字,如图 4-20 所示。

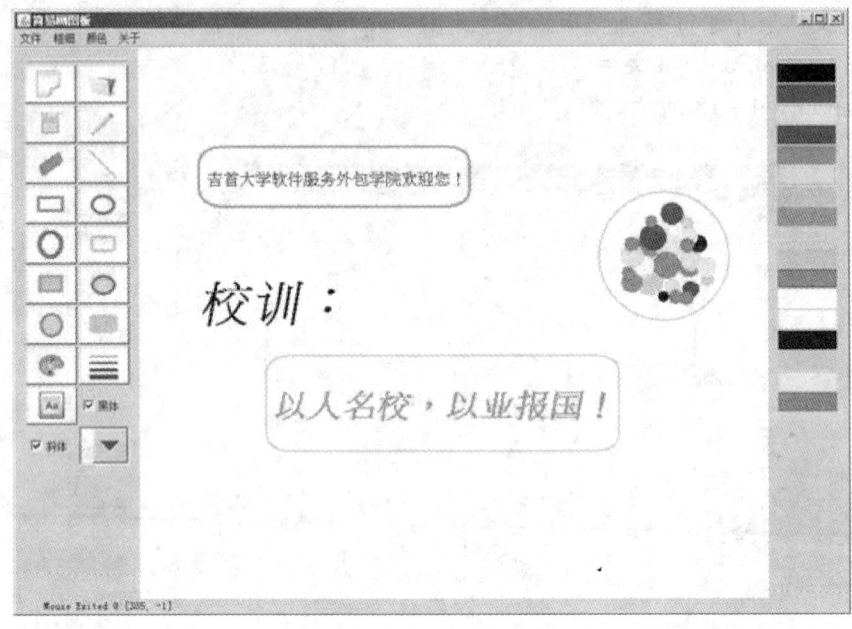

图 4-20　文字功能

4. 打开绘图文件

点击打开文件按钮,则会弹出对话框,提示设置打开的位置,选择文件进行相关操作。如图 4-21 所示。

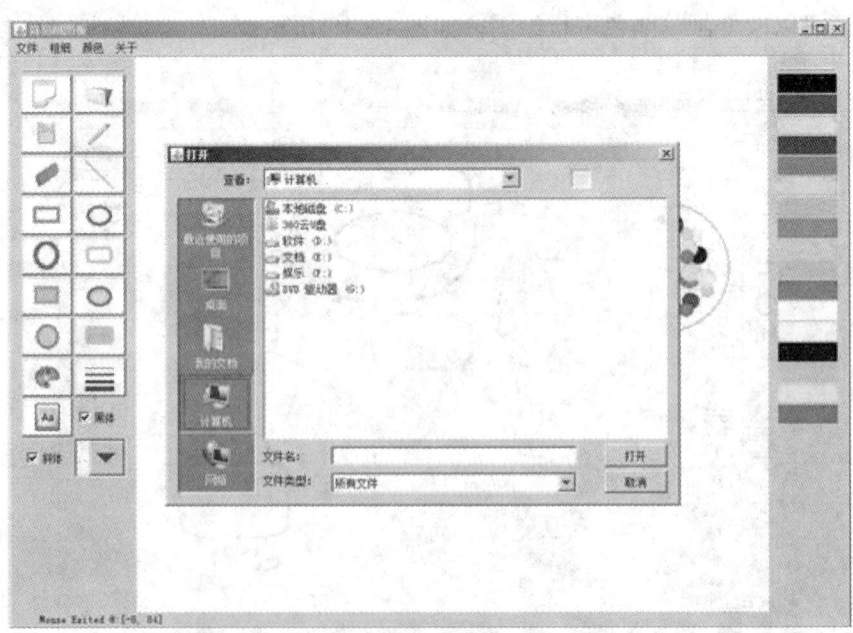

图 4-21　打开绘图文件

5. 保存绘图文件

点击"保存"按钮,则会弹出对话框,提示设置保存的位置和文件名进行相关操作。如图 4-22 所示。

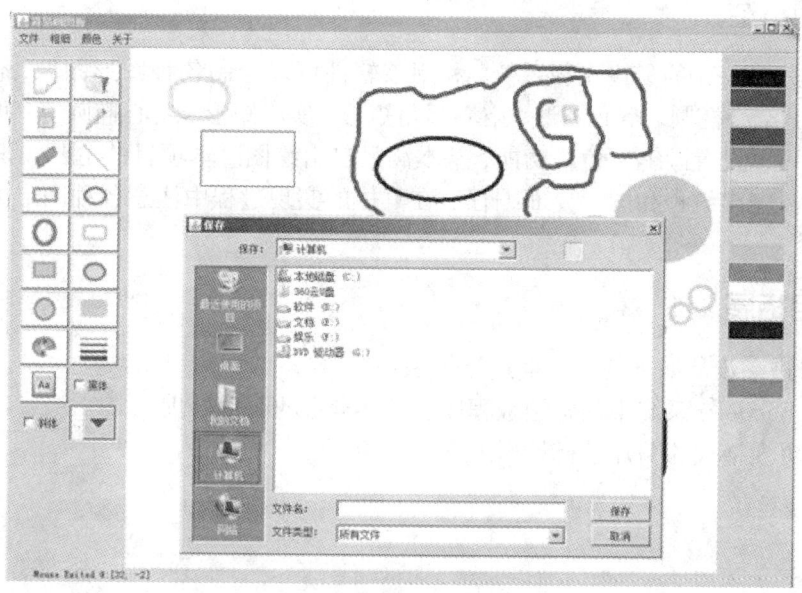

图 4-22　保存当前图片

6. 关于对话框所显示的内容

点击"关于"菜单,弹出对话框,如图 4-23 所示。

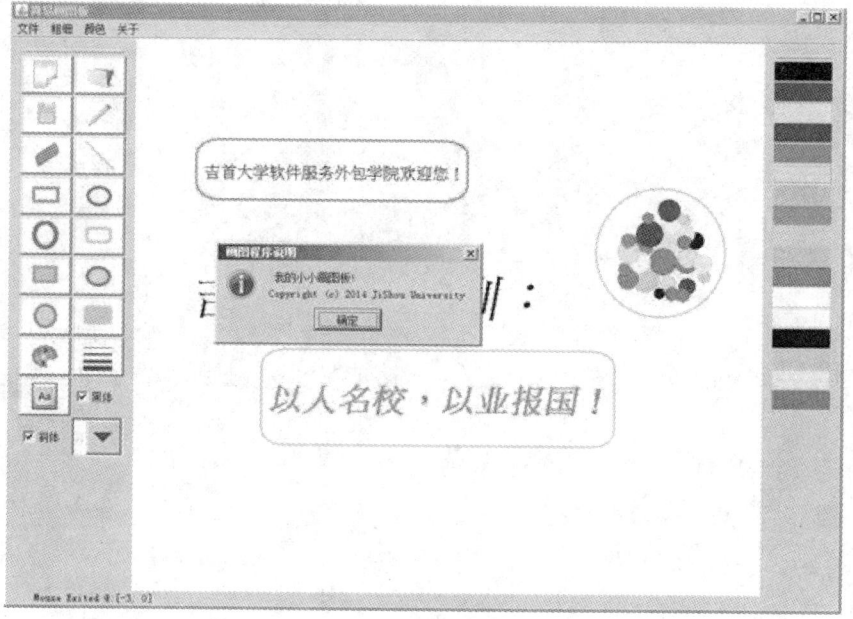

图 4-23　关于菜单显示内容

4.4 项目小结与拓展

4.4.1 项目小结

本项目实现了一个简易画图板系统,利用该软件可以绘制各种图形图像,包括直线、曲线、空心举行、空心椭圆、空心圆形、空心圆角矩形、实心矩形、实心椭圆等;可以在画图板上添加文字;可以设置画笔颜色等功能,基本满足自由绘图。本项目的主要知识点是 Java 的绘图编程、输入输出编程和图形界面编程。在具体的实现过程中注意各种图形的实现以及鼠标的事件监听。

4.4.2 项目拓展

本系统可进一步从如下两个方面进行扩展:
(1)参考 Windows 系统中的画图板程序,提供丰富的图形处理。
(2)提供更多格式的图片进行处理。

第 5 章
简易职员管理系统设计与开发

5.1 项目描述

职员管理是企事业单位必不可少的一项工作,采用传统的人工方式来管理职员基本信息存在效率低、保密性差、管理不规范等缺点。随着信息技术的快速发展以及软件系统在工作中的广泛应用,利用计算机系统对职员信息进行管理具有效率高、成本低、可靠性高等优点,职员管理系统作为一种管理软件在各企事业单位得到广泛应用。

本项目主要对企事业单位职员的基本信息进行管理,包括增加职员基本信息、修改职员信息、删除职员信息、查询职员信息、修改职员薪水信息以及管理部门信息等功能。

5.2 项目目标

5.2.1 系统功能

本系统采用 C/S 模式的软件架构,采用 SQL Server 2005 作为数据库服务器,JDBC 作为与数据库的连接工具,Eclipse 和 JDK 作为开发工具。采用目前流行的树形导航结构的方式显示菜单,该软件系统的主要功能是完成职员基本信息的管理,包括增加职员信息、删除职员信息、修改职员信息、查询职员信息、职员部门管理以及职员薪水管理等功能。功能结构如图 5-1 所示,主界面如图 5-2 所示。

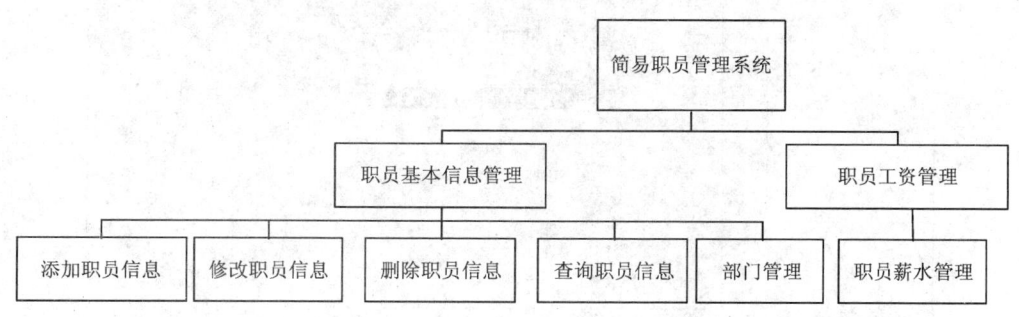

图 5-1 职员管理系统功能结构图

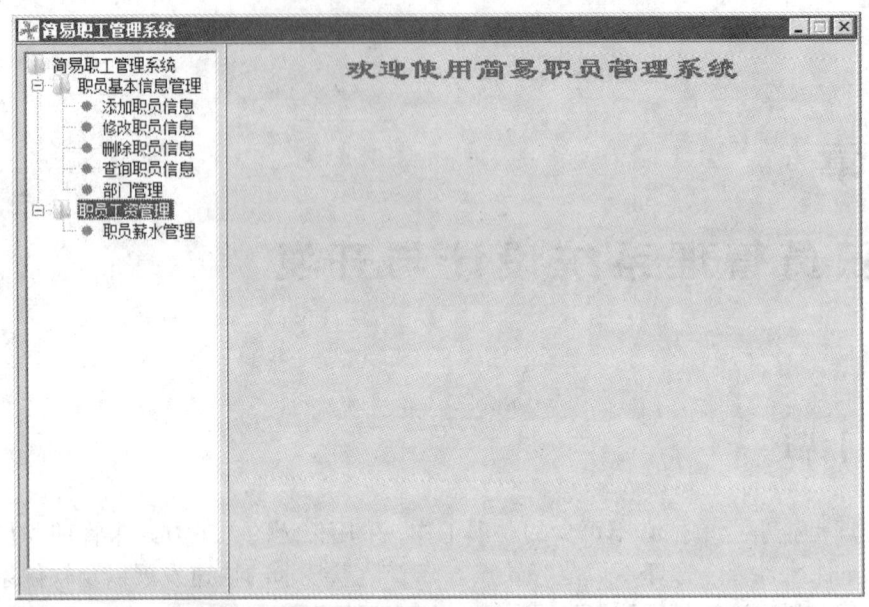

图5-2 职员管理系统主界面

5.2.2 功能描述

1. 添加职员信息

该栏目完成输入新职员的基本信息,比如职员的姓名、性别、出生年月等,因为职员属于某个部门,所以新增职员只需要选择某个部门而不需要手工输入部门信息,职员编号则根据已有职员的编号自动生成新编号,如图5-3所示。

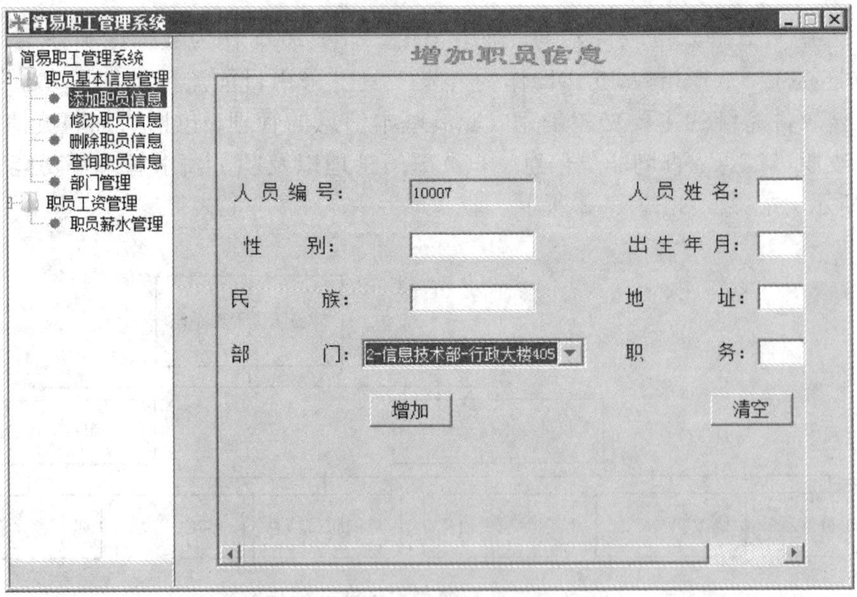

图5-3 增加职员信息

2. 修改职员信息

该栏目完成修改职员信息功能，修改前需要选择要修改的职员，然后可以修改职员的基本信息，但编号不能修改，如果修改有误可以撤销修改，如图 5-4 所示。

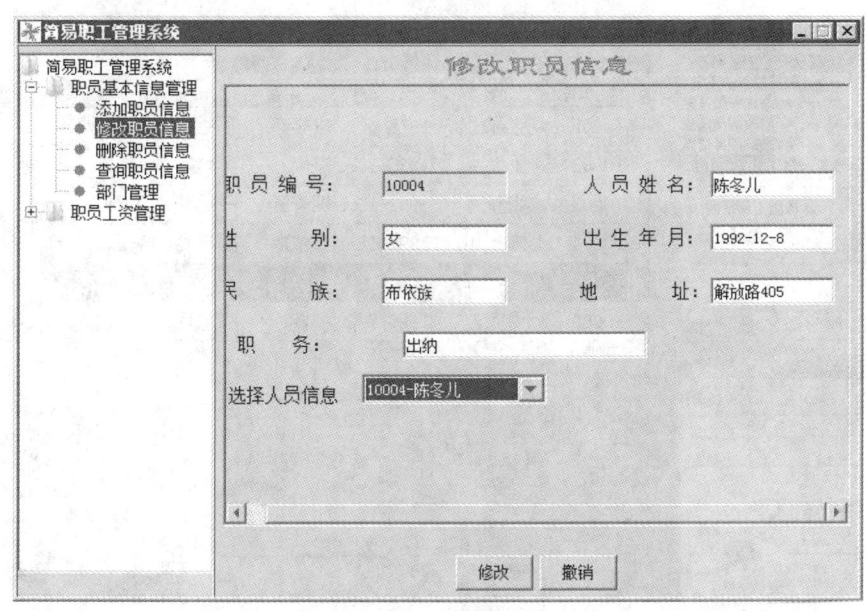

图 5-4　修改职员信息

3. 删除职员信息

该栏目根据职员的编号和姓名删除职员，如果删除则不能恢复该记录，因此执行该操作需要有提醒，如图 5-5 所示。

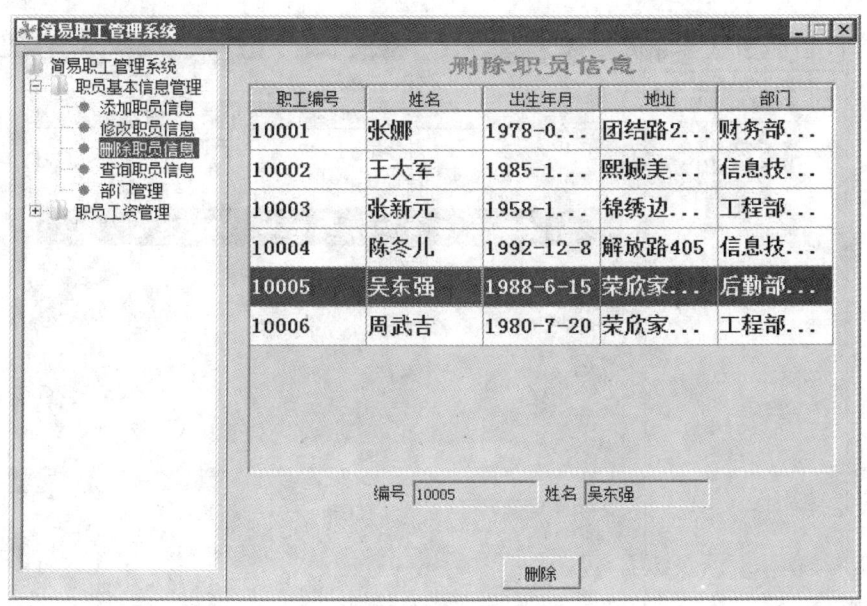

图 5-5　删除职员信息

4. 查询职员信息

该栏目根据输入的职员姓名查询职员的具体信息,然后通过新窗口展示职工号、姓名、出生日期、部门、考核结果、职务等详细信息,如图5-6所示。

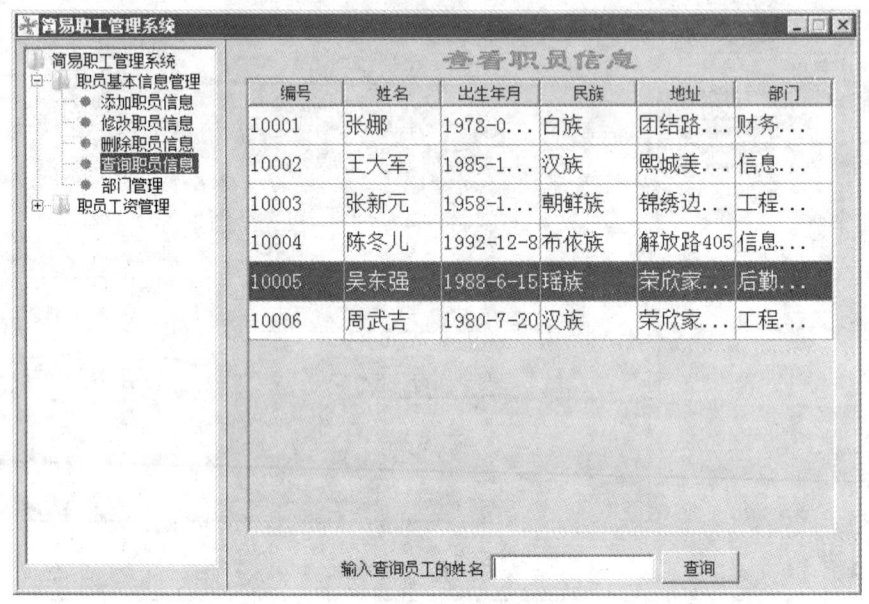

图5-6 查询职员信息

5. 部门管理

该栏目完成部门的管理,包括获得新部门的编号、增加部门、修改部门信息、删除部门信息和撤销部门操作等功能,其中部门编号自动生成,如果不需要修改部门信息可以撤销,如图5-7所示。

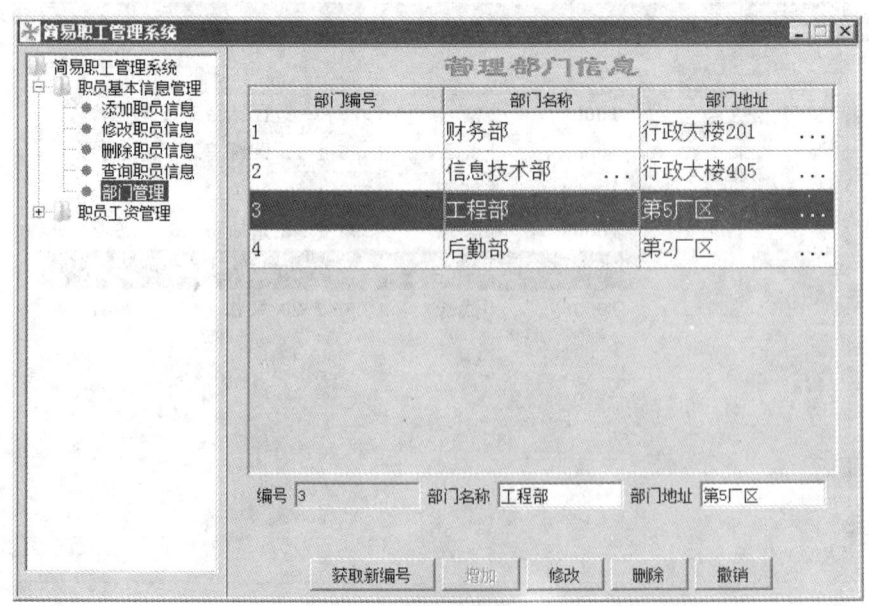

图5-7 管理部门信息

6. 职员薪水管理

该栏目完成职员的薪水调整，选中需要调整的职员之后，可以修改职员调整后的工资，如果不需要修改可以撤销，如图 5-8 所示。

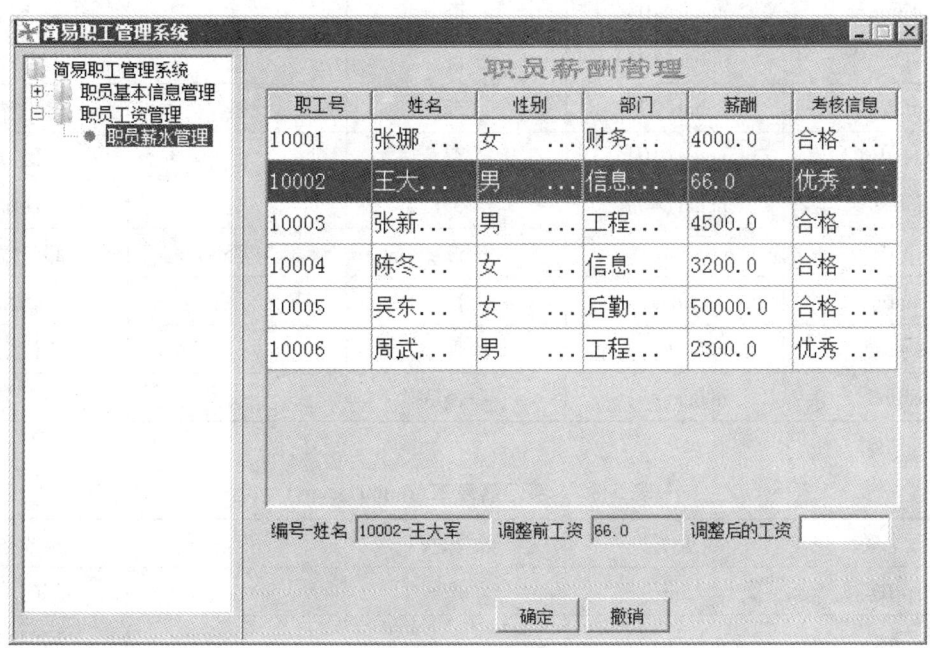

图 5-8　职员薪水管理

5.3　项目实施

5.3.1　数据库设计

根据系统功能需求，一个职员仅仅属于某个部门，但一个部门可以拥有多个职员，因此职员数据库的 E-R 关系图如图 5-9 所示。采用 SQL Server 2005 作为后台数据库系统，简易职员信息管理系统的数据库名为 HRMS.mdf，该数据库包含 2 个表，一个是职员基本信息表 employee，设计见表 5-1，一个是部门信息表 department，设计见表 5-2。employee 表的主键是 employeeID，它的外键是 deptID，department 表的主键是 deptID。

图 5-9　职员数据库 ER 模型

表 5-1 职员基本信息表(employee)

字段名称	数据类型	主键	非空	描述
employeeID	int	是	否	职工号
name	nchar(10)	否	是	姓名
sex	nchar(10)	否	是	性别
birthday	nchar(20)	否	是	出生日期
nationality	nchar(10)	否	是	民族
address	nchar(40)	否	是	住址
deptID	int	否	否	部门编号
salary	float	否	是	薪水
assess	nchar(20)	否	是	考核情况
position	nchar(40)	否	是	职务名称

表 5-2 部门信息表(department)

字段名称	数据类型	主键	非空	描述
deptID	int	是	否	部门编号
name	nchar(15)	否	否	部门名称
address	nchar(20)	否	否	办公地点

5.3.2 类及 UML 设计

根据简易职员管理系统的功能划分，该系统包括 11 个文件，分别是 StaffMS. java、Database. java、Department. java、EmployeeBean. java、MSMainFace. java、NodeAddEmp. java、NodeDelEmp. java、NodeModifyEmp. java、NodeQueryEmp. java、NodeDepartment. javar 和 NodeSalary. java，下面分别介绍它们的功能及 UML 图。

1. StaffMS. java

该文件包含一个 public StaffMS 类，该类是系统运行的主类，main() 方法用于启动系统。UML 如图 5-10 所示。

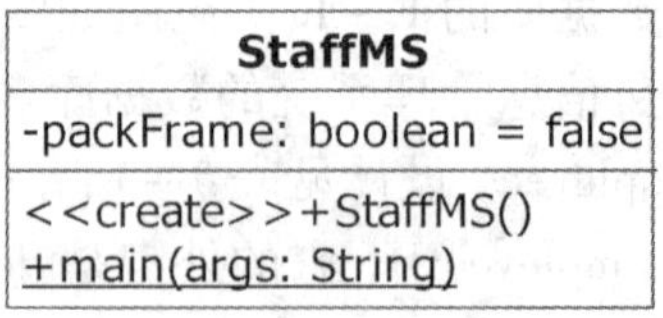

```
StaffMS
-packFrame: boolean = false
<<create>>+StaffMS()
+main(args: String)
```

图 5-10 StaffMS 类图

2. Database. java

该文件包含一个 public Database 类，实现数据库的操作，包括连接数据库、执行 sql 查询语句、执行 sql 更新语句、关闭语句对象、关闭数据库连接等功能。driverName 声明数据库驱动器名称，dbURL 用来指定数据库服务器的名称、端口号和数据库名，userName 为登录数据库服务器的用户名，userPwd 指定登录数据库服务器的密码。connDatabase() 方法连接数据库，executeMyQuery() 方法执行查询操作并返回结果集 ResultSet，executeMyUpdate() 方法执行修改、插入和删除等更新操作，closeStmt() 和 closeConn() 是关闭语句对象和数据库连接。UML 如

图 5 – 11 所示。

```
                    Database
-conn: Connection = null
-stmt: Statement = null
-rs: ResultSet = null
-driverName: String = "com.microsoft.sqlserver.jdbc.SQLServerDriver"
-dbURL: String = "jdbc:sqlserver://localhost:1433; DatabaseName=HrMS"
-userName: String = "sa"
-userPwd: String = "sa"
<<create>>+Database()
+connDatabase()
+executeMyQuery(sql: String): ResultSet
+executeMyUpdate(sql: String)
+closeStmt()
+closeConn()
```

图 5 – 11　Database 类图

3. DepartmentBean. java

该文件包含一个 public DepartmentBean 类，实现部门操作，包括添加新部门、修改部门、删除部门等功能。modifyDept( ) 方法根据部门编号、部门名称和部门地址修改部门信息，deleteDept( ) 方法根据部门编号删除部门，findAll( ) 方法返回所有部门信息并用二维字符串数组分别存储各部门信息，findAllForDept( ) 方法返回所有部门信息但用一维字符串数组统一存储一个部门的信息，getNewDeptID( ) 方法根据已有部门信息产生新的部门编号，getDeptMSG( ) 方法根据部门编号获得部门的名称和部门地址，UML 如图 5 – 12 所示。

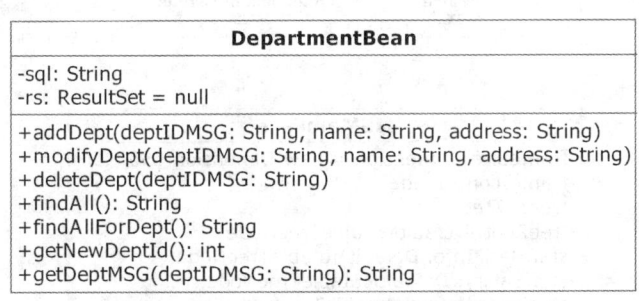

```
                DepartmentBean
-sql: String
-rs: ResultSet = null
+addDept(deptIDMSG: String, name: String, address: String)
+modifyDept(deptIDMSG: String, name: String, address: String)
+deleteDept(deptIDMSG: String)
+findAll(): String
+findAllForDept(): String
+getNewDeptId(): int
+getDeptMSG(deptIDMSG: String): String
```

图 5 – 12　DepartmentBean 类图

4. EmployeeBean. java

该文件包含一个 public EmployeeBean 类，实现职员操作，包括增加职员信息、删除职员信息、修改职员信息、修改薪水等功能。findID( ) 方法根据职员编号查找职员信息，searchAllForSalary( ) 方法返回所有职员的职工号、姓名、性别、部门名称、薪水、考核等信息，addEmp( ) 方法向职员信息表中增加一条记录，deleteEmp( ) 根据职员编号删除一条职员信息，modifyEmp( ) 方法修改职员信息，updateSalary( ) 方法修改职员薪水，findAllEmp( ) 方法返回所有职员信息，并利用二维字符串数组存储，getNewID( ) 方法产生一个新的职员编号，getAllIDName( ) 返回所有职员的编号和姓名，getEmpAllInfo( ) 返回所有职员信息，包括职工号、姓名、部门名称、职位、薪水、性别、出生日期、民族、住址和工作地址，UML 如图 5-13 所示。

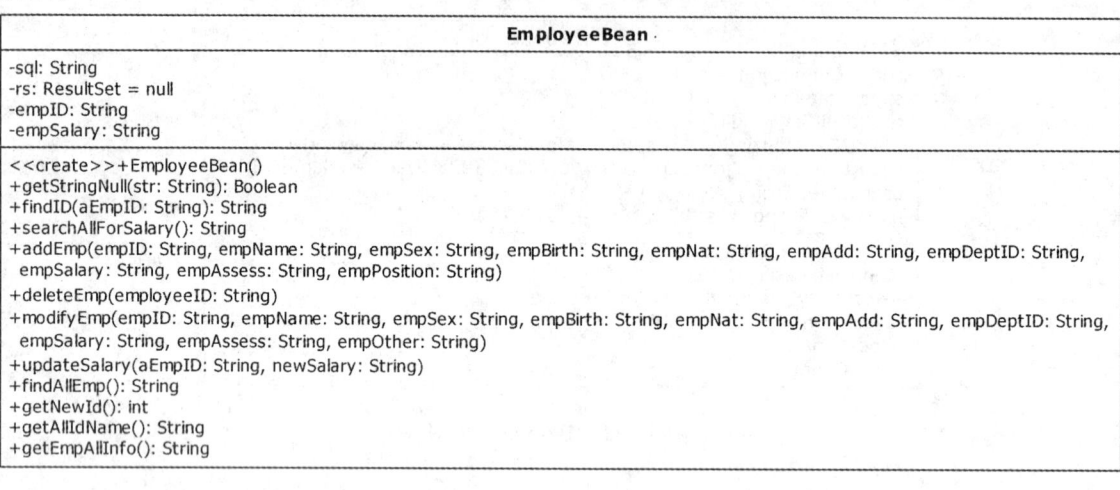

图 5-13 EmployeeBean 类图

5. MSMainFace.java

该文件包含一个 public MSMainFace 类，该类继承 JFrame 并实现 TreeSelectionListener 接口，主要功能是构造系统主界面中左边的树形导航结构，getImage( )方法设置主界面标题图标，valueChanged( )方法是接口 TreeSelectionListener 中的方法用来监听树形导航结构的变化，initMainFace( )方法初始化系统主界面，trimStr( )方法是重载方法，用来去掉字符串中的前后空格，UML 如图 5-14 所示。

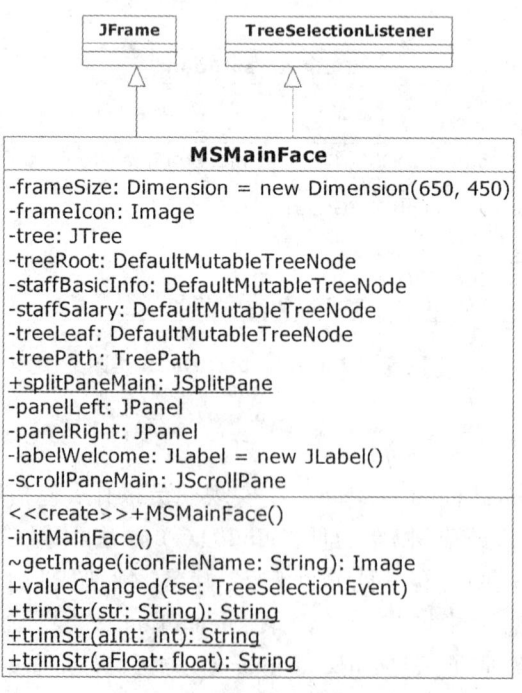

图 5-14 MSMainFace 类图

6. NodeAddEmp.java

该文件包含一个 public NodeAddEmp 类，该类继承 JPanel，并实现 ActionListener 和 ItemListener 接口，主要功能是增加职员信息，panelInitUp()用来构造界面的上部，scrollPaneInitDown()用来构造界面的下部，itemStatedChanged()方法是 ItemListener 接口中的方法，当点击列表框时执行该方法，取得选中列表框中部门的信息，actionPerformed()方法是 ActionListener 接口中的方法，当点击增加按钮或者清空按钮时执行该方法，UML 如图 5 – 15 所示。

7. NodeDelEmp.java

该文件包含一个 public NodeDelEmp 类，该类继承 JPanel，并实现 ActionListener 和 ListSelectionListener 接口，主要功能是删除职员记录，initPanelUp()初始化上部界面，initPanelCenter()方法初始化界面中部，initPanelDown()初始化界面下部，valueChanged()方法是 ListSelectionListener 接口中的方法，当点击表格时执行该方法，取得选择职员的编号和姓名，actionPerformed()方法是 ActionListener 接口中的方法，当点击删除按钮时执行该方法，UML 如图 5 – 16 所示。

图 5 – 15 NodeAddEmp 类图

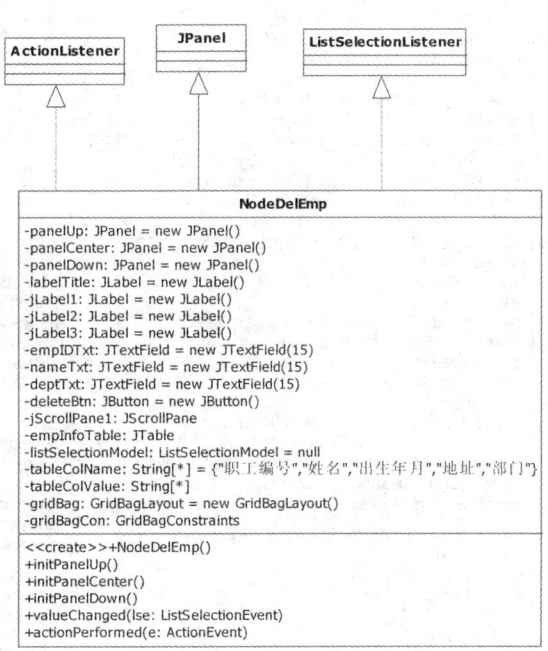

图 5 – 16 NodeDelEmp 类图

8. NodeModifyEmp.java

该文件包含一个 public NodeModifyEmp 类，该类继承 JPanel，并实现 ActionListener 和 ItemListener 接口，主要功能是修改职员信息，initPanelUp() 是初始化上部面板，initPanelDown() 初始化下部面板，initScrollPanelDown() 初始化下部的滚动条面板，itemStateChanged() 方法是 ItemListener 接口中的方法，当点击列表框时执行该方法，取得列表框中所选择职员编号信息，并查询该职员信息，actionPerformed() 方法是 ActionListener 接口中的方法，当点击修改按钮或者撤销按钮时执行该方法，UML 如图 5-17 所示。

9. NodeQueryEmp.java

该文件包含一个 public NodeQueryEmp 类，该类继承 JPanel，并实现 ActionListener 接口，主要功能是查询职员信息，initPanelUp() 是初始化上部面板，initPanelDown() 初始化下部面板，findEmpName() 方法是根据输入的职员姓名查找职员，actionPerformed() 方法是 ActionListener 接口中的方法，当点击查询按钮时执行该方法，并通过 frameEmp 显示查询的职员所有信息，UML 如图 5-18 所示。

图 5-17　NodeModifyEmp 类图

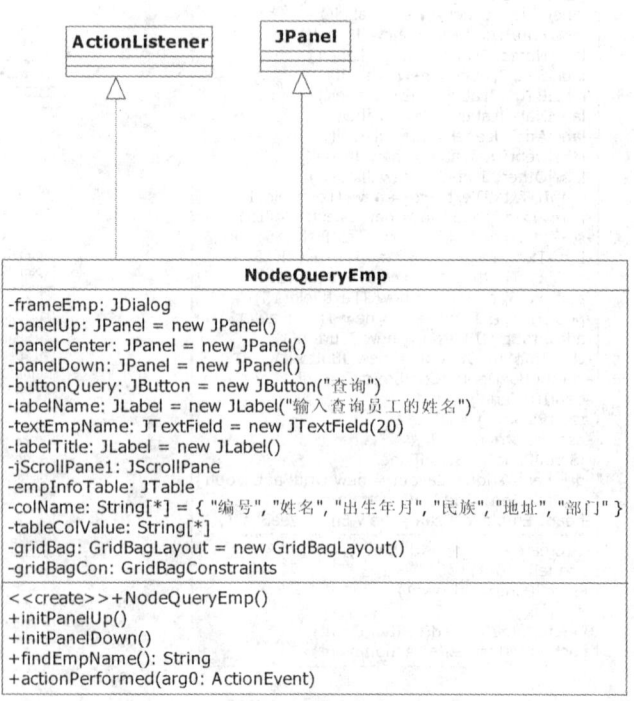

图 5-18　NodeQueryEmp 类图

10. NodeDepartment.java

该文件包含一个 public NodeDepartment 类，该类继承 JPanel，并实现 ActionListener 和 ListSelectionListener 接口，主要功能是管理部门信息，initPanelUp( )初始化上部界面，initPanelCenter( )方法初始化界面中部，initPanelDown( )初始化界面下部，valueChanged( )方法是 ListSelectionListener 接口中的方法，当点击表格时执行该方法，取得选择部门的信息并在文本框中显示，actionPerformed( )方法是 ActionListener 接口中的方法，当点击取得部门新编号、增加、修改、删除和撤销等按钮时执行该方法，UML 如图 5-19 所示。

11. NodeSalary.java

该文件包含一个 public NodeSalary 类，该类继承 JPanel，并实现 ActionListener 和 ListSelectionListener 接口，主要功能是职员的薪水信息，initPanelUp( )初始化上部界面，initPanelCenter( )方法初始化界面中部，initPanelDown( )初始化界面下部，valueChanged( )方法是 ListSelectionListener 接口中的方法，当点击表格时执行该方法，取得职员的编号和姓名信息并在文本框中显示，actionPerformed( )方法是 ActionListener 接口中的方法，当点击调整和撤销等按钮时执行该方法，UML 如图 5-20 所示。

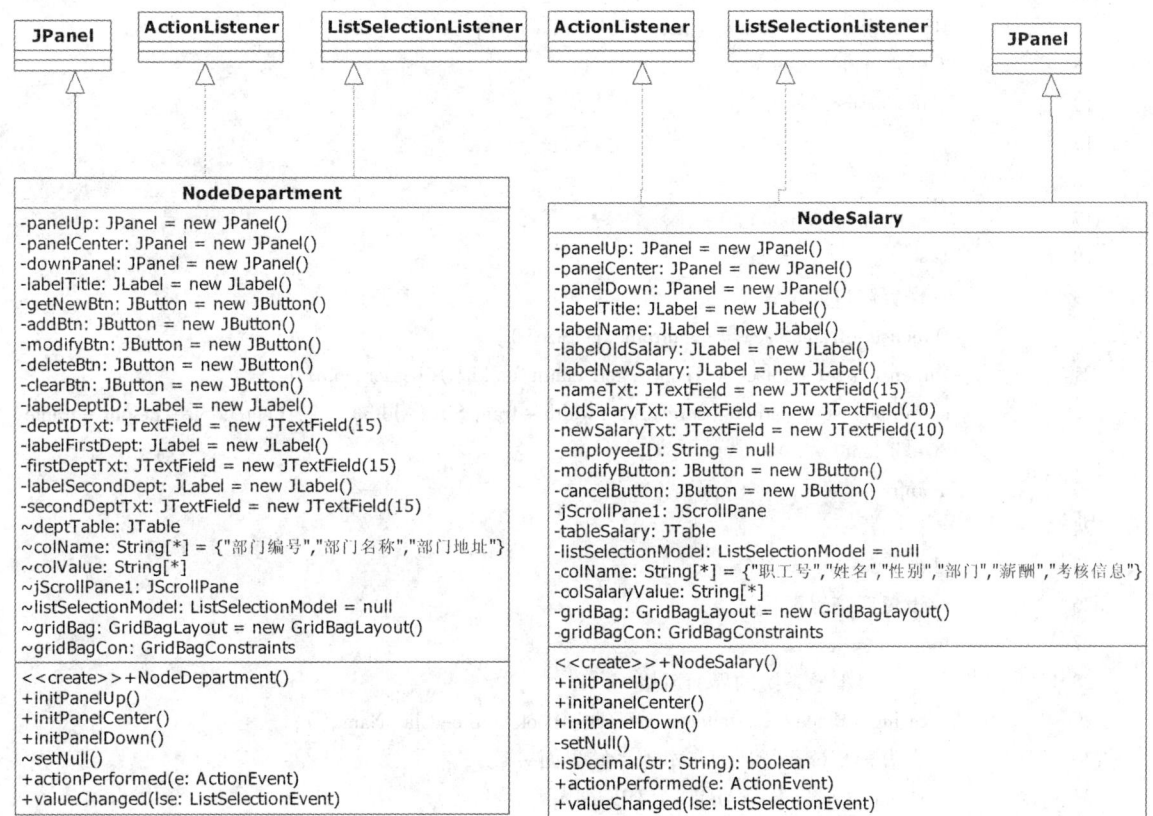

图 5-19　NodeDepartment 类图　　　　　图 5-20　NodeSalary 类图

5.3.3 代码实现

简易职员管理系统共有 11 个源文件代码,下面给出每个源文件。

1. StaffMS.java 代码

该源文件完成系统的启动。

```java
1    import javax.swing.UIManager;
2    import java.awt.*;
3    /**
4     * 简易职工管理系统主类
5     */
6    public class StaffMS {
7        private boolean packFrame = false;
8        /**
9         * 构造方法
10        */
11       public StaffMS() {
12           MSMainFace mainframe = new MSMainFace();
13           if (this.packFrame) {
14               mainframe.pack();
15           }
16           else {
17               mainframe.validate();
18           }
19           //设置窗口的位置
20           Dimension frameSize = mainframe.getSize();
21           Dimension screenSize = Toolkit.getDefaultToolkit().getScreenSize();
22           mainframe.setLocation((screenSize.width - frameSize.width) / 2, (screenSize.height - frameSize.height) / 2);
23           mainframe.setVisible(true);
24       }
25       public static void main(String[] args) {
26           //设置系统界面风格
27           try {
28               //取得本地系统的界面风格
29               String UIFace = UIManager.getSystemLookAndFeelClassName();
30               //设置系统运行界面与本地系统界面一致
31               UIManager.setLookAndFeel(UIFace);
32           }
33           catch(Exception e) {
34               //  e.printStackTrace();
35           }
36           new StaffMS();//运行系统
```

```
37          }
38      }
```

2. Database.java 代码

该源文件完成数据库的操作。

```
1   import java.sql.*;
2   /**
3    * 连接数据库的类
4    */
5   public class Database {
6       private Connection conn = null;
7       private Statement stmt = null;
8       private ResultSet rs = null;
9       private String driverName = "com.microsoft.sqlserver.jdbc.SQLServerDriver";  //加载 JDBC 驱动
10      private String dbURL = "jdbc:sqlserver://localhost:1433;DatabaseName=HrMS";  //连接服务器和数据库 sample
11      private String userName = "sa";  //登录用户名
12      private String userPwd = "sa";  //登录密码
13      public Database() {
14      }
15      /**
16       * 打开数据库连接
17       */
18      public void connDatabase() throws Exception {
19          try {
20              Class.forName(driverName);
21              conn = DriverManager.getConnection(dbURL, userName, userPwd);
22          }
23          catch(Exception e) {
24              System.err.println("连接失败: " + e.getMessage());
25          }
26      }
27      /**
28       * 完成查询任务,返回结果集 rs
29       */
30      public ResultSet executeMyQuery(String sql) {
31          //查询结果集
32          rs = null;
33          //查询语句
34          stmt = null;
35          try {
36              stmt = conn.createStatement(ResultSet.TYPE_SCROLL_INSENSITIVE, ResultSet.CONCUR_READ_ONLY);
37              rs = stmt.executeQuery(sql);
```

```
38            }
39            catch(SQLException e){
40                System.err.println("executeMyQuery: " + e.getMessage());
41            }
42            return rs;//返回结果集
43        }
44        /**
45         * 完成更新数据库的任务
46         */
47        public void executeMyUpdate(String sql){
48            //查询结果集
49            rs = null;
50            //查询语句
51            stmt = null;
52            try{
53                stmt = conn.createStatement(ResultSet.TYPE_SCROLL_INSENSITIVE, ResultSet.CONCUR_READ_ONLY);
54                stmt.executeUpdate(sql);
55                conn.commit();
56            }
57            catch(SQLException e){
58                System.err.println("executeMyUpdate: " + e.getMessage());
59            }
60        }
61        public void closeStmt(){//关闭语句对象
62            try{
63                stmt.close();
64            }
65            catch(SQLException e){
66                // System.err.println("closeStmt: " + e.getMessage());
67            }
68        }
69        /**
70         * 关闭与数据库连接
71         */
72        public void closeConn(){
73            try{
74                conn.close();
75            }
76            catch(SQLException ex){
77                // System.err.println("closeConn: " + ex.getMessage());
78            }
79        }
```

```
80  }
81
```

3. DepartmentBean.java 代码

该源文件完成部门操作的各种方法。

```
1   import java.sql.*;
2   import javax.swing.*;
3   /**
4    *部门信息数据库操作类
5    */
6   public class DepartmentBean{
7       private String sql;
8       private ResultSet rs = null;
9       /**
10       * 向部门信息表中添加一条记录
11       */
12      public void addDept(String deptIDMSG, String name, String address){
13          Database DB = new Database();
14          int tempDeptID = Integer.valueOf(deptIDMSG);
15          if(name.equals("")||name == null){
16              JOptionPane.showMessageDialog(null,"请输入部门名称","信息输入有误",JOptionPane.ERROR_MESSAGE);
17              return;
18          }
19          else if (address.equals("")||address == null){
20              JOptionPane.showMessageDialog(null,"请输入部门地址","信息输入有误",JOptionPane.ERROR_MESSAGE);
21              return;
22          }
23          else{
24              sql = "INSERT INTO department(DeptID,name,address) VALUES ("+tempDeptID+","+name+","+address+")";
25              try{
26                  DB.connDatabase();//打开数据库连接
27                  DB.executeMyUpdate(sql);//执行插入记录操作
28                  JOptionPane.showMessageDialog(null,"成功添加一条新记录!");
29              }
30              catch(Exception e){
31              //  System.out.println("!!!"+e);
32                  JOptionPane.showMessageDialog(null,"保存失败","错误",JOptionPane.ERROR_MESSAGE);
33              }
34              finally{
35                  DB.closeStmt();//关闭语句对象
```

```
36            DB.closeConn();//关闭数据库连接
37        }
38     }
39  }
40  /**
41   * 修改部门信息表中的信息
42   */
43  public void modifyDept(String deptIDMSG, String name, String address){
44     int tempDeptID = Integer.valueOf(deptIDMSG);
45     Database DB = new Database();
46     if(name.equals("")||name == null){
47        JOptionPane.showMessageDialog(null,"请输入部门名称","输入信息有误",JOption-
           Pane.ERROR_MESSAGE);
48        return;
49     }
50     else if (address.equals("")||address == null){
51        JOptionPane.showMessageDialog(null,"请输入部门地址","输入信息有误",JOption-
           Pane.ERROR_MESSAGE);
52        return;
53     }
54     else{
55        sql = " UPDATE department SET name = " + name +", address = " + address +"
           WHERE DeptID = " + tempDeptID +"";
56        try{
57            DB.connDatabase();//与数据库建立连接
58            DB.executeMyUpdate(sql);//执行修改语句
59            JOptionPane.showMessageDialog(null,"成功修改一条新的纪录!");
60        }
61        catch(Exception e){
62            //  System.out.println("!!!!!" + e);
63            JOptionPane.showMessageDialog(null,"更新失败","错误",JOptionPane.ERROR_
              MESSAGE);
64        }
65        finally{
66            DB.closeStmt();//关闭数据库语句对象
67            DB.closeConn();//断开数据库的连接
68        }
69     }
70  }
71  /**
72   * 根据部门编号删除部门信息表中的记录
73   */
74  public void deleteDept(String deptIDMSG){
```

```
75              int tempDeptID = Integer.valueOf(deptIDMSG);
76              Database DB = new Database();
77              sql = "DELETE FROM department WHERE deptID = " + tempDeptID + "";
78              try{
79                  DB.connDatabase();
80                  DB.executeMyUpdate(sql);
81                  JOptionPane.showMessageDialog(null,"成功删除一条记录!");
82              }
83              catch(Exception e){
84                  JOptionPane.showMessageDialog(null,"删除失败","错误",JOptionPane.ERROR_MES-
                    SAGE);
85                  System.out.println(e);
86              }
87              finally{
88                  DB.closeStmt();
89                  DB.closeConn();
90              }
91          }
92          /**
93           * 查询所有部门的记录
94           */
95          public String[][] findAll(){
96              int row = 0;
97              int k = 0;
98              String[][] deptAll = null;
99              Database DB = new Database();
100             sql = "SELECT * FROM department ORDER BY DeptID";
101             try{
102                 DB.connDatabase();
103                 rs = DB.executeMyQuery(sql);
104                 if(rs.last()){
105                     row = rs.getRow();
106                 }
107                 if(row == 0){//没有部门记录
108                     deptAll = new String[1][3];
109                     deptAll[0][0] = " ";
110                     deptAll[0][1] = " ";
111                     deptAll[0][2] = " ";
112                 }
113                 else{
114                     deptAll = new String[row][3];
115                     rs.first();
116                     do{
```

```java
117             deptAll[k][0] = rs.getString("DeptID");
118             deptAll[k][1] = rs.getString("name");
119             deptAll[k][2] = rs.getString("address");
120             k ++;
121         } while(rs.next());
122     }
123   }
124   catch(Exception e){
125   }
126   finally{
127     DB.closeStmt();
128     DB.closeConn();
129   }
130   return deptAll;
131 }
132 /**
133  * 返回部门的所有信息,并采用一维字符串数组存储
134  */
135 public String[] findAllForDept(){
136   String[] tempDeptInfo = null;
137   String[][] allDeptInfo = findAll();
138   tempDeptInfo = new String[allDeptInfo.length];
139   for(int i = 0; i < allDeptInfo.length; i ++)
140     tempDeptInfo[i] = MSMainFace.trimStr(allDeptInfo[i][0]) + " - "
141                     + MSMainFace.trimStr(allDeptInfo[i][1]) + " - "
142                     + MSMainFace.trimStr(allDeptInfo[i][2]);
143   return tempDeptInfo;
144 }
145 /**
146  * 产生新部门编号
147  */
148 public int getNewDeptId(){
149   int newDeptID = 1;
150   Database DB = new Database();
151   sql = "SELECT MAX(deptID) FROM department";
152   try{
153     DB.connDatabase();
154     rs = DB.executeMyQuery(sql);
155     if(rs.next()){
156       newDeptID = rs.getInt(1) + 1;
157     }
158   }
159   catch(Exception e){
```

```
160            }
161            finally {
162                DB.closeStmt();
163                DB.closeConn();
164            }
165            return newDeptID;
166        }
167        /**
168         * 根据部门编号查询获得部门名称和部门地址
169         */
170        public String getDeptMSG(String deptIDMSG){
171            Database DB = new Database();
172            String deptMSG = "";
173            int tempDeptID = Integer.valueOf(deptIDMSG);
174            sql = "SELECT * FROM department WHERE DeptID = " + tempDeptID + "";
175            try{
176                DB.connDatabase();
177                rs = DB.executeMyQuery(sql);
178                if(rs.next()){
179                    deptMSG = rs.getString("name") + "-" + rs.getString("address");
180                }
181                else
182                    deptMSG = null;
183            }
184            catch(Exception e){
185            }
186            finally {
187                DB.closeStmt();
188                DB.closeConn();
189            }
190            return deptMSG;
191        }
192 }
```

4. EmployeeBean.java 代码

该源文件完成职员信息管理的操作。

```
1    import java.sql.*;
2    import javax.swing.*;
3    /**
4     * 职员信息表操作类
5     */
6    public class EmployeeBean {
7        private String sql;
8        private ResultSet rs = null;
```

```
9      private String empID;  //员工编号 EmployeeID;
10     private String empSalary;  //员工薪水 Salary;
11     public EmployeeBean(){
12     }
13     public Boolean getStringNull(String str){  //判断字符串是否有内容
14         if(str.equals("")||str==null)
15             return true;
16         return false;
17     }
18     /**
19      * 根据职员编号查询记录
20      */
21     public String[] findID(String aEmpID){
22         String[] emp = new String[10];
23         this.empID = aEmpID;
24         int tempEmpID = Integer.valueOf(empID);
25         Database DB = new Database();
26         sql = "select * from employee where employeeID = " + tempEmpID + "";
27         try{
28             DB.connDatabase();
29             rs = DB.executeMyQuery(sql);
30             //如果在职工数据库中存在查询的职工
31             if(rs.next()){
32                 emp[0] = rs.getString("employeeID");
33                 emp[1] = rs.getString("name");
34                 emp[2] = rs.getString("sex");
35                 emp[3] = rs.getString("birthday");
36                 emp[4] = rs.getString("nationality");
37                 emp[5] = rs.getString("address");
38                 emp[6] = rs.getString("deptID");
39                 emp[7] = rs.getString("salary");
40                 emp[8] = rs.getString("assess");
41                 emp[9] = rs.getString("position");
42             }
43             else
44                 emp = null;
45         }
46         catch(Exception e){
47         }
48         finally{
49             DB.closeStmt();
50             DB.closeConn();
51         }
```

```
52          return emp;
53        }
54        /**
55         * 查询员工所有记录,在职员工资管理中显示
56         * 职工号、姓名、性别、部门名称、薪水、考核
57         */
58        public String[ ][ ] searchAllForSalary( ){
59          int row = 0;
60          int k = 0;
61          Database DB = new Database( );
62          String[ ][ ] salaryTableInfo = null;
63          sql = "SELECT employeeID, employee.name, sex, department.deptID as deptID, department.
                name, department.address, salary, assess FROM department, employee where department.dep-
                tID = employee.deptID order by employeeID";
64          try{
65            DB.connDatabase( );
66            rs = DB.executeMyQuery(sql);
67            if(rs.last( )){
68              row = rs.getRow( );
69            }
70            if(row == 0){
71              salaryTableInfo = new String[1][6];
72              salaryTableInfo[0][0] = " ";
73              salaryTableInfo[0][1] = " ";
74              salaryTableInfo[0][2] = " ";
75              salaryTableInfo[0][3] = " ";
76              salaryTableInfo[0][4] = " ";
77              salaryTableInfo[0][5] = " ";
78            }
79            else{
80              salaryTableInfo = new String[row][6];
81              rs.first( );
82              do{
83                salaryTableInfo[k][0] = String.valueOf(rs.getString(1));
84                salaryTableInfo[k][1] = rs.getString(2);
85                salaryTableInfo[k][2] = rs.getString(3);
86                salaryTableInfo[k][3] = rs.getString(5);
87                salaryTableInfo[k][4] = String.valueOf(rs.getString(7));
88                salaryTableInfo[k][5] = rs.getString(8);
89                k ++;
90              }while(rs.next( ));
91            }
92          }
```

```
93          catch(Exception e){
94          }
95          finally {
96              DB.closeStmt();
97              DB.closeConn();
98          }
99          return salaryTableInfo;
100     }
101     /**
102      * 向员工数据库中增加一条记录
103      */
104     public void addEmp(String empID, String empName, String empSex,
105             String empBirth, String empNat, String empAdd, String empDeptID,
106             String empSalary, String empAssess, String empPosition){
107         Database DB = new Database();
108         this.empID = empID;
109         this.empSalary = empSalary;
110         if(getStringNull(empName)){//员工姓名
111             JOptionPane.showMessageDialog(null,"请输入员工姓名","错误",JOptionPane.ERROR_MESSAGE);
112             return;
113         }
114         else if (getStringNull(empSex)){//员工性别
115             JOptionPane.showMessageDialog(null,"请输入性别","错误",JOptionPane.ERROR_MESSAGE);
116             return;
117         }
118         else if (getStringNull(empBirth)){//员工出生日期
119             JOptionPane.showMessageDialog(null,"请输入出生年月","错误",JOptionPane.ERROR_MESSAGE);
120             return;
121         }
122         else if (getStringNull(empNat)){//员工民族
123             JOptionPane.showMessageDialog(null,"请输入民族","错误",JOptionPane.ERROR_MESSAGE);
124             return;
125         }
126         else if (getStringNull(empAdd)){//员工地址
127             JOptionPane.showMessageDialog(null,"请输入地址","错误",JOptionPane.ERROR_MESSAGE);
128             return;
129         }
130         else if (getStringNull(empDeptID)){//员工部门编号
```

```java
131             JOptionPane.showMessageDialog(null,"请输入部门","错误",JOptionPane.ERROR_
                MESSAGE);
132             return;
133         }
134         else if (getStringNull(empSalary)){//员工薪水
135             JOptionPane.showMessageDialog(null,"请输入薪水","错误",JOptionPane.ERROR_
                MESSAGE);
136             return;
137         }
138         else{
139             int tempEmpID = Integer.valueOf(empID);
140             int tempdepID = Integer.valueOf(empDeptID);
141             float tempSalary = Float.valueOf(empSalary);
142             sql = "insert into employee(employeeID, name, sex, birthday, nationality, address, dep-
                tID, salary, assess, position) "
143                 + " values (" + tempEmpID + ", " + empName + ", " + empSex + ", " + empBirth
                + ", " + empNat + ", " + empAdd + ", "
144                 + tempdepID + ", " + tempSalary + ", " + empAssess + ", " + empPosition + ")";
145
146             try{
147                 DB.connDatabase();//连接数据库
148                 DB.executeMyUpdate(sql);//执行插入语句
149                 JOptionPane.showMessageDialog(null,"成功添加一条新记录!");
150             }
151             catch(Exception e){
152             //  System.out.println("!!!!" + e);
153                 JOptionPane.showMessageDialog(null,"保存失败","错误",JOptionPane.ERROR_
                MESSAGE);
154             }
155             finally{
156                 DB.closeStmt();//关闭数据库语句对象
157                 DB.closeConn();//断开数据库连接
158             }
159         }
160     }
161     /**
162      * 根据职工号,删除职员记录
163      */
164     public void deleteEmp(String employeeID){
165         Database DB = new Database();
166         this.empID = employeeID;
167         sql = "delete from employee where employeeID = " + this.empID + "";
168         try{
```

```java
169            DB.connDatabase();
170            DB.executeMyUpdate(sql);
171            JOptionPane.showMessageDialog(null,"成功删除一条记录!");
172        }
173        catch(Exception e){
174            System.out.println(e);
175            JOptionPane.showMessageDialog(null,"删除失败","错误",JOptionPane.ERROR_
               MESSAGE);
176        }
177        finally{
178            DB.closeStmt();
179            DB.closeConn();
180        }
181    }
182    /**
183     * 修改职员记录
184     */
185    public void modifyEmp(String empID, String empName, String empSex,
186        String empBirth, String empNat, String empAdd, String empDeptID,
187        String empSalary, String empAssess, String empOther){
188        Database DB = new Database();
189        this.empID = empID;
190        this.empSalary = empSalary;
191        if(getStringNull(empName)){
192            JOptionPane.showMessageDialog(null,"请输入员工姓名","错误",JOptionPane.ER-
               ROR_MESSAGE);
193            return;
194        }
195        else if (getStringNull(empSex)){
196            JOptionPane.showMessageDialog(null,"请输入性别","错误",JOptionPane.ERROR_
               MESSAGE);
197            return;
198        }
199        else if (getStringNull(empBirth)){
200            JOptionPane.showMessageDialog(null,"请输入出生年月","错误",JOptionPane.ER-
               ROR_MESSAGE);
201            return;
202        }
203        else if (getStringNull(empNat)){
204            JOptionPane.showMessageDialog(null,"请输入民族","错误",JOptionPane.ERROR_
               MESSAGE);
205            return;
206        }
```

```java
207         else if (getStringNull(empAdd)){
208             JOptionPane.showMessageDialog(null,"请输入地址","错误",JOptionPane.ERROR_
                MESSAGE);
209             return;
210         }
211         else if (getStringNull(empDeptID)){
212             JOptionPane.showMessageDialog(null,"请输入部门","错误",JOptionPane.ERROR_
                MESSAGE);
213             return;
214         }
215         else if (getStringNull(empSalary)){
216             JOptionPane.showMessageDialog(null,"请输入薪水","错误",JOptionPane.ERROR_
                MESSAGE);
217             return;
218         }
219         else{//如果输入的数据符合要求
220             int tempEmpID = Integer.valueOf(empID);
221             int tempDeptID = Integer.valueOf(empDeptID);
222             float tempSalary = Float.valueOf(empSalary);
223             sql = "update employee set name = " + empName + ", " +
224                         "sex = " + empSex + ", " +
225                         "birthday = " + empBirth + ", " +
226                         "nationality = " + empNat + ", " +
227                         "address = " + empAdd + ", " +
228                         "deptID = " + tempDeptID + ", " +
229                         "salary = " + tempSalary + ", " +
230                         "assess = " + empAssess + ", " +
231                         "position = " + empOther + " " +
232                         "where employeeID = " + tempEmpID + "";
233             try{
234                 DB.connDatabase();
235                 DB.executeMyUpdate(sql);
236                 JOptionPane.showMessageDialog(null,"成功修改一条记录!");
237             }
238             catch(Exception e){
239                 System.out.println(e);
240                 JOptionPane.showMessageDialog(null,"更新失败","错误",JOptionPane.ERROR_
                    MESSAGE);
241             }
242             finally{
243                 DB.closeStmt();
244                 DB.closeConn();
245             }
```

```java
            }
        }
        /**
         * 修改工资信息
         */
        public void updateSalary(String aEmpID, String newSalary){
            this.empID = aEmpID;
            this.empSalary = newSalary;
            Database DB = new Database();
            sql = "UPDATE employee SET salary = " + empSalary + " WHERE employeeID = " + empID;
            try{
                DB.connDatabase();
                DB.executeMyUpdate(sql);
                JOptionPane.showMessageDialog(null,"工资更改成功!");
            }
            catch(Exception e){
                System.out.println(e);
                JOptionPane.showMessageDialog(null,"工资更改失败","错误",JOptionPane.ERROR_MESSAGE);
            }
            finally{
                DB.closeStmt();
                DB.closeConn();
            }
        }
        /**
         * 返回所有员工信息,并按照职工号排序
         */
        public String[][] findAllEmp(){
            Database DB = new Database();
            int row = 0;
            int k = 0;
            String[][] emp = null;
            sql = "SELECT * FROM employee ORDER BY employeeID";
            try{
                DB.connDatabase();
                rs = DB.executeMyQuery(sql);
                if(rs.last()){
                    row = rs.getRow();
                }
                if(row == 0){//如果没有员工
                    emp = new String[1][6];
```

```
287                emp[0][0] = " ";
288                emp[0][1] = " ";
289                emp[0][2] = " ";
290                emp[0][3] = " ";
291                emp[0][4] = " ";
292                emp[0][5] = " ";
293            }
294            else{
295                emp = new String[row][6];
296                rs.first();
297                do{
298                    emp[k][0] = MSMainFace.trimStr(rs.getString("employeeID"));
299                    emp[k][1] = MSMainFace.trimStr(rs.getString("name"));
300                    emp[k][2] = MSMainFace.trimStr(rs.getString("birthday"));
301                    emp[k][3] = MSMainFace.trimStr(rs.getString("nationality"));
302                    emp[k][4] = MSMainFace.trimStr(rs.getString("address"));
303                    DepartmentBean dp = new DepartmentBean();
304                    emp[k][5] = MSMainFace.trimStr(dp.getDeptMSG(rs.getString("deptID")));
305                    k++;
306                }while(rs.next());
307            }
308        }
309        catch(Exception e){
310            e.printStackTrace();
311        }
312        finally{
313            DB.closeStmt();
314            DB.closeConn();
315        }
316        return emp;
317    }
318    /**
319     * 获得新职工编号
320     */
321    public int getNewId(){
322        int ID = 1;
323        Database DB = new Database();
324        sql = "select max(employeeID) from employee";
325        try{
326            DB.connDatabase();
327            rs = DB.executeMyQuery(sql);
328            if(rs.next()){
329                ID = rs.getInt(1) + 1;//新的职工编号
```

```java
330                }
331            }
332            catch(Exception e){
333            }
334            finally{
335                DB.closeStmt();
336                DB.closeConn();
337            }
338            return ID;
339        }
340        /**
341         * 获得职工表中的所有职员的编号和姓名
342         */
343        public String[] getAllIdName(){
344            int row = 0;
345            int k = 0;
346            String[] nameAndID = null;
347            Database DB = new Database();
348            sql = "select employeeID,name from employee order by employeeID";
349            try{
350                DB.connDatabase();
351                rs = DB.executeMyQuery(sql);
352                if(rs.last()){
353                    row = rs.getRow();
354                }
355                if(row!=0){
356                    nameAndID = new String[row];
357                    rs.first();
358                    do{
359                        nameAndID[k] = rs.getString(1)+"-"+rs.getString(2);
360                        k++;
361                    }
362                    while(rs.next());
363                }
364            }
365            catch(Exception e){
366                System.out.println(e);
367            }
368            finally{
369                DB.closeStmt();
370                DB.closeConn();
371            }
372            return nameAndID;
```

```java
        }
    /**
     * 根据姓名获得职工所有信息,包括职工号、姓名、部门名称、职位、薪水
     * 性别,出生日期,民族,住址,工作地址
     */
    public String[][] getEmpAllInfo(){
    //    System.out.println("xxxxxxxxx");
        int row = 0;
        int k = 0;
        String[][] empAllInfo = null;
        Database DB = new Database();
        sql = "SELECT employee.employeeID, employee.name, employee.sex, "
            + " employee.birthday, employee.nationality, employee.address, "
            + " employee.salary, employee.assess, employee.position, department.name, department.address "
            + " FROM employee, department WHERE employee.deptID = department.deptID ";
        try{
            DB.connDatabase();
            rs = DB.executeMyQuery(sql);
            System.out.println("执行SQL语句");
            System.out.println(" - - - - - - - - - - - - - - row = " + row);
            if(rs.last()){
                row = rs.getRow();
                empAllInfo = new String[row][11];
            }
            if(row != 0){
                rs.first();
                k = 0;
                do{
    //              System.out.println("xxx == == == == == == == == =row = " + row);
                    empAllInfo[k][0] = rs.getString(1);
                    empAllInfo[k][1] = rs.getString(2);
                    empAllInfo[k][2] = rs.getString(3);
                    empAllInfo[k][3] = rs.getString(4);
                    empAllInfo[k][4] = rs.getString(5);
                    empAllInfo[k][5] = rs.getString(6);
                    empAllInfo[k][6] = rs.getString(7);
                    empAllInfo[k][7] = rs.getString(8);
                    empAllInfo[k][8] = rs.getString(9);
                    empAllInfo[k][9] = rs.getString(10);
                    empAllInfo[k][10] = rs.getString(11);
                    k ++;
                }while(rs.next());
```

```
415                }
416            }
417            catch(Exception e){
418                System.out.println(e);
419            }
420            finally{
421                DB.closeStmt();
422                DB.closeConn();
423            }
424            return empAllInfo;
425        }
426 }
```

5. MSMainFace.java 代码

该源文件完成主界面的设置。

```
1   import java.awt.*;
2   import java.awt.event.*;
3   import javax.swing.*;
4   import javax.swing.event.*;
5   import javax.swing.tree.*;
6   import java.net.*;
7   /**
8    * 简易职工管理系统主界面
9    */
10  public class MSMainFace extends JFrame implements TreeSelectionListener{
11      //窗口的大小
12      private Dimension frameSize = new Dimension(650,450);
13      private Image frameIcon;//程序图标
14      //建立树形菜单 JTree
15      private JTree tree;
16      private DefaultMutableTreeNode treeRoot;//职工管理系统根节点
17      private DefaultMutableTreeNode staffBasicInfo;//职工基本信息节点
18      private DefaultMutableTreeNode staffSalary;//人员工资管理
19      private DefaultMutableTreeNode treeLeaf;
20      private TreePath treePath;
21      //主界面面板
22      public static JSplitPane splitPaneMain;
23      private JPanel panelLeft;
24      private JPanel panelRight;
25      private JLabel labelWelcome = new JLabel();
26      private JScrollPane scrollPaneMain;
27      /**
28       * 主界面构造方法
29       */
```

```java
30    public MSMainFace() {
31        this.enableEvents(AWTEvent.WINDOW_EVENT_MASK);
32        //添加框架的关闭事件处理
33        this.setDefaultCloseOperation(JFrame.EXIT_ON_CLOSE);
34        this.pack();
35        frameIcon = getImage("icon.png");
36        this.setIconImage(frameIcon);//设置系统图标
37        //设置窗口的大小
38        this.setSize(frameSize);
39        //设置窗口标题
40        this.setTitle("简易职工管理系统");
41        //设置自定义大小
42        this.setResizable(false);
43        try {
44            initMainFace();
45        }
46        catch(Exception e) {
47            e.printStackTrace();
48        }
49    }
50    /**
51     * 系统初始化主界面方法
52     */
53    private void initMainFace() {
54        //添加Jtree菜单
55        treeRoot = new DefaultMutableTreeNode("简易职工管理系统");
56        staffBasicInfo = new DefaultMutableTreeNode("职员基本信息管理");
57        staffSalary = new DefaultMutableTreeNode("职员工资管理");
58        //职员基本信息
59        treeRoot.add(staffBasicInfo);
60        treeLeaf = new DefaultMutableTreeNode("添加职员信息");
61        staffBasicInfo.add(treeLeaf);
62        treeLeaf = new DefaultMutableTreeNode("修改职员信息");
63        staffBasicInfo.add(treeLeaf);
64        treeLeaf = new DefaultMutableTreeNode("删除职员信息");
65        staffBasicInfo.add(treeLeaf);
66        treeLeaf = new DefaultMutableTreeNode("查询职员信息");
67        staffBasicInfo.add(treeLeaf);
68        treeLeaf = new DefaultMutableTreeNode("部门管理");
69        staffBasicInfo.add(treeLeaf);
70        treeRoot.add(staffSalary);//在树根下添加职员薪水管理
71        treeLeaf = new DefaultMutableTreeNode("职员薪水管理");
72        staffSalary.add(treeLeaf);
```

```java
73      //生成左侧的JTree
74      tree = new JTree(treeRoot);
75      scrollPaneMain = new JScrollPane(tree);
76      scrollPaneMain.setPreferredSize(new Dimension(150, 400));
77      tree.getSelectionModel().setSelectionMode(TreeSelectionModel.SINGLE_TREE_SELECTION);
78      //生成JPanel
79      panelLeft = new JPanel();
80      panelRight = new JPanel();
81      panelLeft.add(scrollPaneMain);
82      labelWelcome.setText("欢迎使用简易职员管理系统");
83      labelWelcome.setFont(new Font("隶书", Font.BOLD, 24));
84      labelWelcome.setForeground(Color.BLUE);
85      panelRight.add(labelWelcome);
86      //生成JSplitPane并设置参数
87      splitPaneMain = new JSplitPane();
88      splitPaneMain.setContinuousLayout(true);
89      splitPaneMain.setPreferredSize(new Dimension(140, 420));
90      splitPaneMain.setOneTouchExpandable(false);
91      splitPaneMain.setOrientation(JSplitPane.HORIZONTAL_SPLIT);
92      splitPaneMain.setLeftComponent(panelLeft);
93      splitPaneMain.setRightComponent(panelRight);
94      splitPaneMain.setDividerSize(2);
95      splitPaneMain.setDividerLocation(161);
96      //生成主界面
97      this.setContentPane(splitPaneMain);
98      this.setVisible(true);
99      //添加事件监听
100       tree.addTreeSelectionListener(this);
101     //关闭系统时的操作
102     this.addWindowListener(
103       new WindowAdapter() {
104         public void windowClosing(WindowEvent e) {
105           System.exit(0);
106         }
107       }
108     );
109   }
110   /**
111    * 通过给定的文件名获得图像,设置主界面的图标
112    */
113   Image getImage(String iconFileName) {
114     URLClassLoader urlLoader = (URLClassLoader)this.getClass().
```

```java
115             getClassLoader();
116         URL url = urlLoader.findResource(iconFileName);
117         Image image = Toolkit.getDefaultToolkit().getImage(url);
118         MediaTracker mediatracker = new MediaTracker(this);
119         try {
120             mediatracker.addImage(image, 0);
121             mediatracker.waitForID(0);
122         }
123         catch (InterruptedException _ex) {
124             image = null;
125         }
126         if (mediatracker.isErrorID(0)) {
127             image = null;
128         }
129         return image;
130     }
131     /**
132      * 实现TreeSelectionListener接口的事件处理
133      * 当点击树形导航栏是进行相应操作
134      */
135     public void valueChanged(TreeSelectionEvent tse) {
136         DefaultMutableTreeNode defMTN =
137             (DefaultMutableTreeNode)tse.getPath().getLastPathComponent();
138         String nodeInfo = defMTN.toString();
139         if (nodeInfo == "简易职员管理系统") {
140             splitPaneMain.setRightComponent(panelRight);
141         }
142         //职员基本信息管理树
143         else if (nodeInfo == "职员基本信息管理") {
144             //当选中后展开或关闭叶子节点
145             treePath = new TreePath(staffBasicInfo.getPath());
146             if(tree.isExpanded(treePath))
147                 tree.collapsePath(treePath);  //收缩树节点
148             else
149                 tree.expandPath(treePath);  //展开树节点
150         }
151         else if (nodeInfo == "添加职员信息") {  //添加职员信息节点
152             NodeAddEmp nodeAddEmp = new NodeAddEmp();
153             splitPaneMain.setRightComponent(nodeAddEmp);
154         }
155         else if (nodeInfo == "修改职员信息") {  //修改职员信息节点
156             NodeModifyEmp nodeModifyEmp = new NodeModifyEmp();
157             splitPaneMain.setRightComponent(nodeModifyEmp);
```

```java
158            }
159            else if(nodeInfo == "删除职员信息"){  //删除职员信息节点
160                NodeDelEmp nodeDelEmp = new NodeDelEmp();
161                splitPaneMain.setRightComponent(nodeDelEmp);
162            }
163            else if(nodeInfo == "查询职员信息"){  //查询职员信息节点
164                NodeQueryEmp nodeQueryEmp = new NodeQueryEmp();
165                splitPaneMain.setRightComponent(nodeQueryEmp);
166            }
167            else if(nodeInfo == "部门管理"){  //部门管理节点
168                NodeDepartment nodeDepartment = new NodeDepartment();
169                splitPaneMain.setRightComponent(nodeDepartment);
170            }
171            //职员工资管理树
172            else if(nodeInfo == "职员工资管理"){ //职员工资管理节点
173                //当选中后展开或关闭叶子节点
174                treePath = new TreePath(staffSalary.getPath());
175                if(tree.isExpanded(treePath))
176                    tree.collapsePath(treePath);  //收缩叶子节点
177                else
178                    tree.expandPath(treePath);  //展开叶子节点
179            }
180            else if(nodeInfo == "职员薪水管理"){
181                NodeSalary nodeSalary = new NodeSalary();
182                splitPaneMain.setRightComponent(nodeSalary);
183            }
184        }
185        //把字符串中的前后空格去掉
186        public static String trimStr(String str){
187            String trimInfo;
188            trimInfo = str.trim();
189            return trimInfo;
190        }
191        //把整数转换成字符串后的前后空格去掉
192        public static String trimStr(int aInt){
193            String trimInfo;
194            trimInfo = String.valueOf(aInt).trim();
195            return trimInfo;
196        }
197        //把浮点数转换成字符串后的前后空格去掉
198        public static String trimStr(float aFloat){
199            String trimInfo;
200            trimInfo = String.valueOf(aFloat).trim();
```

```
201                return trimInfo;
202            }
203  }
```

6. NodeAddEmp.java 代码

该文件完成增加职员的界面及功能。

```
1    import javax.swing.*;
2    import java.awt.*;
3    import java.awt.event.*;
4    /**
5     * 职工基本信息管理树的第一个叶子节点:添加职工信息
6     *
7     */
8    public class NodeAddEmp extends JPanel implements ActionListener,ItemListener{
9        private JPanel panelUp = new JPanel();
10       private JPanel panelCenter = new JPanel();
11       //定义图形界面元素
12       private JLabel labelTitle = new JLabel();  //界面主题
13       private JLabel labelEmpID = new JLabel();
14       private JLabel labelName = new JLabel();
15       private JLabel labelSex = new JLabel();
16       private JLabel labelBirth = new JLabel();
17       private JLabel labelNat = new JLabel();
18       private JLabel labelAdd = new JLabel();
19       private JLabel labelDeptID = new JLabel();
20       private JLabel labelOther = new JLabel();
21       private JTextField empIDTxt = new JTextField(15);  //职员编号
22       private JTextField nameTxt = new JTextField(15);   //职员姓名
23       private JTextField sexTxt = new JTextField(15);    //性别
24       private JTextField birthTxt = new JTextField(15);  //出生年月
25       private JTextField natTxt = new JTextField(15);    //民族
26       private JTextField addTxt = new JTextField(15);    //地址
27       private JTextField positionTxt = new JTextField(15);  //其他
28       private JButton addInfoButton = new JButton();
29       private JButton clearInfoButton = new JButton();
30       private JComboBox comboBoxDept = null;  //部门
31       private String deptID = "1";  //部门编号的默认值为1
32       private String salary = "0";  //职员薪水默认值为0
33       private String assess = "未考核";  //职员默认考核为未考核
34       private JScrollPane jScrollPane1;  //滚动条面板
35       private GridBagLayout gridBag = new GridBagLayout();
36       private GridBagConstraints gridBagCon;
37       private EmployeeBean bean = new EmployeeBean();
38       public NodeAddEmp(){
```

```
39        this.setLayout(new BorderLayout());//设置布局管理器
40        try{
41            scrollPanelInitDown();//上部面板布局
42            panelInitUp();//中部面板布局
43            addInfoButton.addActionListener(this);
44            clearInfoButton.addActionListener(this);
45            comboBoxDept.addItemListener(this);
46        }
47        catch(Exception e){
48            e.printStackTrace();
49        }
50    }
51    /**
52     * 构建增加职员信息的上部面板
53     */
54    public void panelInitUp() throws Exception{
55        panelUp.setLayout(gridBag);
56        labelTitle.setText("增加职员信息");
57        labelTitle.setFont(new Font("隶书",Font.BOLD,24));
58        labelTitle.setForeground(Color.RED);
59        gridBagCon = new GridBagConstraints();
60        gridBagCon.gridx = 0;
61        gridBagCon.gridy = 0;
62        gridBag.setConstraints(labelTitle,gridBagCon);
63        panelUp.add(labelTitle);
64        jScrollPane1 = new JScrollPane(panelCenter);
65        jScrollPane1.setPreferredSize(new Dimension(450,380));
66        gridBagCon = new GridBagConstraints();
67        gridBagCon.gridx = 0;
68        gridBagCon.gridy = 1;
69        gridBag.setConstraints(jScrollPane1,gridBagCon);
70        panelUp.add(jScrollPane1);
71        this.add(panelUp,BorderLayout.NORTH);
72        empIDTxt.setEditable(false);
73        nameTxt.setEditable(true);
74        sexTxt.setEditable(true);
75        birthTxt.setEditable(true);
76        natTxt.setEditable(true);
77        addTxt.setEditable(true);
78        positionTxt.setEditable(true);
79        empIDTxt.setText("" + bean.getNewId());
80    }
81    /**
```

```
82          * 构建增加职员信息的下部面板
83          */
84         public void scrollPanelInitDown() throws Exception {
85             panelCenter.setLayout(gridBag);
86             labelEmpID.setText("人员编号: ");
87             labelEmpID.setFont(new Font("宋体", 0, 14));
88             gridBagCon = new GridBagConstraints();
89             gridBagCon.gridx = 0;
90             gridBagCon.gridy = 1;
91             gridBagCon.insets = new Insets(0, 10, 10, 1);
92             gridBag.setConstraints(labelEmpID, gridBagCon);
93             panelCenter.add(labelEmpID);
94             gridBagCon = new GridBagConstraints();
95             gridBagCon.gridx = 1;
96             gridBagCon.gridy = 1;
97             gridBagCon.insets = new Insets(0, 1, 10, 15);
98             gridBag.setConstraints(empIDTxt, gridBagCon);
99             panelCenter.add(empIDTxt);
100            labelName.setText("人员姓名: ");
101            labelName.setFont(new Font("宋体", 0, 14));
102            gridBagCon = new GridBagConstraints();
103            gridBagCon.gridx = 2;
104            gridBagCon.gridy = 1;
105            gridBagCon.insets = new Insets(0, 15, 10, 1);
106            gridBag.setConstraints(labelName, gridBagCon);
107            panelCenter.add(labelName);
108            gridBagCon = new GridBagConstraints();
109            gridBagCon.gridx = 3;
110            gridBagCon.gridy = 1;
111            gridBagCon.insets = new Insets(0, 1, 10, 10);
112            gridBag.setConstraints(nameTxt, gridBagCon);
113            panelCenter.add(nameTxt);
114            labelSex.setText("性别: ");
115            labelSex.setFont(new Font("宋体", 0, 14));
116            gridBagCon = new GridBagConstraints();
117            gridBagCon.gridx = 0;
118            gridBagCon.gridy = 2;
119            gridBagCon.insets = new Insets(10, 10, 10, 1);
120            gridBag.setConstraints(labelSex, gridBagCon);
121            panelCenter.add(labelSex);
122            gridBagCon = new GridBagConstraints();
123            gridBagCon.gridx = 1;
124            gridBagCon.gridy = 2;
```

```java
125        gridBagCon.insets = new Insets(10, 1, 10, 15);
126        gridBag.setConstraints(sexTxt, gridBagCon);
127        panelCenter.add(sexTxt);
128        labelBirth.setText("出生年月：");
129        labelBirth.setFont(new Font("宋体", 0, 14));
130        gridBagCon = new GridBagConstraints();
131        gridBagCon.gridx = 2;
132        gridBagCon.gridy = 2;
133        gridBagCon.insets = new Insets(10, 15, 10, 1);
134        gridBag.setConstraints(labelBirth, gridBagCon);
135        panelCenter.add(labelBirth);
136        gridBagCon = new GridBagConstraints();
137        gridBagCon.gridx = 3;
138        gridBagCon.gridy = 2;
139        gridBagCon.insets = new Insets(10, 1, 10, 10);
140        gridBag.setConstraints(birthTxt, gridBagCon);
141        panelCenter.add(birthTxt);
142        labelNat.setText("民族：");
143        labelNat.setFont(new Font("宋体", 0, 14));
144        gridBagCon = new GridBagConstraints();
145        gridBagCon.gridx = 0;
146        gridBagCon.gridy = 3;
147        gridBagCon.insets = new Insets(10, 10, 10, 1);
148        gridBag.setConstraints(labelNat, gridBagCon);
149        panelCenter.add(labelNat);
150        gridBagCon = new GridBagConstraints();
151        gridBagCon.gridx = 1;
152        gridBagCon.gridy = 3;
153        gridBagCon.insets = new Insets(10, 1, 10, 15);
154        gridBag.setConstraints(natTxt, gridBagCon);
155        panelCenter.add(natTxt);
156        labelAdd.setText("地址：");
157        labelAdd.setFont(new Font("宋体", 0, 14));
158        gridBagCon = new GridBagConstraints();
159        gridBagCon.gridx = 2;
160        gridBagCon.gridy = 3;
161        gridBagCon.insets = new Insets(10, 15, 10, 1);
162        gridBag.setConstraints(labelAdd, gridBagCon);
163        panelCenter.add(labelAdd);
164        gridBagCon = new GridBagConstraints();
165        gridBagCon.gridx = 3;
166        gridBagCon.gridy = 3;
167        gridBagCon.insets = new Insets(10, 1, 10, 10);
```

```
168         gridBag.setConstraints(addTxt, gridBagCon);
169         panelCenter.add(addTxt);
170         labelDeptID.setText("部门:");
171         labelDeptID.setFont(new Font("宋体", 0, 14));
172         gridBagCon = new GridBagConstraints();
173         gridBagCon.gridx = 0;
174         gridBagCon.gridy = 4;
175         gridBagCon.insets = new Insets(10, 10, 10, 1);
176         gridBag.setConstraints(labelDeptID, gridBagCon);
177         panelCenter.add(labelDeptID);
178         DepartmentBean dbean = new DepartmentBean();
179         String[] allType = dbean.findAllForDept();
180         String[] allDeptTrim = new String[allType.length];
181         for(int i = 0; i < allDeptTrim.length; i++)
182             allDeptTrim[i] = MSMainFace.trimStr(allType[i]);
183         comboBoxDept = new JComboBox(allDeptTrim);
184         gridBagCon = new GridBagConstraints();
185         gridBagCon.gridx = 1;
186         gridBagCon.gridy = 4;
187         gridBagCon.insets = new Insets(10, 1, 10, 15);
188         gridBag.setConstraints(comboBoxDept, gridBagCon);
189         panelCenter.add(comboBoxDept);
190         labelOther.setText("职务:");
191         labelOther.setFont(new Font("宋体", 0, 14));
192         gridBagCon = new GridBagConstraints();
193         gridBagCon.gridx = 2;
194         gridBagCon.gridy = 4;
195         gridBagCon.insets = new Insets(10, 15, 10, 1);
196         gridBag.setConstraints(labelOther, gridBagCon);
197         panelCenter.add(labelOther);
198         gridBagCon = new GridBagConstraints();
199         gridBagCon.gridx = 3;
200         gridBagCon.gridy = 4;
201         gridBagCon.insets = new Insets(10, 1, 10, 10);
202         gridBag.setConstraints(positionTxt, gridBagCon);
203         panelCenter.add(positionTxt);
204         addInfoButton.setText("增加");
205         addInfoButton.setFont(new Font("宋体", 0, 14));
206         gridBagCon = new GridBagConstraints();
207         gridBagCon.gridx = 0;
208         gridBagCon.gridy = 5;
209         gridBagCon.gridwidth = 2;
210         gridBagCon.gridheight = 1;
```

```java
211            gridBagCon.insets = new Insets(10, 10, 10, 10);
212            gridBag.setConstraints(addInfoButton, gridBagCon);
213            panelCenter.add(addInfoButton);
214            clearInfoButton.setText("清空");
215            clearInfoButton.setFont(new Font("宋体", 0, 14));
216            gridBagCon = new GridBagConstraints();
217            gridBagCon.gridx = 2;
218            gridBagCon.gridy = 5;
219            gridBagCon.gridwidth = 2;
220            gridBagCon.gridheight = 1;
221            gridBagCon.insets = new Insets(10, 10, 10, 10);
222            gridBag.setConstraints(clearInfoButton, gridBagCon);
223            panelCenter.add(clearInfoButton);
224        }
225        /**
226         * 将职员信息所有文本框清空
227         */
228        private void setNull() {
229            nameTxt.setText(null);
230            sexTxt.setText(null);
231            birthTxt.setText(null);
232            natTxt.setText(null);
233            addTxt.setText(null);
234            positionTxt.setText(null);
235        }
236        /**
237         * 实现 ItemListener 接口的事件监听，在选择列表框时执行该代码
238         */
239        public void itemStateChanged(ItemEvent e) {
240            if(e.getStateChange() == ItemEvent.SELECTED) {
241                String tempStr = "" + e.getItem();
242                int i = tempStr.indexOf(" - ");
243                deptID = tempStr.substring(0, i);
244            }
245        }
246        /**
247         * 实现 ActionListener 接口的事件监听，但点击增减或者撤销按钮时
248         * 执行该代码
249         */
250        public void actionPerformed(ActionEvent e) {
251            Object obj = e.getSource();
252            if (obj == addInfoButton) { //增加按钮
253                bean.addEmp(empIDTxt.getText(), nameTxt.getText(),
```

```
254                    sexTxt.getText(),birthTxt.getText(),
255                    natTxt.getText(),addTxt.getText(),
256                    deptID,salary,assess,positionTxt.getText());
257                NodeAddEmp nodeAddEmp = new NodeAddEmp();
258                MSMainFace.splitPaneMain.setRightComponent(nodeAddEmp);
259            }
260            else if(obj == clearInfoButton){ //清空文本框信息
261                setNull();
262            }
263        }
264    }
```

7. NodeDelEmp.java 代码

该源文件完成删除职员信息的界面及功能。

```
1   import javax.swing.*;
2   import java.awt.*;
3   import java.awt.event.*;
4   import javax.swing.event.*;
5   /**
6    * 职工基本信息管理树的第三个叶子节点：删除职员信息
7    */
8   public class NodeDelEmp extends JPanel implements ListSelectionListener,ActionListener{
9       //定义所用的面板
10      private JPanel panelUp = new JPanel();
11      private JPanel panelCenter = new JPanel();
12      private JPanel panelDown = new JPanel();
13      //定义图形界面元素
14      private JLabel labelTitle = new JLabel();
15      private JLabel jLabel1 = new JLabel();
16      private JLabel jLabel2 = new JLabel();
17      private JTextField empIDTxt = new JTextField(15);
18      private JTextField nameTxt = new JTextField(15);
19      private JButton deleteButton = new JButton();
20      //定义表格
21      private JScrollPane jScrollPane1; //滚动条面板
22      private JTable empInfoTable; //表格组件
23      private ListSelectionModel listSelectionModel = null;
24      //表格的头部
25      private String[] tableColName = {"职工编号","姓名","出生年月","地址","部门"};
26      private String[][] tableColValue; //表格的值
27      private GridBagLayout gridBag = new GridBagLayout(); //布局管理器
28      private GridBagConstraints gridBagCon;
29      public NodeDelEmp(){
30          this.setLayout(new BorderLayout());
```

```
31        try {
32            initPanelUp();    //上部面板布局
33            initPanelCenter();    //中部面板布局
34            initPanelDown();    //下部面板布局
35            deleteButton.addActionListener(this);
36        }
37        catch(Exception e) {
38            e.printStackTrace();
39        }
40    }
41    /**
42     * 初始化删除职员信息的上部面板
43     */
44    public void initPanelUp() throws Exception {
45        EmployeeBean empBean = new EmployeeBean();
46        panelUp.setLayout(gridBag);    //设置布局管理器
47        try {
48            labelTitle.setText("删除职员信息");
49            labelTitle.setFont(new Font("隶书", 0, 24));
50            labelTitle.setForeground(Color.RED);
51            gridBagCon = new GridBagConstraints();
52            gridBagCon.gridx = 0;
53            gridBagCon.gridy = 0;
54            gridBagCon.insets = new Insets(0, 10, 0, 10);
55            gridBag.setConstraints(labelTitle, gridBagCon);
56            panelCenter.add(labelTitle);
57            panelUp.add(labelTitle);
58            //取得职员的所有信息
59            tableColValue = empBean.findAllEmp();
60            //需要职工号、姓名、性别、地址、部门等信息
61            for(int col = 3; col < tableColValue[0].length - 1; col++)
62                for(int row = 0; row < tableColValue.length; row++)
63                    tableColValue[row][col] = tableColValue[row][col + 1];
64            //初始化表格中的信息
65            empInfoTable = new JTable(tableColValue, tableColName);
66            empInfoTable.setFont(new Font("宋体", Font.BOLD, 16));    //设置表格的字体
67            empInfoTable.setRowHeight(30);    //设置表格的大小
68            empInfoTable.setPreferredScrollableViewportSize(new Dimension(450, 300));
69            listSelectionModel = empInfoTable.getSelectionModel();
70            //设置表格的选择方式：选择一行
71            listSelectionModel.setSelectionMode(ListSelectionModel.SINGLE_SELECTION);
72            listSelectionModel.addListSelectionListener(this);
73            jScrollPane1 = new JScrollPane(empInfoTable);
```

```java
74              jScrollPane1.setPreferredSize(new Dimension(450, 300));
75              gridBagCon = new GridBagConstraints();
76              gridBagCon.gridx = 0;
77              gridBagCon.gridy = 1;
78              gridBagCon.insets = new Insets(0, 0, 0, 0);
79              gridBag.setConstraints(jScrollPane1, gridBagCon);
80              panelUp.add(jScrollPane1);
81          }
82          catch(Exception e) {
83              e.printStackTrace();
84          }
85          //在删除职员窗口中添加上部面板
86          this.add(panelUp, BorderLayout.NORTH);
87      }
88      /**
89       * 初始化删除职员信息的中部面板
90       */
91      public void initPanelCenter() throws Exception {
92          jLabel1.setText("编号");
93          jLabel1.setFont(new Font("Dialog", 0, 12));
94          panelCenter.add(jLabel1);
95          panelCenter.add(empIDTxt);
96          jLabel2.setText("姓名");
97          jLabel2.setFont(new Font("Dialog", 0, 12));
98          panelCenter.add(jLabel2);
99          panelCenter.add(nameTxt);
100         //添加中部面板
101         this.add(panelCenter, BorderLayout.CENTER);
102         //设置是否可操作
103         empIDTxt.setEditable(false);
104         nameTxt.setEditable(false);
105     }
106     /**
107      * 初始化删除职员信息的下部面板
108      */
109     public void initPanelDown() {
110         deleteButton.setText("删除");
111         deleteButton.setFont(new Font("宋体", 0, 12));
112         panelDown.add(deleteButton);
113         //添加下部面板
114         this.add(panelDown, BorderLayout.SOUTH);
115         //设置是否可操作
116         deleteButton.setEnabled(false);
```

```
117            }
118        /**
119         * 实现ListSelectionListener接口的监听事件,
120         * 当选择列表中的内容时,在职员号和姓名框中显示选中职员的信息
121         */
122        public void valueChanged(ListSelectionEvent lse){
123            int index = empInfoTable.getSelectedRow();//取得选中的行号
124            //在文本框中显示内容
125            empIDTxt.setText(tableColValue[index][0]);
126            nameTxt.setText(tableColValue[index][1]);
127            //设置删除是否可操作
128            deleteButton.setEnabled(true);
129        }
130        /**
131         * 实现ActionListener接口的监听事件,
132         * 当点击删除按钮时执行该代码
133         */
134        public void actionPerformed(ActionEvent e){
135            Object obj = e.getSource();
136            if(obj == deleteButton){//点击删除按钮
137                //增加删除提示信息
138                int flag = JOptionPane.showConfirmDialog(
139                    this,"真要删除该职员吗?","退出",
140                    JOptionPane.YES_OPTION,JOptionPane.QUESTION_MESSAGE);
141                if(flag == JOptionPane.YES_OPTION){//如果点击确认按钮
142                    EmployeeBean empBean = new EmployeeBean();
143                    //向Employee表发送删除命令
144                    empBean.deleteEmp(empIDTxt.getText());
145                    NodeDelEmp nodeDelEmp = new NodeDelEmp();
146                    MSMainFace.splitPaneMain.setRightComponent(nodeDelEmp);
147                }
148            }
149            empInfoTable.revalidate();
150        }
151    }
```

8. NodeModifyEmp.java 代码

该源文件完成修改职员信息的界面及功能。

```
1   import javax.swing.*;
2   import java.awt.*;
3   import java.awt.event.*;
4   /**
5    * 职工基本信息管理树的第二个叶子节点:修改职工信息
6    */
```

```
7    public class NodeModifyEmp extends JPanel implements ItemListener,ActionListener{
8        private JPanel panelUp = new JPanel();
9        private JPanel centerPanel = new JPanel();
10       private JPanel panelDown = new JPanel();
11       //定义图形界面元素
12       private JLabel labelTitle = new JLabel();
13       private JLabel labelEmpID = new JLabel();
14       private JLabel labelName = new JLabel();
15       private JLabel labelSex = new JLabel();
16       private JLabel labelBirth = new JLabel();
17       private JLabel labelNat = new JLabel();
18       private JLabel labelAdd = new JLabel();
19       private JLabel labelOther = new JLabel();
20       private JLabel selectEmp = new JLabel();
21       private JTextField empIDTxt = new JTextField(15);//职工编号
22       private JTextField nameTxt = new JTextField(15);//姓名
23       private JTextField sexTxt = new JTextField(15);//性别
24       private JTextField birthTxt = new JTextField(15);//出生年月
25       private JTextField natTxt = new JTextField(15);//民族
26       private JTextField addTxt = new JTextField(15);//地址
27       private String deptID = "";//部门
28       private String salary = "";//薪水
29       private String assess = "";//考核
30       private JTextField positionTxt = new JTextField(30);//其他
31       private JComboBox ComboBoxEmpInfo = null;//人员信息
32       private String EmployeeID = "";
33       private String[] employee = null;
34       private JScrollPane jScrollPane1;
35       private JButton modifyButton = new JButton();
36       private JButton cancelButton = new JButton();
37       private GridBagLayout gridBag = new GridBagLayout();
38       private GridBagConstraints gridBagCon;
39       private EmployeeBean empBean = new EmployeeBean();
40       public NodeModifyEmp(){
41           this.setLayout(new BorderLayout());
42           try{
43               initpanelUp();//上部面板布局
44               initScrollPane1Down();//下部面板布局
45               initPanelDown();
46               ComboBoxEmpInfo.addItemListener(this);
47           }
48           catch(Exception e){
49               e.printStackTrace();
```

```
50        }
51     }
52     //初始化修改职员信息的上部面板
53     public void initpanelUp() throws Exception {
54        panelUp.setLayout(gridBag);
55        labelTitle.setText("修改职员信息");
56        labelTitle.setFont(new Font("隶书", 0, 24));
57        labelTitle.setForeground(Color.RED);
58        gridBagCon = new GridBagConstraints();
59        gridBagCon.gridx = 0;
60        gridBagCon.gridy = 0;
61        gridBagCon.insets = new Insets(0, 10, 0, 10);
62        gridBag.setConstraints(labelTitle, gridBagCon);
63        panelUp.add(labelTitle);
64        jScrollPane1 = new JScrollPane(centerPanel);
65        jScrollPane1.setPreferredSize(new Dimension(480, 340));
66        gridBagCon = new GridBagConstraints();
67        gridBagCon.gridx = 0;
68        gridBagCon.gridy = 1;
69        gridBagCon.insets = new Insets(0, 0, 0, 0);
70        gridBag.setConstraints(jScrollPane1, gridBagCon);
71        panelUp.add(jScrollPane1);
72        this.add(panelUp, BorderLayout.NORTH);
73        empIDTxt.setEditable(false);
74        nameTxt.setEditable(false);
75        sexTxt.setEditable(false);
76        birthTxt.setEditable(false);
77        natTxt.setEditable(false);
78        addTxt.setEditable(false);
79        positionTxt.setEditable(false);
80        empIDTxt.setText("请输入查询人员编号");
81     }
82     /**
83      * 初始化修改职员窗口的下部面板
84      */
85     public void initPanelDown() {
86        panelDown.add(modifyButton);
87        panelDown.add(cancelButton);
88        modifyButton.addActionListener(this);
89        cancelButton.addActionListener(this);
90        // 添加下部面板
91        this.add(panelDown, BorderLayout.SOUTH);
92     }
```

```
93
94      /**
95       * 初始化下部面板面板中的滚动条面板
96       */
97      public void initScrollPanelDown() throws Exception {
98          centerPanel.setLayout(gridBag);
99          labelEmpID.setText("职员编号：");
100         labelEmpID.setFont(new Font("宋体", 0, 14));
101         gridBagCon = new GridBagConstraints();
102         gridBagCon.gridx = 0;
103         gridBagCon.gridy = 1;
104         gridBagCon.insets = new Insets(0, 10, 10, 1);
105         gridBag.setConstraints(labelEmpID, gridBagCon);
106         centerPanel.add(labelEmpID);
107         gridBagCon = new GridBagConstraints();
108         gridBagCon.gridx = 1;
109         gridBagCon.gridy = 1;
110         gridBagCon.insets = new Insets(0, 1, 10, 15);
111         gridBag.setConstraints(empIDTxt, gridBagCon);
112         centerPanel.add(empIDTxt);
113         labelName.setText("人员姓名：");
114         labelName.setFont(new Font("宋体", 0, 14));
115         gridBagCon = new GridBagConstraints();
116         gridBagCon.gridx = 2;
117         gridBagCon.gridy = 1;
118         gridBagCon.insets = new Insets(0, 15, 10, 1);
119         gridBag.setConstraints(labelName, gridBagCon);
120         centerPanel.add(labelName);
121         gridBagCon = new GridBagConstraints();
122         gridBagCon.gridx = 3;
123         gridBagCon.gridy = 1;
124         gridBagCon.insets = new Insets(0, 1, 10, 10);
125         gridBag.setConstraints(nameTxt, gridBagCon);
126         centerPanel.add(nameTxt);
127         labelSex.setText("性别：");
128         labelSex.setFont(new Font("宋体", 0, 14));
129         gridBagCon = new GridBagConstraints();
130         gridBagCon.gridx = 0;
131         gridBagCon.gridy = 2;
132         gridBagCon.insets = new Insets(10, 10, 10, 1);
133         gridBag.setConstraints(labelSex, gridBagCon);
134         centerPanel.add(labelSex);
135         gridBagCon = new GridBagConstraints();
```

```
136        gridBagCon.gridx = 1;
137        gridBagCon.gridy = 2;
138        gridBagCon.insets = new Insets(10, 1, 10, 15);
139        gridBag.setConstraints(sexTxt, gridBagCon);
140        centerPanel.add(sexTxt);
141        labelBirth.setText("出生年月:");
142        labelBirth.setFont(new Font("宋体", 0, 14));
143        gridBagCon = new GridBagConstraints();
144        gridBagCon.gridx = 2;
145        gridBagCon.gridy = 2;
146        gridBagCon.insets = new Insets(10, 15, 10, 1);
147        gridBag.setConstraints(labelBirth, gridBagCon);
148        centerPanel.add(labelBirth);
149        gridBagCon = new GridBagConstraints();
150        gridBagCon.gridx = 3;
151        gridBagCon.gridy = 2;
152        gridBagCon.insets = new Insets(10, 1, 10, 10);
153        gridBag.setConstraints(birthTxt, gridBagCon);
154        centerPanel.add(birthTxt);
155        labelNat.setText("民族:");
156        labelNat.setFont(new Font("宋体", 0, 14));
157        gridBagCon = new GridBagConstraints();
158        gridBagCon.gridx = 0;
159        gridBagCon.gridy = 3;
160        gridBagCon.insets = new Insets(10, 10, 10, 1);
161        gridBag.setConstraints(labelNat, gridBagCon);
162        centerPanel.add(labelNat);
163        gridBagCon = new GridBagConstraints();
164        gridBagCon.gridx = 1;
165        gridBagCon.gridy = 3;
166        gridBagCon.insets = new Insets(10, 1, 10, 15);
167        gridBag.setConstraints(natTxt, gridBagCon);
168        centerPanel.add(natTxt);
169        labelAdd.setText("地址:");
170        labelAdd.setFont(new Font("宋体", 0, 14));
171        gridBagCon = new GridBagConstraints();
172        gridBagCon.gridx = 2;
173        gridBagCon.gridy = 3;
174        gridBagCon.insets = new Insets(10, 15, 10, 1);
175        gridBag.setConstraints(labelAdd, gridBagCon);
176        centerPanel.add(labelAdd);
177        gridBagCon = new GridBagConstraints();
178        gridBagCon.gridx = 3;
```

```
179             gridBagCon.gridy = 3;
180             gridBagCon.insets = new Insets(10, 1, 10, 10);
181             gridBag.setConstraints(addTxt, gridBagCon);
182             centerPanel.add(addTxt);
183             labelOther.setText("职务：");
184             labelOther.setFont(new Font("宋体", 0, 14));
185             gridBagCon = new GridBagConstraints();
186             gridBagCon.gridx = 0;
187             gridBagCon.gridy = 4;
188             gridBagCon.insets = new Insets(10, 10, 10, 1);
189             gridBag.setConstraints(labelOther, gridBagCon);
190             centerPanel.add(labelOther);
191             gridBagCon = new GridBagConstraints();
192             gridBagCon.gridx = 1;
193             gridBagCon.gridy = 4;
194             gridBagCon.gridwidth = 3;
195             gridBagCon.gridheight = 1;
196             gridBagCon.insets = new Insets(10, 1, 10, 115);
197             gridBag.setConstraints(positionTxt, gridBagCon);
198             centerPanel.add(positionTxt);
199             selectEmp.setText("选择人员信息");
200             selectEmp.setFont(new Font("宋体", 0, 14));
201             gridBagCon = new GridBagConstraints();
202             gridBagCon.gridx = 0;
203             gridBagCon.gridy = 5;
204             gridBagCon.insets = new Insets(10, 10, 10, 1);
205             gridBag.setConstraints(selectEmp, gridBagCon);
206             centerPanel.add(selectEmp);
207             String[] allType = empBean.getAllIdName();
208             ComboBoxEmpInfo = new JComboBox(allType);
209             gridBagCon = new GridBagConstraints();
210             gridBagCon.gridx = 1;
211             gridBagCon.gridy = 5;
212             gridBagCon.gridwidth = 1;
213             gridBagCon.gridheight = 1;
214             gridBagCon.insets = new Insets(1, 10, 10, 10);
215             gridBag.setConstraints(ComboBoxEmpInfo, gridBagCon);
216             centerPanel.add(ComboBoxEmpInfo);
217             modifyButton.setText("修改");
218             modifyButton.setFont(new Font("Dialog", 0, 12));
219             gridBagCon = new GridBagConstraints();
220             gridBagCon.gridx = 2;
221             gridBagCon.gridy = 5;
```

```
222        gridBagCon.insets = new Insets(10, 10, 10, 10);
223        gridBag.setConstraints(modifyButton, gridBagCon);
224        centerPanel.add(modifyButton);
225        modifyButton.setEnabled(false);
226        cancelButton.setText("撤销");
227        cancelButton.setFont(new Font("Dialog", 0, 12));
228        gridBagCon = new GridBagConstraints();
229        gridBagCon.gridx = 3;
230        gridBagCon.gridy = 5;
231        gridBagCon.insets = new Insets(10, 10, 10, 10);
232        gridBag.setConstraints(cancelButton, gridBagCon);
233        centerPanel.add(cancelButton);
234    }
235    /**
236     * 将所有文本框清空
237     */
238    private void setNull() {
239        nameTxt.setEditable(false);
240        sexTxt.setEditable(false);
241        birthTxt.setEditable(false);
242        natTxt.setEditable(false);
243        addTxt.setEditable(false);
244        positionTxt.setEditable(false);
245        modifyButton.setEnabled(false);
246        nameTxt.setText(null);
247        sexTxt.setText(null);
248        birthTxt.setText(null);
249        natTxt.setText(null);
250        addTxt.setText(null);
251        positionTxt.setText(null);
252        empIDTxt.setText("请查询人员编号");
253    }
254    /**
255     * 实现ActionListener接口中的事件处理,
256     * 当点击修改按钮或者撤销按钮执行该方法
257     */
258    public void actionPerformed(ActionEvent e) {
259        Object obj = e.getSource();
260        if (obj == modifyButton) { //修改按钮
261            empBean.modifyEmp(empIDTxt.getText(), nameTxt.getText(),
262                sexTxt.getText(), birthTxt.getText(),
263                natTxt.getText(), addTxt.getText(),
264                deptID, salary, assess, positionTxt.getText());
```

```
265                NodeModifyEmp node12Panel = new NodeModifyEmp();
266                MSMainFace.splitPaneMain.setRightComponent(node12Panel);
267            }
268            else if(obj == cancelButton){  //撤销按钮
269                setNull();
270            }
271        }
272        /**
273         * 实现 ItemListener 接口中的事件处理
274         * 当选择列表框时执行该方法,取得职员的编号,并查询该职员的所有信息
275         */
276        public void itemStateChanged(ItemEvent e){
277            if(e.getStateChange() == ItemEvent.SELECTED){
278                String tempEmpInfo = "" + e.getItem();
279                int i = tempEmpInfo.indexOf(" - ");
280                EmployeeID = tempEmpInfo.substring(0,i);
281                employee = empBean.findID(EmployeeID);
282                //数组初始化
283                positionTxt.setText(MSMainFace.trimStr(employee[9]));
284                empIDTxt.setText(MSMainFace.trimStr(employee[0]));
285                nameTxt.setText(MSMainFace.trimStr(employee[1]));
286                sexTxt.setText(MSMainFace.trimStr(employee[2]));
287                birthTxt.setText(MSMainFace.trimStr(employee[3]));
288                natTxt.setText(MSMainFace.trimStr(employee[4]));
289                addTxt.setText(MSMainFace.trimStr(employee[5]));
290                deptID = "" + MSMainFace.trimStr(employee[6]);
291                salary = "" + MSMainFace.trimStr(employee[7]);
292                assess = "" + MSMainFace.trimStr(employee[8]);
293                positionTxt.setEditable(true);
294                nameTxt.setEditable(true);
295                sexTxt.setEditable(true);
296                birthTxt.setEditable(true);
297                natTxt.setEditable(true);
298                addTxt.setEditable(true);
299                //设置修改按钮可以修改
300                modifyButton.setEnabled(true);
301            }
302        }
303    }
```

9. NodeQueryEmp.java 代码

该源代码完成查询职员信息的界面及功能。

```
1    import javax.swing.*;
2    import java.awt.*;
```

```
3    import java.awt.event.*;
4    /**
5     * 职工基本信息管理树的第四个叶子节点：查询职工信息
6     */
7    public class NodeQueryEmp extends JPanel implements ActionListener {
8        // 定义所用的面板
9        private JDialog frameEmp; // 显示员工的窗体
10       private JPanel panelUp = new JPanel();
11       private JPanel panelCenter = new JPanel();
12       private JPanel panelDown = new JPanel();
13       private JButton buttonQuery = new JButton("查询");
14       private JLabel labelName = new JLabel("输入查询员工的姓名");
15       private JTextField textEmpName = new JTextField(20);
16       // 定义图形界面元素
17       private JLabel labelTitle = new JLabel();
18       // 定义表格
19       private JScrollPane jScrollPane1;
20       private JTable empInfoTable;
21       private String[] colName = {"编号","姓名","出生年月","民族","地址","部门"};
22       private String[][] tableColValue;
23       private GridBagLayout gridBag = new GridBagLayout();
24       private GridBagConstraints gridBagCon;
25       public NodeQueryEmp() {
26           this.setLayout(new BorderLayout());
27           try {
28               initPanelUp(); // 上部面板布局
29               initPanelDown(); // 下部面板布局
30           } catch (Exception e) {
31               e.printStackTrace();
32           }
33       }
34       /**
35        * 初始化查询职员信息上部面板
36        */
37       public void initPanelUp() throws Exception {
38           panelUp.setLayout(gridBag);
39           EmployeeBean bean = new EmployeeBean();
40           try {
41               labelTitle.setText("查看职员信息");
42               labelTitle.setFont(new Font("隶书", Font.BOLD, 24));
43               labelTitle.setForeground(Color.RED);
44               gridBagCon = new GridBagConstraints();
45               gridBagCon.gridx = 0;
```

```
46          gridBagCon.gridy = 0;
47          gridBagCon.insets = new Insets(0, 10, 0, 10);
48          gridBag.setConstraints(labelTitle, gridBagCon);
49          panelCenter.add(labelTitle);
50          panelUp.add(labelTitle);
51          tableColValue = bean.findAllEmp();
52          empInfoTable = new JTable(tableColValue, colName);
53          empInfoTable.addMouseListener(new MouseAdapter() {
54            public void mouseClicked(MouseEvent e) {
55              if (e.getSource() == empInfoTable) {
56                String empInfo;
57                int rowNum = empInfoTable.getSelectedRow();
58                //取得所选择职员信息,并在对话框中显示
59                empInfo = "职工号:" + tableColValue[rowNum][0] + ",姓名:"
60                    + tableColValue[rowNum][1] + "\n 出生日期:"
61                    + tableColValue[rowNum][2] + ",民族:"
62                    + tableColValue[rowNum][3] + "\n 地址:"
63                    + tableColValue[rowNum][4] + ",所在部门:"
64                    + tableColValue[rowNum][5];
65                JOptionPane.showMessageDialog(null, empInfo, "职工信息",
66                    JOptionPane.OK_OPTION);
67              }
68            }
69          });
70          empInfoTable.setFont(new Font("宋体", 0, 16));
71          empInfoTable.setRowHeight(30);
72          empInfoTable.setPreferredScrollableViewportSize(new Dimension(450, 380));
73          jScrollPane1 = new JScrollPane(empInfoTable);
74          jScrollPane1.setPreferredSize(new Dimension(450, 350));
75          gridBagCon = new GridBagConstraints();
76          gridBagCon.gridx = 0;
77          gridBagCon.gridy = 1;
78          gridBagCon.insets = new Insets(0, 0, 0, 0);
79          gridBag.setConstraints(jScrollPane1, gridBagCon);
80          panelUp.add(jScrollPane1);
81        } catch (Exception e) {
82          e.printStackTrace();
83        }
84        // 添加上部面板
85        this.add(panelUp, BorderLayout.NORTH);
86      }
87      /**
88       * 初始化查询职员信息下部面板
```

```
 89          */
 90         public void initPanelDown() {
 91           panelDown.add(labelName);
 92           panelDown.add(textEmpName);
 93           panelDown.add(buttonQuery);
 94           buttonQuery.addActionListener(this);
 95           // 添加下部面板
 96           this.add(panelDown, BorderLayout.SOUTH);
 97         }
 98         /**
 99          * 根据职员姓名取得职员的所有信息
100          */
101         public String[] findEmpName() {
102           String empAllInfo[] = null;
103           EmployeeBean empBean = new EmployeeBean();
104           String[][] empInfo = empBean.getEmpAllInfo();
105           for (int i = 0; i < empInfo.length; i++)
106             if (MSMainFace.trimStr(empInfo[i][1]).equals(textEmpName.getText())) {
107               empAllInfo = new String[11];
108               empAllInfo[0] = MSMainFace.trimStr(empInfo[i][0]);
109               empAllInfo[1] = MSMainFace.trimStr(empInfo[i][1]);
110               empAllInfo[2] = MSMainFace.trimStr(empInfo[i][2]);
111               empAllInfo[3] = MSMainFace.trimStr(empInfo[i][3]);
112               empAllInfo[4] = MSMainFace.trimStr(empInfo[i][4]);
113               empAllInfo[5] = MSMainFace.trimStr(empInfo[i][5]);
114               empAllInfo[6] = MSMainFace.trimStr(empInfo[i][6]);
115               empAllInfo[7] = MSMainFace.trimStr(empInfo[i][7]);
116               empAllInfo[8] = MSMainFace.trimStr(empInfo[i][8]);
117               empAllInfo[9] = MSMainFace.trimStr(empInfo[i][9]);
118               empAllInfo[10] = MSMainFace.trimStr(empInfo[i][10]);
119               break;
120             }
121           return empAllInfo;
122         }
123         /**
124          * 实现ActionListener接口的方法,当点击查询按钮时执行该方法
125          * 显示职员的所有信息
126          */
127         public void actionPerformed(ActionEvent arg0) {// 查询按钮
128           String str = textEmpName.getText();
129           if (str.trim().equals("") || findEmpName() == null) {
130             JOptionPane.showMessageDialog(null, "请输入一个职工姓名");
131           } else {
```

```java
132        Font font = new Font("宋体", 0, 16);
133        frameEmp = new JDialog(new JFrame(), "员工信息");
134        GridLayout gridLay = new GridLayout(5, 4);
135        gridLay.setVgap(10);
136        frameEmp.setLayout(gridLay);
137        frameEmp.setSize(700, 200);
138        frameEmp.setLocation(300, 300);
139        JLabel labelID = new JLabel("职工编号");
140        labelID.setFont(font);
141        JLabel labelName = new JLabel("姓名");
142        labelName.setFont(font);
143        JLabel labelSex = new JLabel("性别");
144        labelSex.setFont(font);
145        JLabel labelBirth = new JLabel("出生日期");
146        labelBirth.setFont(font);
147        JLabel labelNat = new JLabel("民族");
148        labelNat.setFont(font);
149        JLabel labelAdd = new JLabel("地址");
150        labelAdd.setFont(font);
151        JLabel labelSalary = new JLabel("薪水");
152        labelSalary.setFont(font);
153        JLabel labelAssess = new JLabel("考核");
154        labelAssess.setFont(font);
155        JLabel labelPosition = new JLabel("职务");
156        labelPosition.setFont(font);
157        JLabel labelDeptName = new JLabel("部门名称");
158        labelDeptName.setFont(font);
159        JLabel labelDeptAdd = new JLabel("部门地址");
160        labelDeptAdd.setFont(font);
161        JTextField textID = new JTextField(20);
162        JTextField textName = new JTextField(20);
163        JTextField textSex = new JTextField(20);
164        JTextField textBirth = new JTextField(20);
165        JTextField textNat = new JTextField(20);
166        JTextField textAdd = new JTextField(20);
167        JTextField textSalary = new JTextField(20);
168        JTextField textAssess = new JTextField(20);
169        JTextField textPosition = new JTextField(20);
170        JTextField textDeptName = new JTextField(20);
171        JTextField textDeptAdd = new JTextField(20);
172        frameEmp.add(labelID);
173        frameEmp.add(textID);
174        frameEmp.add(labelName);
```

```java
175             frameEmp.add(textName);
176             frameEmp.add(labelSex);
177             frameEmp.add(textSex);
178             frameEmp.add(labelBirth);
179             frameEmp.add(textBirth);
180             frameEmp.add(labelNat);
181             frameEmp.add(textNat);
182             frameEmp.add(labelAdd);
183             frameEmp.add(textAdd);
184             frameEmp.add(labelSalary);
185             frameEmp.add(textSalary);
186             frameEmp.add(labelAssess);
187             frameEmp.add(textAssess);
188             frameEmp.add(labelPosition);
189             frameEmp.add(textPosition);
190             frameEmp.add(labelDeptName);
191             frameEmp.add(textDeptName);
192             frameEmp.add(labelDeptAdd);
193             frameEmp.add(textDeptAdd);
194             frameEmp.add(new JLabel(""));
195             frameEmp.add(new JLabel(""));
196             // 填充窗体，使之美观
197             for (int i = 0; i < 1; i++)
198                 for (int j = 0; j < 4; j++)
199                     frameEmp.add(new JLabel(""));
200             frameEmp.setVisible(true);
201             frameEmp.setAlwaysOnTop(true);
202             String [] empInfo = findEmpName();
203             textID.setText(empInfo[0]);
204             textName.setText(empInfo[1]);
205             textSex.setText(empInfo[2]);
206             textBirth.setText(empInfo[3]);
207             textNat.setText(empInfo[4]);
208             textAdd.setText(empInfo[5]);
209             textSalary.setText(empInfo[6]);
210             textAssess.setText(empInfo[7]);
211             textPosition.setText(empInfo[8]);
212             textDeptName.setText(empInfo[9]);
213             textDeptAdd.setText(empInfo[10]);
214         }
215     }
216 }
```

10. NodeDepartment.java 代码

该源文件完成部门信息的显示、增加、修改和删除等功能。

```java
import javax.swing.*;
import java.awt.*;
import java.awt.event.*;
import javax.swing.event.*;
/**
 * 职工基本信息管理树的第五个叶子节点：部门管理
 */
public class NodeDepartment extends JPanel implements ListSelectionListener, ActionListener{
    //定义所用的面板
    private JPanel panelUp = new JPanel();
    private JPanel panelCenter = new JPanel();
    private JPanel downPanel = new JPanel();
    //定义图形界面元素
    private JLabel labelTitle = new JLabel();
    private JButton getNewButton = new JButton();
    private JButton addButton = new JButton();
    private JButton modifyButton = new JButton();
    private JButton deleteButton = new JButton();
    private JButton cancelButton = new JButton();
    private JLabel labelDeptID = new JLabel();
    private JTextField deptIDTxt = new JTextField(15);
    private JLabel labelFirstDept = new JLabel();
    private JTextField firstDeptTxt = new JTextField(15);
    private JLabel labelSecondDept = new JLabel();
    private JTextField secondDeptTxt = new JTextField(15);
    JTable deptTable;
    String[] colName = {"部门编号","部门名称","部门地址"};
    String[][] colValue;
    JScrollPane jScrollPane1;
    ListSelectionModel listSelectionModel = null;
    GridBagLayout gridBag = new GridBagLayout();
    GridBagConstraints gridBagCon;
    public NodeDepartment(){
      this.setLayout(new BorderLayout());
      try{
        initPanelUp();//初始化上部面板
        initPanelCenter();//初始化中部面板
        initPanelDown();//初始化下部面板
        getNewButton.addActionListener(this);
        addButton.addActionListener(this);
        modifyButton.addActionListener(this);
        deleteButton.addActionListener(this);
        cancelButton.addActionListener(this);
      }
```

```
45         catch(Exception e) {
46            e.printStackTrace();
47         }
48     }
49     /**
50      * 初始化部门管理的上部面板
51      */
52     public void initPanelUp() throws Exception {
53         DepartmentBean bean = new DepartmentBean();
54         panelUp.setLayout(gridBag);
55         try {
56            labelTitle.setText("管理部门信息");
57            labelTitle.setFont(new Font("隶书", Font.BOLD, 24));
58            labelTitle.setForeground(Color.RED);
59            gridBagCon = new GridBagConstraints();
60            gridBagCon.gridx = 0;
61            gridBagCon.gridy = 0;
62            gridBagCon.insets = new Insets(0, 10, 0, 10);
63            gridBag.setConstraints(labelTitle, gridBagCon);
64            panelCenter.add(labelTitle);
65            panelUp.add(labelTitle);
66            colValue = bean.findAll();
67            deptTable = new JTable(colValue, colName);
68            deptTable.setFont(new Font("宋体", 0, 16));
69            deptTable.setRowHeight(30);
70            deptTable.setPreferredScrollableViewportSize(new Dimension(450, 300));
71            listSelectionModel = deptTable.getSelectionModel();
72            listSelectionModel.setSelectionMode(ListSelectionModel.SINGLE_SELECTION);
73            listSelectionModel.addListSelectionListener(this);
74            jScrollPane1 = new JScrollPane(deptTable);
75            gridBag.setConstraints(jScrollPane1, gridBagCon);
76            jScrollPane1.setPreferredSize(new Dimension(450, 300));
77            gridBagCon = new GridBagConstraints();
78            gridBagCon.gridx = 0;
79            gridBagCon.gridy = 1;
80            gridBagCon.insets = new Insets(0, 0, 0, 0);
81            gridBag.setConstraints(jScrollPane1, gridBagCon);
82            panelUp.add(jScrollPane1);
83            this.add(panelUp, BorderLayout.NORTH);
84         }
85         catch(Exception e) {
86            e.printStackTrace();
87         }
88     }
89     /**
90      * 初始化部门管理的中部面板
```

```java
91        */
92       public void initPanelCenter() throws Exception {
93           labelDeptID.setText("编号");
94           labelDeptID.setFont(new Font("宋体", 0, 12));
95           panelCenter.add(labelDeptID);
96           panelCenter.add(deptIDTxt);
97           labelFirstDept.setText("部门名称");
98           labelFirstDept.setFont(new Font("宋体", 0, 12));
99           panelCenter.add(labelFirstDept);
100          panelCenter.add(firstDeptTxt);
101          labelSecondDept.setText("部门地址");
102          labelSecondDept.setFont(new Font("宋体", 0, 12));
103          panelCenter.add(labelSecondDept);
104          panelCenter.add(secondDeptTxt);
105          //添加中部面板
106          this.add(panelCenter, BorderLayout.CENTER);
107          //设置是否可操作
108          firstDeptTxt.setEditable(false);
109          secondDeptTxt.setEditable(false);
110          deptIDTxt.setEditable(false);
111      }
112      /**
113       * 初始化部门管理的下部面板
114       */
115      public void initPanelDown() {
116          getNewButton.setText("获取新编号");
117          getNewButton.setFont(new Font("宋体", 0, 12));
118          downPanel.add(getNewButton);
119          addButton.setText("增加");
120          addButton.setFont(new Font("宋体", 0, 12));
121          downPanel.add(addButton);
122          modifyButton.setText("修改");
123          modifyButton.setFont(new Font("宋体", 0, 12));
124          downPanel.add(modifyButton);
125          deleteButton.setText("删除");
126          deleteButton.setFont(new Font("宋体", 0, 12));
127          downPanel.add(deleteButton);
128          cancelButton.setText("撤销");
129          cancelButton.setFont(new Font("宋体", 0, 12));
130          downPanel.add(cancelButton);
131          //添加下部面板
132          this.add(downPanel, BorderLayout.SOUTH);
133          //设置是否可操作
134          getNewButton.setEnabled(true);
135          addButton.setEnabled(false);
136          modifyButton.setEnabled(false);
```

```java
137             deleteButton.setEnabled(false);
138             cancelButton.setEnabled(true);
139         }
140         /**
141          * 将部门信息的文本框清空
142          */
143         private void setNull() {
144             deptIDTxt.setText(null);
145             firstDeptTxt.setText(null);
146             secondDeptTxt.setText(null);
147             firstDeptTxt.setEditable(false);
148             secondDeptTxt.setEditable(false);
149             getNewButton.setEnabled(true);
150             addButton.setEnabled(false);
151             modifyButton.setEnabled(false);
152             deleteButton.setEnabled(false);
153             cancelButton.setEnabled(true);
154         }
155         /**
156          * 实现 ActionListener 接口的方法,
157          * 当点击获得新部门新编号、增加、修改、删除和撤销按钮时执行该方法
158          */
159         public void actionPerformed(ActionEvent e) {
160             Object obj = e.getSource();
161             if (obj == getNewButton) {//获得新部门编号按钮
162                 setNull();
163                 DepartmentBean deptBean = new DepartmentBean();
164                 //获取新编号
165                 deptIDTxt.setText("" + deptBean.getNewDeptId());
166                 //设置可以操作
167                 firstDeptTxt.setEditable(true);
168                 secondDeptTxt.setEditable(true);
169                 addButton.setEnabled(true);
170                 modifyButton.setEnabled(false);
171                 deleteButton.setEnabled(false);
172
173             }
174             else if (obj == addButton) { //增加按钮
175                 DepartmentBean deptBean = new DepartmentBean();
176                 deptBean.addDept(deptIDTxt.getText(), firstDeptTxt.getText(), secondDeptTxt.getText
                        ());
177                 //重新生成界面
178                 NodeDepartment dp = new NodeDepartment();
179                 MSMainFace.splitPaneMain.setRightComponent(dp);
180             }
181             else if (obj == modifyButton) { //修改按钮
```

```
182              DepartmentBean bean = new DepartmentBean();
183               bean.modifyDept(deptIDTxt.getText(), firstDeptTxt.getText(), secondDeptTxt.getText
                    ());
184              //重新生成界面
185              NodeDepartment dp = new NodeDepartment();
186              MSMainFace.splitPaneMain.setRightComponent(dp);
187            }
188          else if(obj == deleteButton){ //删除按钮
189              DepartmentBean bean = new DepartmentBean();
190              bean.deleteDept(deptIDTxt.getText());
191              //重新生成界面
192              NodeDepartment dp = new NodeDepartment();
193              MSMainFace.splitPaneMain.setRightComponent(dp);
194          }
195          else if(obj == cancelButton){ //撤销按钮
196              setNull();
197          }
198          deptTable.revalidate();
199      }
200      /**
201       * 实现ListSelectionListener接口的方法
202       * 当点击部门信息表格时,执行该方法,取得选中部门的信息
203       */
204      public void valueChanged(ListSelectionEvent lse){
205          int index = deptTable.getSelectedRow(); //取得选中的表格中的行号
206          //实现选中的部门信息
207          deptIDTxt.setText(MSMainFace.trimStr(colValue[index][0]));
208          firstDeptTxt.setText(MSMainFace.trimStr(colValue[index][1]));
209          secondDeptTxt.setText(MSMainFace.trimStr(colValue[index][2]));
210          getNewButton.setEnabled(true);
211          addButton.setEnabled(false);
212          modifyButton.setEnabled(true);
213          deleteButton.setEnabled(true);
214          cancelButton.setEnabled(true);
215          firstDeptTxt.setEditable(true);
216          secondDeptTxt.setEditable(true);
217
218      }
219  }
```

11. NodeSalary.java代码

该源文件实现职员薪水的调整功能。

```
1  import javax.swing.*;
2  import java.awt.*;
3  import java.awt.event.*;
4  import javax.swing.event.*;
5  import java.util.regex.Matcher;
```

```java
6    import java.util.regex.Pattern;
7    /**
8     * 职工薪资管理树的第一个叶子节点：职工薪水管理
9     */
10   public class NodeSalary extends JPanel implements ListSelectionListener, ActionListener{
11       //定义所用的面板
12       private JPanel panelUp = new JPanel();
13       private JPanel panelCenter = new JPanel();
14       private JPanel panelDown = new JPanel();
15       //定义图形界面元素
16       private JLabel labelTitle = new JLabel();
17       private JLabel labelName = new JLabel();
18       private JLabel labelOldSalary = new JLabel();
19       private JLabel labelNewSalary = new JLabel();
20       private JTextField nameTxt = new JTextField(15);
21       private JTextField oldSalaryTxt = new JTextField(10);
22       private JTextField newSalaryTxt = new JTextField(10);
23       private String employeeID = null;
24       private JButton modifyButton = new JButton();
25       private JButton cancelButton = new JButton();
26       //定义表格
27       private JScrollPane jScrollPane1;
28       private JTable tableSalary;
29       private ListSelectionModel listSelectionModel = null;
30       private String[] colName = {"职工号","姓名","性别","部门","薪水","考核信息"};
31       private String[][] colSalaryValue;
32       private GridBagLayout gridBag = new GridBagLayout();
33       private GridBagConstraints gridBagCon;
34       public NodeSalary(){
35           this.setLayout(new BorderLayout());
36           try{
37               initPanelUp();//初始化上部面板
38               initPanelCenter();//初始化中部面板
39               initPanelDown();//初始化下部面板布局
40               modifyButton.addActionListener(this);
41               cancelButton.addActionListener(this);
42           }
43           catch(Exception e){
44               e.printStackTrace();
45           }
46       }
47       /**
48        * 初始化薪资管理的上部面板
49        */
50       public void initPanelUp() throws Exception{
51           EmployeeBean empBean = new EmployeeBean();
```

```java
52          panelUp.setLayout(gridBag);
53          try{
54              labelTitle.setText("职员薪水管理");
55              labelTitle.setFont(new Font("隶书",0,24));
56              labelTitle.setForeground(Color.RED);
57              gridBagCon = new GridBagConstraints();
58              gridBagCon.gridx = 0;
59              gridBagCon.gridy = 0;
60              gridBagCon.insets = new Insets(0,10,0,10);
61              gridBag.setConstraints(labelTitle,gridBagCon);
62              panelCenter.add(labelTitle);
63              panelUp.add(labelTitle);
64              colSalaryValue = empBean.searchAllForSalary();
65              tableSalary = new JTable(colSalaryValue,colName);
66              tableSalary.setFont(new Font("宋体",0,16));
67              tableSalary.setRowHeight(30);
68              tableSalary.setPreferredScrollableViewportSize(new Dimension(450,300));
69              tableSalary.setUpdateSelectionOnSort(false);//表格不能修改
70              listSelectionModel = tableSalary.getSelectionModel();
71              listSelectionModel.setSelectionMode(ListSelectionModel.SINGLE_SELECTION);
72              listSelectionModel.addListSelectionListener(this);
73              jScrollPane1 = new JScrollPane(tableSalary);
74              jScrollPane1.setPreferredSize(new Dimension(450,300));
75              gridBagCon = new GridBagConstraints();
76              gridBagCon.gridx = 0;
77              gridBagCon.gridy = 1;
78              gridBagCon.insets = new Insets(0,0,0,0);
79              gridBag.setConstraints(jScrollPane1,gridBagCon);
80              panelUp.add(jScrollPane1);
81          }
82          catch(Exception e){
83              e.printStackTrace();
84          }
85          //添加上部面板
86          this.add(panelUp,BorderLayout.NORTH);
87      }
88      /**
89       * 初始化薪资管理的中部面板
90       */
91      public void initPanelCenter() throws Exception{
92          labelName.setText("编号-姓名");
93          labelName.setFont(new Font("宋体",0,12));
94          panelCenter.add(labelName);
95          panelCenter.add(nameTxt);
96          labelOldSalary.setText("调整前工资");
97          labelOldSalary.setFont(new Font("宋体",0,12));
```

```
98          panelCenter.add(labelOldSalary);
99          panelCenter.add(oldSalaryTxt);
100         labelNewSalary.setText("调整后的工资");
101         labelNewSalary.setFont(new Font("宋体",0,12));
102         panelCenter.add(labelNewSalary);
103         panelCenter.add(newSalaryTxt);
104         //添加中部面板
105         this.add(panelCenter,BorderLayout.CENTER);
106         //设置是否可操作
107         nameTxt.setEditable(false);
108         oldSalaryTxt.setEditable(false);
109     }
110     /**
111      * 初始化薪资管理的下部面板
112      */
113     public void initPanelDown(){
114         modifyButton.setText("确定");
115         modifyButton.setFont(new Font("宋体",0,12));
116         panelDown.add(modifyButton);
117         cancelButton.setText("撤销");
118         cancelButton.setFont(new Font("宋体",0,12));
119         panelDown.add(cancelButton);
120         //添加下部面板
121         this.add(panelDown,BorderLayout.SOUTH);
122         //设置是否可操作
123         modifyButton.setEnabled(false);
124         cancelButton.setEnabled(true);
125     }
126     /**
127      * 将薪资管理的所有文本框清空
128      */
129     private void setNull(){
130         oldSalaryTxt.setText(null);
131         nameTxt.setEditable(false);
132         oldSalaryTxt.setEditable(false);
133         modifyButton.setEnabled(false);
134         cancelButton.setEnabled(true);
135     }
136     //判断输入的新的工资信息是否为纯字
137     private boolean isDecimal(String str){
138         Pattern pattern = Pattern.compile("^[0-9]+(.[0-9]*)?$");
139         Matcher match = pattern.matcher(str);
140         return match.matches();
141     }
142     /**
143      * 实现ActionListener接口的事件处理
```

```
144         * 当点击调整薪资或者撤销按钮时执行该方法
145         */
146        public void actionPerformed(ActionEvent e){
147            Object obj = e.getSource();
148            if(obj == modifyButton){    //修改按钮
149                //如果更改的薪水不等于空
150                String newSalaryTemp = MSMainFace.trimStr(newSalaryTxt.getText());
151                if(! newSalaryTemp.equals("") && isDecimal(newSalaryTemp)){
152                    EmployeeBean bean = new EmployeeBean();
153                    bean.updateSalary(employeeID, newSalaryTemp);
154                    NodeSalary dp = new NodeSalary();
155                    MSMainFace.splitPaneMain.setRightComponent(dp);
156                }else{
157                    JOptionPane.showMessageDialog(null,"薪水不能等于空并且只能是数值");
158                    newSalaryTxt.setText("");
159                }
160            }
161            else if (obj == cancelButton){    //撤销
162                setNull();
163            }
164            tableSalary.revalidate();
165        }
166        /**
167         * 实现 ListSelectionListener 接口,
168         * 当表格被选中时,实现选择职员的编号和姓名
169         */
170        public void valueChanged(ListSelectionEvent lse){
171            int[] selectedRow = tableSalary.getSelectedRows();
172            int[] selectedCol = tableSalary.getSelectedColumns();
173            //取得文本框的显示内容
174            for (int i=0; i<selectedRow.length; i++){
175                for (int j=0; j<selectedCol.length; j++){
176                    employeeID = colSalaryValue[selectedRow[i]][0];//职员编号
177                    String tempEmpID = MSMainFace.trimStr(employeeID);
178                    String tempEmpName = MSMainFace.trimStr(colSalaryValue[selectedRow[i]][1]);
179                    nameTxt.setText(tempEmpID +" - "+ tempEmpName);//职员号+姓名
180                    oldSalaryTxt.setText(MSMainFace.trimStr(colSalaryValue[selectedRow[i]][4]));
                        //工资
181
182                }
183            }
184            //设置是否可操作
185            modifyButton.setEnabled(true);
186            cancelButton.setEnabled(true);
187        }
188    }
```

5.3.4 系统发布

因为在发布该系统时需要加载 sqljdbc.jar 外部包,通常情况下利用 Eclipse 提供的打包工具发布可能会出现异常情况,因此,需要利用 jar.exe 命令和 Eclipse 工具结合使用保证打包的程序可以发布。

发布该系统分为 7 个步骤:

第一步:配置数据库系统。

①启动 SQL Server2005 数据库系统,并配置用户名和密码都是 sa。②建立数据库 HRMS。③在数据库中建立表 5-1 和表 5-2 所示的数据表并输入职员信息与部门信息,需要主要职员信息中的部门编号是外码,与部门信息关联。

第二步:修改 manifest.mf 文件。

解压 sqljdbc.jar 包,在文件夹中仅仅保留 manifest.mf 文件,把其他文件全部删除,然后修改 manifest.mf 文件,仅仅保留该文件的第一行,如图 5-21 所示。

图 5-21 配置 **manifest.mf 文件**

第三步:重新打包 sqljdbc.jar 文件。

进入 sqljdbc 目录,然后利用命令:jar cvf sqljdbc.jar .。

对 sqljdbc 重新打包,如图 5-22 所示,注意命令行中的最后的符号"."不能省略。

图 5-22 打包 sqljdbc.jar 文件

第四步：在 Eclipse 中导入第二步产生的 sqljdbc.jar 外部包。

点击工程名右键/Properties/Java Build Path/Libraries/Add External JARS，如图 5-23 所示。

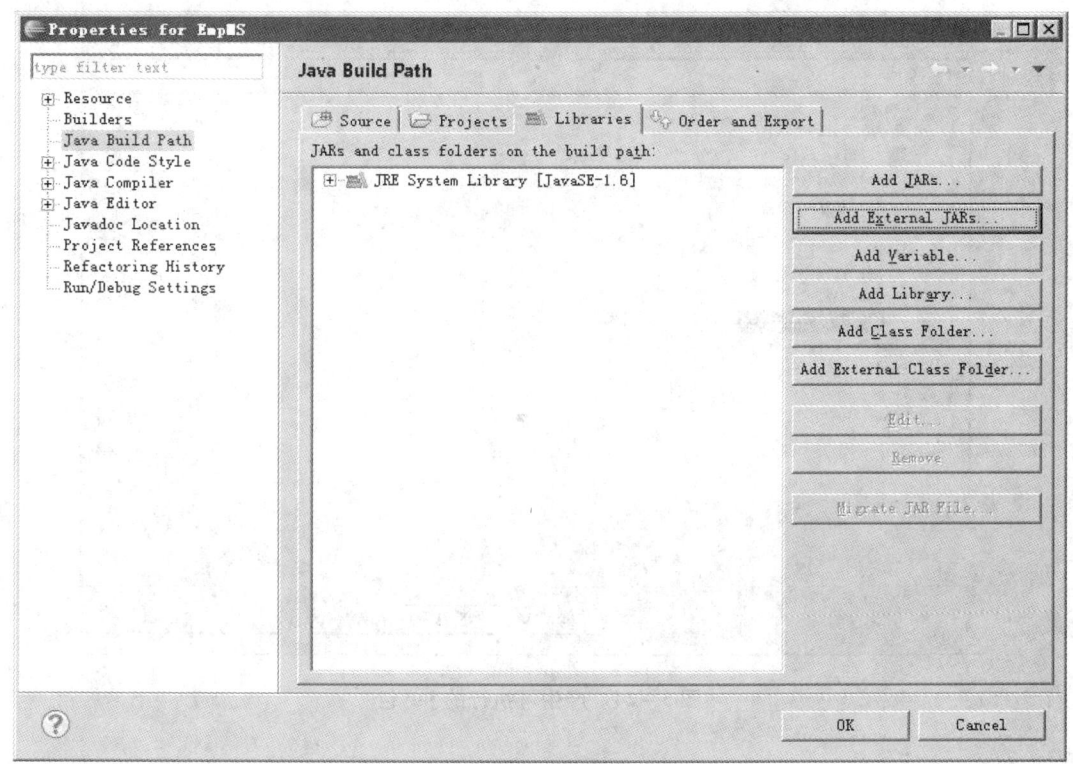

图 5-23 导入 sqljdbc.jar 包

第五步：利用 Eclipse 的打包工具导出 jar 包。

右键点击工程名/Export/Runnable JAR file，如图 5-24 所示，然后根据提示产生 StaffMS.jar 文件。

第六步：编写 bat 文件。

一般计算机都安装了 WinRar 解压软件，由第五步产生的 StaffMS.jar 为 WinRar 类型，则该程序无法运行，编写一个批处理文件 StaffMS.bat，双击该文件自动启动程序。StaffMS.bat 如图 5-25 所示。

第七步：启动系统。

双击 StaffMS.bat 文件可以启动简易职员管理系统。

5.3.5 系统测试

在前面通过 jar 文件发布了简易职员管理系统，通过点击 StaffMS.bat 启动系统，进行系统的详细测试。

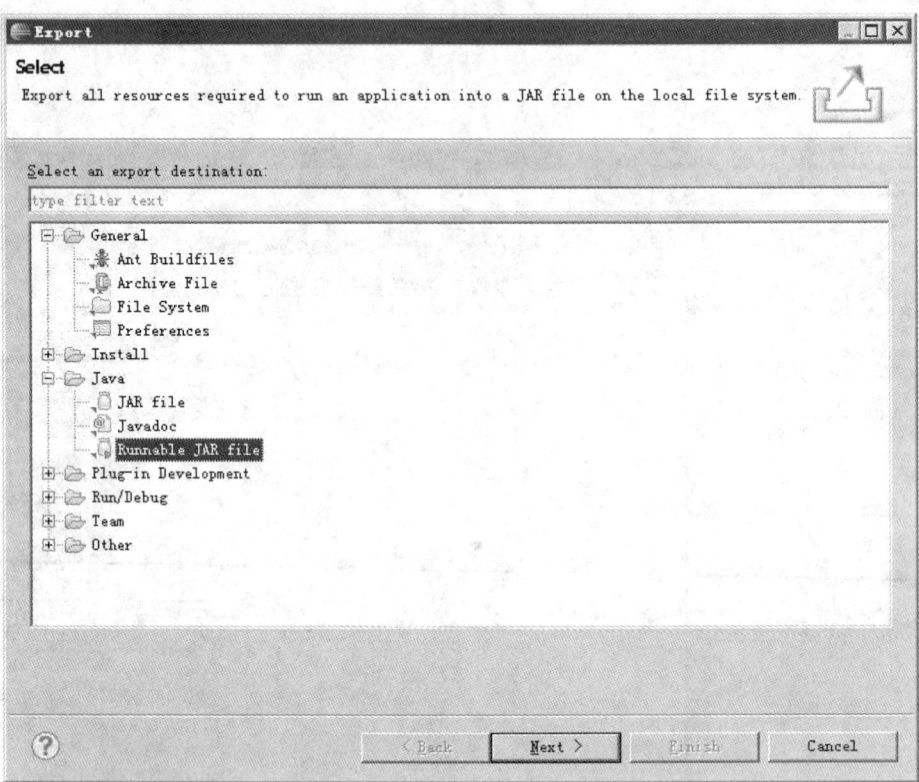

图 5-24 产生可执行的 jar 包

图 5-25 StaffMS.bat 批处理文件

1. 添加职员信息

添加职员信息如图 5-26 所示,人员编号是自动增加的,其他信息不能为空,输入完整的人员信息后点击"增加"按钮完成人员的增加。

2. 修改职员信息

修改职员信息如图 5-27 所示,首先选中需要修改的人员,然后在人员信息框中修改信息,最后点击"修改"按钮完成修改任务,如果不需要修改则点击"撤销"按钮撤销修改。

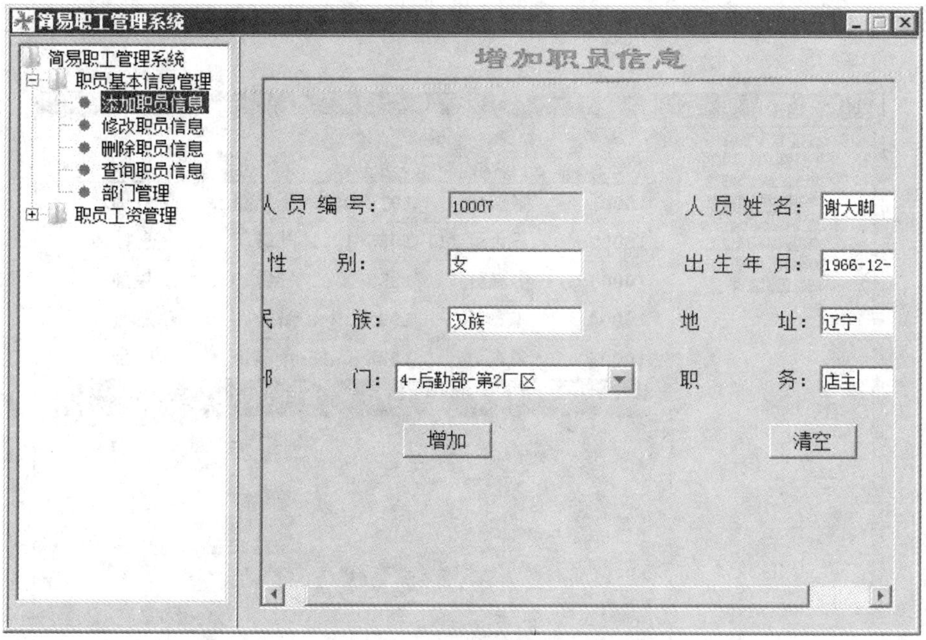

图 5-26 增加职员信息

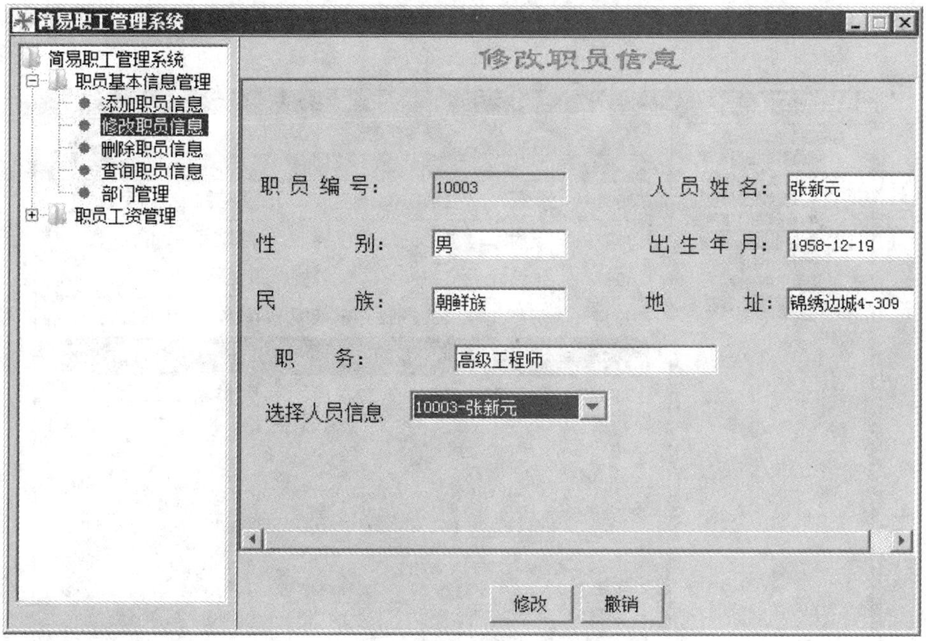

图 5-27 修改职员信息

3. 删除职员信息

删除职员信息如图 5-28 所示，选中要删除的人员，然后点击"删除"按钮完成删除。

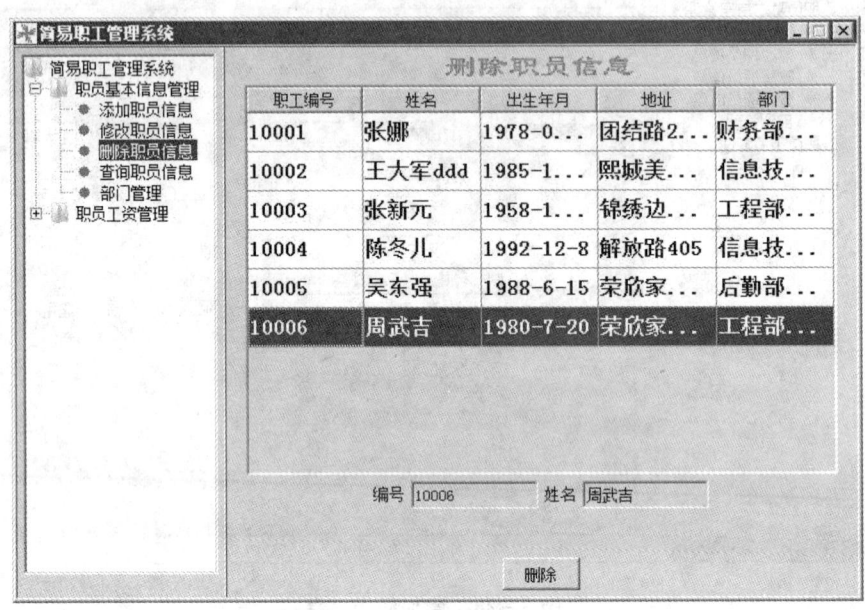

图 5-28　删除职员信息

4. 查询职员信息

查询职员信息如图 5-29 所示，输入要查询的职员姓名，然后可以显示查询职员的详细信息。

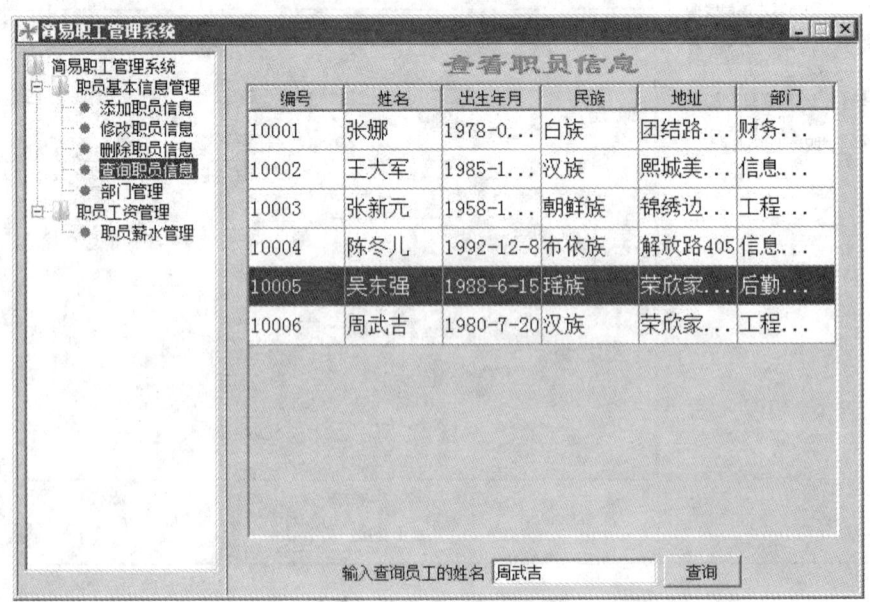

图 5-29　查询职员信息

5. 部门管理

部门管理如图 5-30 所示，可以增加、修改和删除某部门的信息。

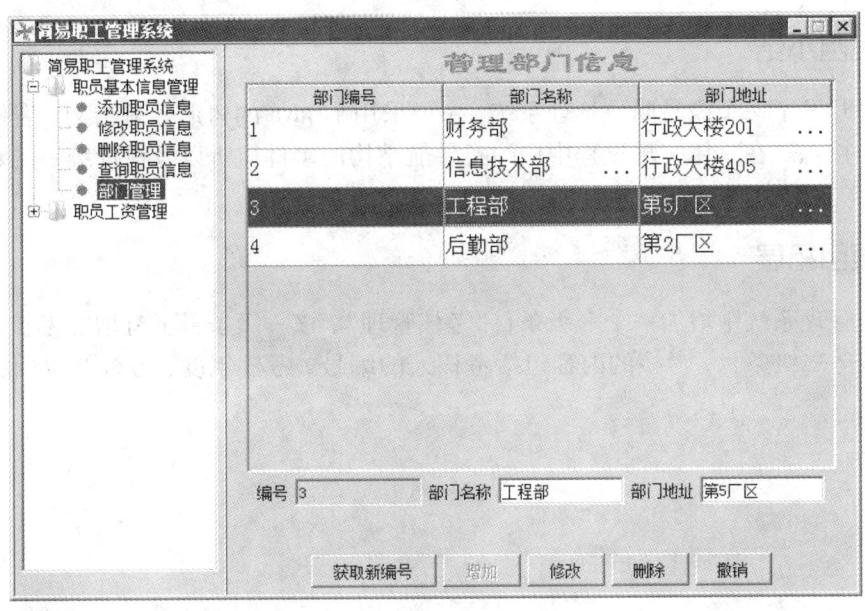

图 5-30　管理部门信息

6. 职员薪水管理

职员薪水管理如图 5-31 所示，选择某职员之后，输入职员调整后的薪水，确定之后可以完成调整，撤销则取消调整。

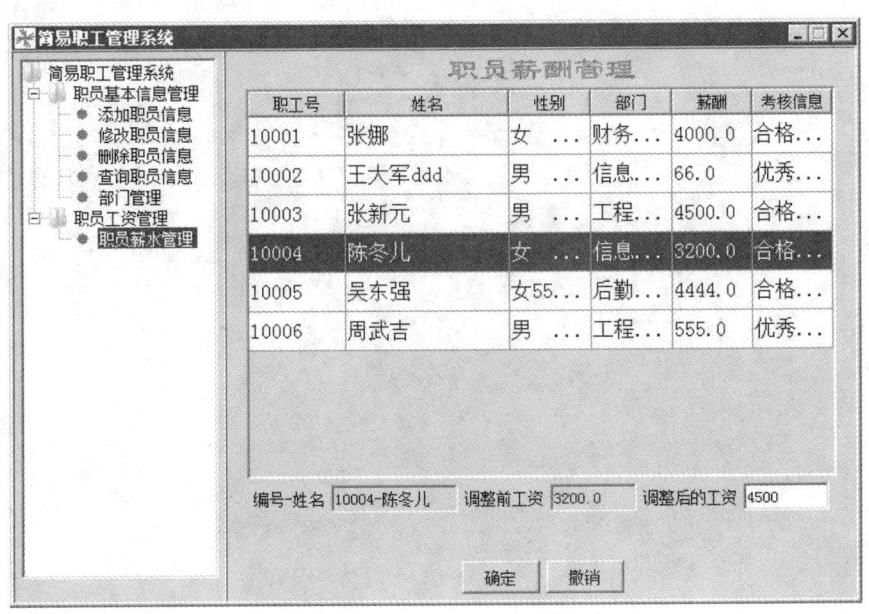

图 5-31　职员薪水管理

5.4 项目小结与拓展

5.4.1 项目小结

本项目开发了一个简易职员管理系统,主要采用了Java的树形导航结构、表格组件和数据库操作等技术。在具体实现过程中应注意导航结构的事件监听以及设计统一的数据库操作接口。

5.4.2 项目拓展

在职员管理系统中增加一个一级条目"考核管理",该一级条目下有增加考核、查询考核和修改考核等二级条目,考核的内容包括考核人的编号、考核年度、考核结果(优秀、合格、不合格)。

第 6 章
基于文件的学籍管理系统设计与开发

6.1 项目描述

学生学籍管理系统是一个教育单位不可缺少的部分,它的内容对于学校的决策者和管理者来说都至关重要,所以系统能够为用户提供充足的信息和快捷的查询手段。本项目利用 Java 的输入输出、GUI 编程、数据结构编程等技术,实现学生信息的增加、删除、修改、查询等功能。

6.2 项目目标

6.2.1 系统功能

本系统是针对学校管理学生信息的一个简易信息管理系统,包括学生基本信息的录入、查询、修改、删除等基本功能。系统功能如图 6-1 所示。

6.2.2 功能描述

1. 录入学生信息

录入学生的基本信息,如果该学生存在,则提示该学生信息存在,如果要修改则进入修改页面,如果学生不存在,将该生的信息保存在"基本信息.txt"文件中。学生的专业只能从指定的项目中选定。

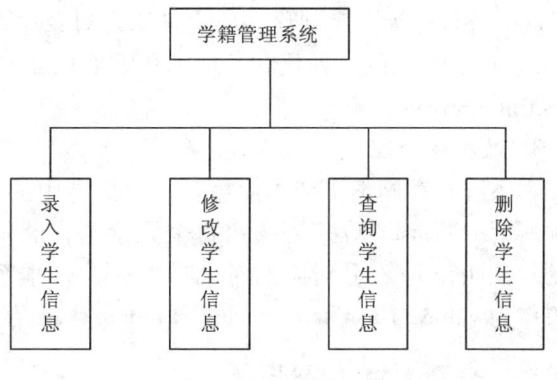

图 6-1 系统功能结构图

2. 查询学生信息

输入学生学号可以查询学生的基本信息,如果该学号学生存在,将从"基本信息.txt"文件中读取学生对象,并在界面显示该生的基本信息,信息不可编辑,如果该学生不存在将提示该学号不存在。

3. 修改学生信息

输入需要修改学生的学号,如果该学生存在,将从"基本信息.txt"文件中读取学生对象,并在界面显示该生的基本信息,可以修改学生的基本信息。修改完后确定修改,修改后的信息将保存在"基本信息.txt"文件中。如果该学生不存在,将提示该学号不存在。

4. 删除学生信息

输入需要删除学生的学号,如果该学生存在,且确定删除,将从"基本信息.txt"文件中删除该学生的信息。如果该学生不存在,将提示该学号不存在。

6.3 项目实施

6.3.1 数据结构设计

1. 数据信息

本系统中的数据主要是学生基本信息,包括学号、姓名、性别、专业、年级、出生日期和照片,其中学号、姓名、性别、专业、年级、出生日期为 String 类型。

2. 对象序列化

Java 平台允许在内存中创建可复用的 Java 对象,但是一般情况下对象的生命周期比 JVM 的生命周期短,当 JVM 处于运行时,这些对象才可能存在。本系统中学生基本信息不是保存在数据库中,而是保存在名称为"基本信息.txt"文件中。当 JVM 停止运行后能够保存(持久化)这些学生信息,并能够重新读取被保存的这些信息,本系统采用对象序列化。采用对象序列化在保存对象时,会把其状态保存为一组字节。如果要重新读取再将这些字节组装成对象,这个过程称为反序列化。要将某个类对象序列化,在定义该类时必须实现 java.io.Serializable 接口。对象的序列化和反序列化需要依靠对象输出流 ObjectOutputStream 和对象输入流 ObjectInputStream。

3. 数据的处理

本系统在存储学生基本信息时采用集合中的 HashMap。HashMap 是以数组的结构,采用一种所谓的"Hash 算法"来决定每个元素的存储位置。通过对象来对对象进行索引,用来索引的对象叫作 key,其对应的对象叫作 value。本系统中用学生信息中的学号作为 key,Student 对象作为 value,HashMap < String, Student > 来存放学生基本信息。

6.3.2 类及 UML 设计

根据学籍管理系统的功能划分,该系统包括 7 个文件,分别是 InformationWindow.java、Student.java、StudentPicture.java、InputStudentInformation.java、ModifyStudentInformation.java、QueryStudentInformation.java、DeleteStudentInformation.java,下面分别介绍它们的功能和 UML 图。

1. InformationWindow.java

该文件包含一个 public InformationWindow 类,主要完成启动系统,完成主界面的初始化。主要包含以下成员变量:基本信息录入(inputStudentInformation)、基本信息查询(queryStudentInformation)、基本信息修改(modifyStudentInformation)、基本信息删除(deleteStudentInformation)、菜单选项(fileMenu)、存放基本信息的列表(informationTable)、存放列表的文件(File)。构造方法 InformationWindow() 用来初始化主界面，actionPerformed() 方法用来完成点击，当点击录入、修改、查询、删除、欢迎菜单项时执行的操作。main() 用于启动系统。UML 如图 6-2 所示。

2. Student.java

该文件包含一个 public Student 类，实现 Serializable 接口，用来将学生信息序列化。number、name、sex、major、grade、birthday 分别表示学生的学号、姓名、性别、专业、年级和出生日期，imagePic 用来存放学生照片图像的引用。setter 和 getter 方法是对各数据成员进行设置和获取。UML 如图 6-3 所示。

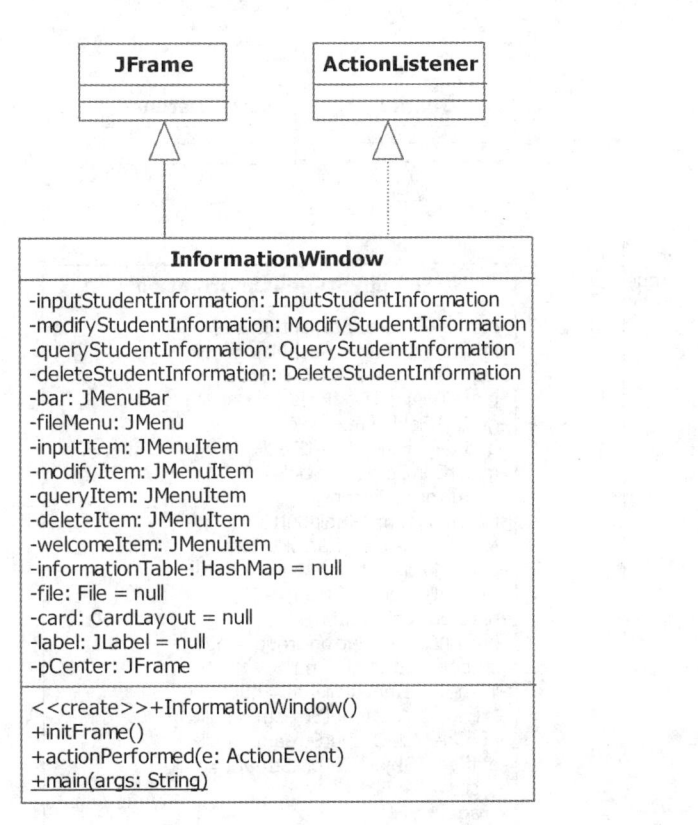

图 6-2 InformationWindow 类图

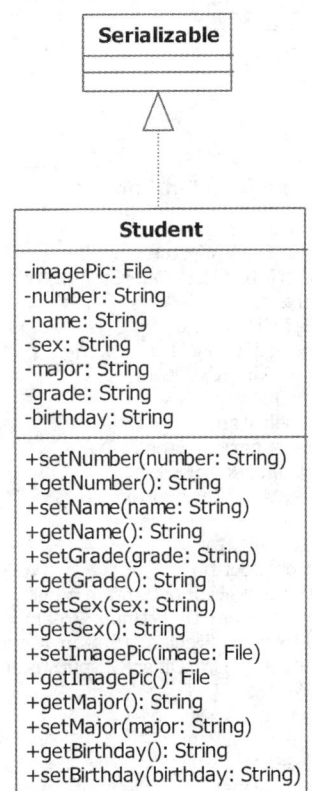

图 6-3 Student 类图

3. StudentPicture.java

该文件包含一个 public StudentPicture 类，用来显示学生照片。该类中有图像文件的引用 imageFile，以及负责创建图像的 tool 构造方法 StudentPicture() 用来初始化图像对象，setImage() 用来设置图像对象，paitComponent() 用来显示学生照片。UML 如图 6-4 所示。

图 6-4 StudentPicture 类图

4. InputStudentInformation.java

该文件包含一个 public InputStudentInformation 类，主要完成录入学生信息功能。包含存放基本信息的列表 informationTable，输入学生基本信息的几个成员变量 numberTField、nameTField、gradeTField、birthdayTField、majorComBox、maleRButton、femaleRButton，以及查找学生是否存在的输入流对象 fileInputStream、objectInputStream 和用来将信息存入到文件的输出流对象 fileOutputStream、objectOutputStream。构造方法 InputStudentInformation() 用来初始化录入信息界面，actionPerformed() 方法用来完成点击录入按钮、重置按钮和选择照片按钮时执行的操作。clearMessage() 方法是将显示的信息清空。UML 如图 6-5 所示。

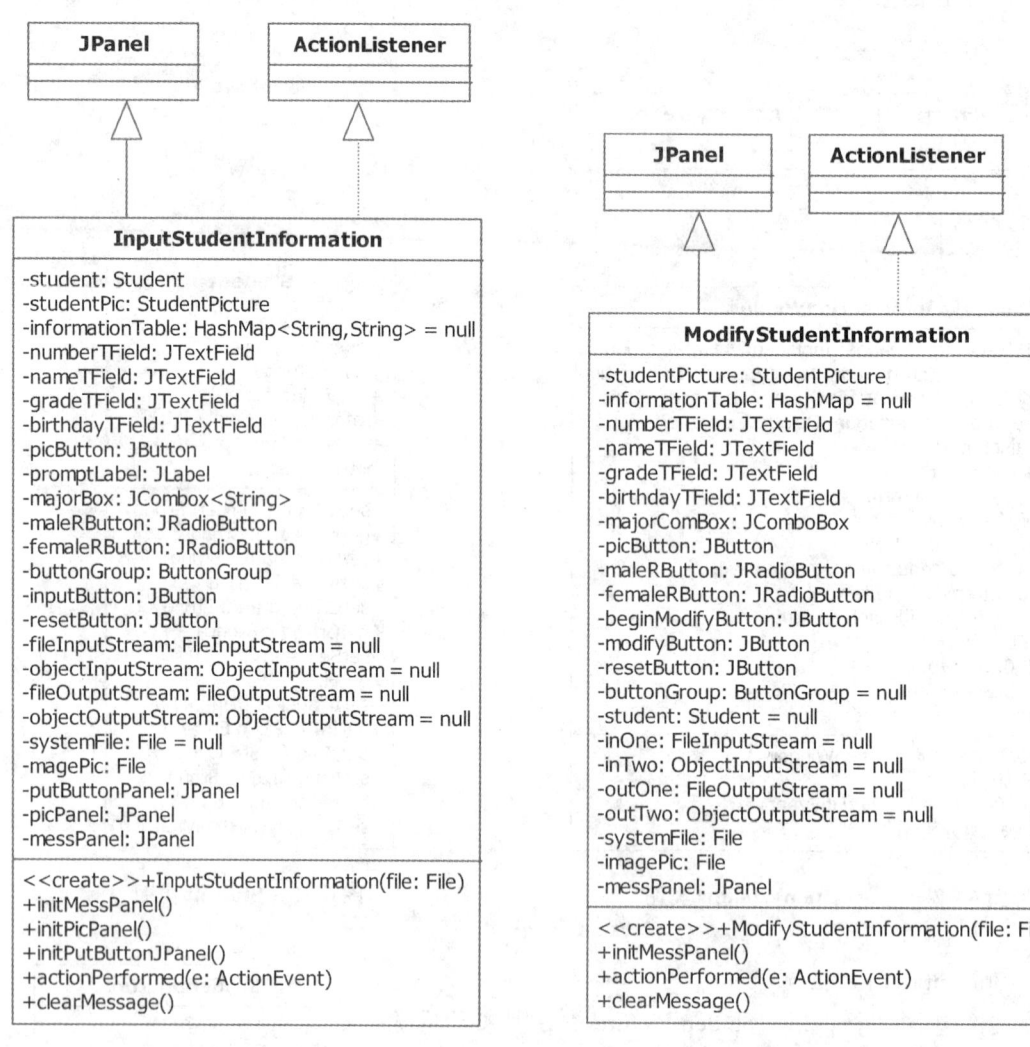

图 6-5　InputStudentInformation 类图　　　图 6-6　ModifyStudentInformation 类图

5. ModifyStudentInformation.java

该文件包含一个 public ModifyStudentInformation 类，主要完成修改学生信息功能。包含存放基本信息的列表 informationTable，输入学生学号的 numberTField 组件，显示学生其他信息的几个成员变量 nameTField、gradeTField、birthdayTField、majorComBox、maleRButton、femaleRButton 组件，以及用来将信息从文件读入的输入流对象 fileInputStream、objectInputStream 和将修改信息存入到文件输出流对象 fileOutputStream、objectOutputStream。构造方法 ModifyStudentInformation( ) 用来初始化修改学生信息界面，actionPerformed( ) 方法用来完成当点击开始修改按钮、修改按钮、选择照片按钮和在学号文本框中回车时执行的操作。clearMessage( ) 方法是将显示的信息清空。UML 如图 6 - 6 所示。

6. QueryStudentInformation. java

该文件包含一个 public QueryStudentInformation 类，主要完成查询功能。包含存放基本信息的列表 informationTable，输入需要查询学生的学号 numberTField 组件，显示学生其他信息的几个成员变量 nameTField、sexTField、majorTField、gradeTField、birthdayTField，以及用来将信息从文件中读出显示在界面的输入流对象 fileInputStream、objectInputStream。构造方法 QueryStudentInformation( ) 用来初始化查找信息界面，actionPerformed( ) 方法用来完成当点击查询按钮和在学号文本框中回车时执行的操作。clearMessage( ) 方法是将显示的信息清空。UML 如图 6 - 7 所示。

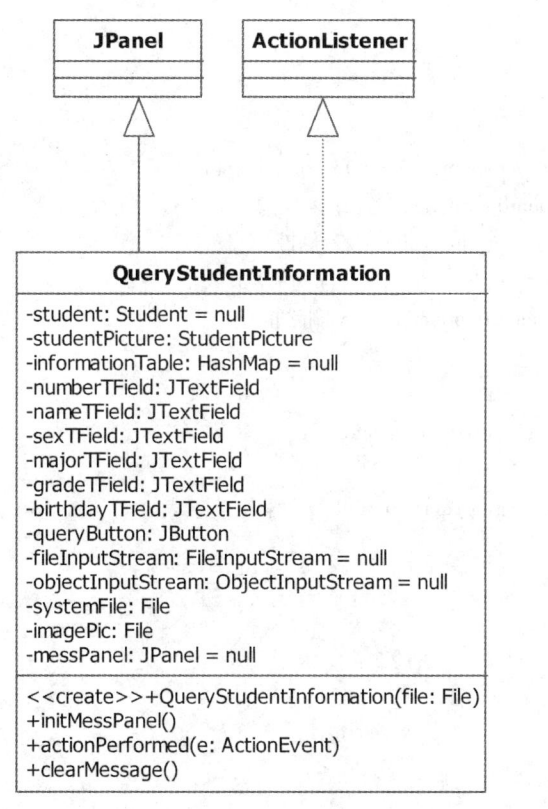

图 6 - 7　QueryStudentInformation 类图

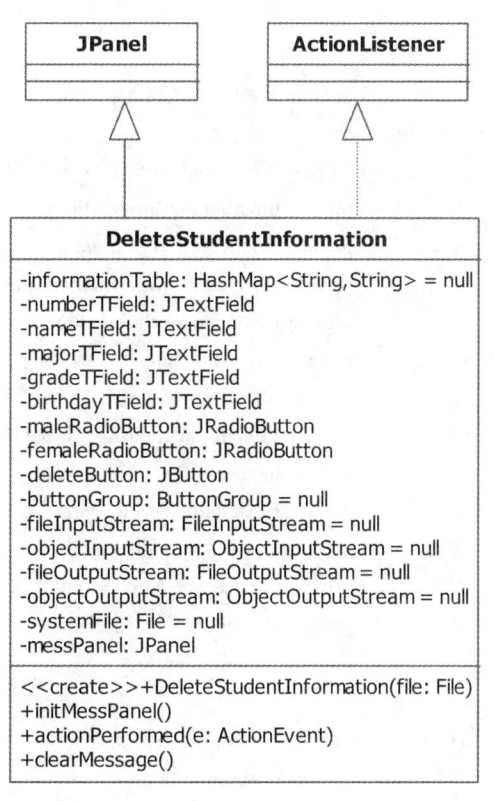

图 6 - 8　DeleteStudentInformation 类图

7. DeleteStudentInformation. java

该文件包含一个 public DeleteStudentInformation 类，主要完成删除功能。包含存放基本信息的列表 informationTable，输入需要删除学生的学号 numberTField 组件，显示学生其他信息的几个成员变量 nameTField、maleRadioButton、femaleRadioButton、majorTField、gradeTField、birthdayTField，以及用来将信息从文件中读出显示在界面的输入流对象 fileInputStream、objectInputStream 和用来将要删除的学生从文件中删除的输出流对象 fileOutputStream、objectOutputStream。构造方法 DeleteStudentInformation() 用来初始化删除信息界面，actionPerformed() 方法用来完成当点击删除按钮和在学号文本框中回车时执行的操作。clearMessage() 方法是将显示的信息清空。UML 如图 6-8 所示。

6.3.3　代码实现

1. InformationWindow.java

该文件完成系统的启动，显示主界面。

```
1    import java.awt.*;
2    import java.awt.event.*;
3    import javax.swing.*;
4    import java.io.*;
5    import java.util.HashMap;
6    /**
7     * 启动系统,完成主界面的初始化
8     */
9    public class InformationWindow extends JFrame implements ActionListener {
10       private InputStudentInformation inputStudentInformation;  // 录入信息
11       private ModifyStudentInformation modifyStudentInformation; // 修改信息
12       private QueryStudentInformation queryStudentInformation;  // 查询信息
13       private DeleteStudentInformation deleteStudentInformation; // 删除信息
14       private JMenuBar bar;  // 菜单栏
15       private JMenu fileMenu;
16       private JMenuItem inputItem, modifyItem, queryItem, deleteItem,
17           welcomeItem;  // 各菜单项
18       private HashMap<String, Student> informationTable = null; // 学生信息表
19       private File file = null;
20       private CardLayout card = null;
21       private JLabel label = null;
22       private JPanel pCenter;
23       /**
24        * 构造方法,初始化主界面
25        */
26       public InformationWindow() {
27           informationTable = new HashMap<String, Student>();
28           initFrame();
29           setVisible(true);
30           setBounds(100, 50, 380, 350);
31           setDefaultCloseOperation(JFrame.DO_NOTHING_ON_CLOSE);
```

```
32      addWindowListener( new WindowAdapter( ) {
33          public void windowClosing( WindowEvent e ) {
34              int n = JOptionPane.showConfirmDialog( null, "确认退出吗?", "确认对话框",
35                  JOptionPane.YES_NO_OPTION );
36              if ( n == JOptionPane.YES_OPTION )
37                  System.exit(0);
38          }
39      });
40      setResizable(false);
41      validate();
42  }
43  /**
44   * 初始化主界面的各个组件
45   */
46  public void initFrame( ) {
47      inputItem = new JMenuItem("录入");
48      modifyItem = new JMenuItem("修改");
49      queryItem = new JMenuItem("查询");
50      deleteItem = new JMenuItem("删除");
51      welcomeItem = new JMenuItem("欢迎界面");
52      bar = new JMenuBar();
53      fileMenu = new JMenu("菜单选项");
54      fileMenu.add(inputItem);
55      fileMenu.add(modifyItem);
56      fileMenu.add(queryItem);
57      fileMenu.add(deleteItem);
58      fileMenu.add(welcomeItem);
59      bar.add(fileMenu);
60      setJMenuBar(bar);
61      label = new JLabel("学籍管理系统", JLabel.CENTER);
62      label.setIcon(new ImageIcon("welcome.jpg"));
63      label.setFont(new Font("隶书", Font.BOLD, 36));
64      label.setHorizontalTextPosition(SwingConstants.CENTER);
65      label.setForeground(Color.red);
66      informationTable = new HashMap<String, Student>();
67      inputItem.addActionListener(this);
68      modifyItem.addActionListener(this);
69      queryItem.addActionListener(this);
70      deleteItem.addActionListener(this);
71      welcomeItem.addActionListener(this);
72      card = new CardLayout();
73      pCenter = new JPanel();
74      pCenter.setLayout(card);
```

```java
75          file = new File("基本信息.txt");
76          if (!file.exists()) {
77              try {
78                  FileOutputStream out = new FileOutputStream(file);
79                  ObjectOutputStream objectOut = new ObjectOutputStream(out);
80                  objectOut.writeObject(informationTable);
81                  objectOut.close();
82                  out.close();
83              } catch (IOException e) {
84              }
85          }
86          inputStudentInformation = new InputStudentInformation(file);
87          modifyStudentInformation = new ModifyStudentInformation(file);
88          queryStudentInformation = new QueryStudentInformation(file);
89          deleteStudentInformation = new DeleteStudentInformation(file);
90          pCenter.add("欢迎界面", label);
91          pCenter.add("录入界面", inputStudentInformation);
92          pCenter.add("删除界面", deleteStudentInformation);
93          pCenter.add("查询界面", queryStudentInformation);
94          pCenter.add("修改界面", modifyStudentInformation);
95          add(pCenter, BorderLayout.CENTER);
96      }
97      /**
98       * 当点击录入、修改、查询、删除、欢迎菜单项时执行的操作
99       */
100     public void actionPerformed(ActionEvent e) {
101         if (e.getSource() == inputItem) {
102             inputStudentInformation.clearMessage();
103             card.show(pCenter, "录入界面");
104         } else if (e.getSource() == modifyItem) {
105             modifyStudentInformation.clearMessage();
106             card.show(pCenter, "修改界面");
107         } else if (e.getSource() == queryItem) {
108             queryStudentInformation.clearMessage();
109             card.show(pCenter, "查询界面");
110         } else if (e.getSource() == deleteItem) {
111             card.show(pCenter, "删除界面");
112         } else if (e.getSource() == welcomeItem)
113             card.show(pCenter, "欢迎界面");
114     }
115     /**
116      * 启动系统
117      */
```

```
118      public static void main(String args[ ]){
119          new InformationWindow( );
120      }
121  }
```

2. Student.java

该文件主要定义学生基本信息,实现对象的序列化。

```
1   import java.io.File;
2   import java.io.Serializable;
3   /**
4    * Student 类,实现 Serializable 接口
5    */
6   public class Student implements Serializable{
7       private File imagePic;
8       private String number, name, sex, major, grade, birthday;
9   public void setNumber(String number){
10          this.number = number;
11      }
12  public String getNumber( ){
13          return number;
14      }
15  public void setName(String name){
16          this.name = name;
17      }
18  public String getName( ){
19          return name;
20      }
21  public void setGrade(String grade){
22          this.grade = grade;
23      }
24  public String getGrade( ){
25          return grade;
26      }
27  public void setSex(String sex){
28          this.sex = sex;
29      }
30  public String getSex( ){
31          return sex;
32      }
33  public void setImagePic(File image){
34          imagePic = image;
35      }
36  public File getImagePic( ){
37          return imagePic;
```

```
38        }
39        public String getMajor() {
40            return major;
41        }
42        public void setMajor(String major) {
43            this.major = major;
44        }
45        public String getBirthday() {
46            return birthday;
47        }
48        public void setBirthday(String birthday) {
49            this.birthday = birthday;
50        }
51    }
```

3. StudentPicture.java

该文件完成显示学生照片的功能。

```
1    import javax.swing.*;
2    import java.io.*;
3    import java.awt.*;
4    /**
5     * 显示学生照片
6     */
7    public class StudentPicture extends JPanel {
8        private File imageFile; // 存放图像文件的引用
9        private Toolkit tool;  // 负责创建 Image 对象
10       /**
11        * 构造方法,初始化对象
12        */
13       public StudentPicture() {
14           tool = getToolkit();
15           setBorder(BorderFactory.createLineBorder(Color.black));
16           setBorder(BorderFactory.createLoweredBevelBorder());
17       }
18       /**
19        * 设置 imageFile 对象
20        */
21       public void setImage(File imageFile) {
22           this.imageFile = imageFile;
23           repaint();
24       }
25       /**
26        * 显示照片
27        */
```

```
28      public void paintComponent(Graphics g) {
29          super.paintComponent(g);
30          int w = getBounds().width;
31          int h = getBounds().height;
32          if (imageFile ! = null) {
33              // 获得图像
34              Image image = tool.getImage(imageFile.getAbsolutePath());
35              g.drawImage(image, 0, 0, w, h, this); // 绘制图像
36          } else
37              g.drawString("没有选择照片图像!", 20, 30);
38      }
39  }
```

4. InputStudentInformation.java

该文件完成录入学生基本信息的功能。

```
1   import java.awt.*;
2   import java.awt.event.*;
3   import javax.swing.*;
4   import java.io.*;
5   import java.util.*;
6   import javax.swing.filechooser.*;
7   /**
8    * 录入学生信息类,负责提供录入学生信息的界面
9    */
10  public class InputStudentInformation extends JPanel implements ActionListener {
11      private Student student = null; // 学生对象
12      private StudentPicture studentPicture; // 学生图像
13      private HashMap<String, Student> informationTable;
14      private JTextField numberTField, nameTField, gradeTField, birthdayTField;
15      private JButton picButton; // 选择照片按钮
16      private JLabel promptLabel; //提示信息
17      private JComboBox<String> majorComBox; // 专业列表框
18      private JRadioButton maleRButton, femaleRButton; // 单选按钮,选择男或者女
19      private ButtonGroup buttonGroup = null;
20      private JButton inputButton, resetButton; // 输入按钮、重置按钮
21      private FileInputStream fileInputStream = null; // 文件输入流对象
22      private ObjectInputStream objectInputStream = null; // 对象输入流对象
23      private FileOutputStream fileOutputStream = null; // 文件输出流对象
24      private ObjectOutputStream objectOutputStream = null; // 对象输出流对象
25      private File systemFile, imagePic;
26      private JPanel putButtonPanel; //录入和重置按钮的容器
27      private JPanel messPanel, picPanel; //基本信息和照片的容器
28      /**
29       * 构造方法,初始化录入界面
```

```java
30      */
31      public InputStudentInformation(File file) {
32          systemFile = file;
33          studentPicture = new StudentPicture();
34          informationTable = new HashMap<String, Student>();
35          promptLabel = new JLabel("请输入以下信息：", JLabel.LEFT);
36          promptLabel.setFont(new Font("宋体", Font.BOLD, 13));//设置提示信息的字体
37          promptLabel.setForeground(Color.RED);
38          promptLabel.setOpaque(true);//设置为不透明
39          promptLabel.setBackground(new Color(216, 224, 231));//设置背景颜色
40          initMessPanel();
41          initPutButtonJPanel();
42          initPicPanel();
43          setLayout(new BorderLayout());
44          JSplitPane splitH = new JSplitPane(JSplitPane.HORIZONTAL_SPLIT,
45              messPanel, picPanel);
46          add(promptLabel, BorderLayout.NORTH);
47          add(splitH, BorderLayout.CENTER);
48          add(putButtonPanel, BorderLayout.SOUTH);
49          validate();
50      }
51      /**
52       * 初始化显示信息界面
53       */
54      public void initMessPanel() {
55          JLabel numberLabel = new JLabel("学号：", JLabel.CENTER);
56          numberTField = new JTextField(5);
57          Box numberBox = Box.createHorizontalBox();// 添加水平 box
58          numberBox.add(numberLabel);
59          numberBox.add(numberTField);
60          JLabel nameLabel = new JLabel("姓名：", JLabel.CENTER);
61          nameTField = new JTextField(5);
62          Box nameBox = Box.createHorizontalBox();// 添加水平 box
63          nameBox.add(nameLabel);
64          nameBox.add(nameTField);
65          JLabel sexLabel = new JLabel("性别：", JLabel.CENTER);
66          maleRButton = new JRadioButton("男", true);
67          femaleRButton = new JRadioButton("女", false);
68          buttonGroup = new ButtonGroup();
69          buttonGroup.add(maleRButton);
70          buttonGroup.add(femaleRButton);
71          Box sexBox = Box.createHorizontalBox();// 添加水平 box
72          sexBox.add(sexLabel);
```

```java
73      sexBox.add(maleRButton);
74      sexBox.add(femaleRButton);
75      JLabel majorLabel = new JLabel("专业:", JLabel.CENTER);
76      majorComBox = new JComboBox<String>();
77      try {
78          // 从文件中读入专业名称,加入到组合框中
79          FileReader fileReader = new FileReader("专业.txt");
80          BufferedReader bufferedReader = new BufferedReader(fileReader);
81          String s = null;
82          int i = 0;
83          while ((s = bufferedReader.readLine()) != null)
84              majorComBox.addItem(s);
85          fileReader.close();
86          bufferedReader.close();
87      } catch (IOException exp) {// 如有异常,将数学和计算机科学与技术加入组合框中
88          majorComBox.addItem("数学");
89          majorComBox.addItem("计算机科学与技术");
90      }
91      Box majorBox = Box.createHorizontalBox();// 添加水平 box
92      majorBox.add(majorLabel);
93      majorBox.add(majorComBox);
94      JLabel gradeLabel = new JLabel("年级:", JLabel.CENTER);
95      gradeTField = new JTextField(5);
96      Box gradeBox = Box.createHorizontalBox();// 添加水平 box
97      gradeBox.add(gradeLabel);
98      gradeBox.add(gradeTField);
99      JLabel birthdayLabel = new JLabel("出生:", JLabel.CENTER);
100     birthdayTField = new JTextField(5);
101     Box birthdayBox = Box.createHorizontalBox();// 添加水平 box
102     birthdayBox.add(birthdayLabel);
103     birthdayBox.add(birthdayTField);
104     Box boxH = Box.createVerticalBox();
105     boxH.add(numberBox);
106     boxH.add(nameBox);
107     boxH.add(sexBox);
108     boxH.add(majorBox);
109     boxH.add(gradeBox);
110     boxH.add(birthdayBox);
111     boxH.add(Box.createVerticalGlue());// 添加垂直胶水
112     messPanel = new JPanel();
113     messPanel.add(boxH);
114     }
115     /**
```

```java
116     * 初始化照片部分的界面
117     */
118    public void initPicPanel(){
119        JLabel picLabel = new JLabel("照片:", JLabel.LEFT);
120        picButton = new JButton("选择照片");
121        picButton.addActionListener(this);
122        picPanel = new JPanel();
123        picPanel.setLayout(new BorderLayout());
124        picPanel.add(picLabel, BorderLayout.NORTH);
125        picPanel.add(studentPicture, BorderLayout.CENTER);
126        picPanel.add(picButton, BorderLayout.SOUTH);
127    }
128    /**
129     * 初始化录入、重置按钮界面
130     */
131    public void initPutButtonJPanel(){
132        inputButton = new JButton("录入");
133        resetButton = new JButton("重置");
134        inputButton.addActionListener(this);    // 添加事件监听对象
135        resetButton.addActionListener(this);    // 添加事件监听对象
136        putButtonPanel = new JPanel();
137        putButtonPanel.setBackground(new Color(216, 224, 231));
138        putButtonPanel.add(inputButton);
139        putButtonPanel.add(resetButton);
140    }
141    /**
142     * 当点击录入按钮、重置按钮和选择照片按钮时执行的操作
143     */
144    public void actionPerformed(ActionEvent e){
145        if(e.getSource() == inputButton){    // 如果点击录入按钮
146            String number = "";
147            number = numberTField.getText();    // 读取学号信息
148            if(number.length() > 0){
149                try{    // 从文件中读取信息
150                    fileInputStream = new FileInputStream(systemFile);
151                    objectInputStream = new ObjectInputStream(fileInputStream);
152                    informationTable = (HashMap<String, Student>) objectInputStream.readObject();
153                    fileInputStream.close();
154                    objectInputStream.close();
155                }catch(Exception ee){}
156            }
157            if(informationTable.containsKey(number)){    // 如果该学号存在,显示警告信息
158                String warning = "该生基本信息已存在,请到修改页面修改!";
```

```
159            JOptionPane.showMessageDialog(this, warning, "警告",
160                JOptionPane.WARNING_MESSAGE);
161        } else { // 如果信息不存在，将输入的数据保存
162            String m = "确定录入该生信息?";
163            int ok = JOptionPane.showConfirmDialog(this, m, "确认",
164                JOptionPane.YES_NO_OPTION,
165                JOptionPane.INFORMATION_MESSAGE);
166            if (ok == JOptionPane.YES_OPTION) {
167                String name = nameTField.getText();
168                String major = (String)majorComBox.getSelectedItem();
169                String grade = gradeTField.getText();
170                String birth = birthdayTField.getText();
171                String sex = null;
172                if (maleRButton.isSelected())
173                    sex = maleRButton.getText();
174                else
175                    sex = femaleRButton.getText();
176                student = new Student();
177                student.setNumber(number);
178                student.setName(name);
179                student.setMajor(major);
180                student.setGrade(grade);
181                student.setBirthday(birth);
182                student.setSex(sex);
183                student.setImagePic(imagePic);
184 //System.out.println(number+" "+name+" "+major+" "+grade+" "+birth);
185                try { // 将信息保存在文件中
186                    fileOutputStream = new FileOutputStream(systemFile);
187                    objectOutputStream = new ObjectOutputStream(
188                        fileOutputStream);
189                    informationTable.put(number, student);
190                    objectOutputStream.writeObject(informationTable);
191                    objectOutputStream.close();
192                    fileOutputStream.close();
193                    clearMessage();
194                } catch (Exception ee) {
195                }
196            }
197        }
198    } else {
199        String warning = "必须要输入学号!";
200        JOptionPane.showMessageDialog(this, warning, "警告",
201            JOptionPane.WARNING_MESSAGE);
```

```
202              }
203          } else if (e.getSource() == picButton) {
204              JFileChooser chooser = new JFileChooser();
205              FileNameExtensionFilter filter = new FileNameExtensionFilter(
206                  "JPG & GIF Images", "jpg", "gif");
207              chooser.setFileFilter(filter);
208              int state = chooser.showOpenDialog(null);
209              File choiceFile = chooser.getSelectedFile();
210              if (choiceFile != null && state == JFileChooser.APPROVE_OPTION) {
211                  picButton.setText("重新选择");
212                  imagePic = choiceFile;
213                  studentPicture.setImage(imagePic);
214                  studentPicture.repaint(); // 显示照片
215              }
216          } else if (e.getSource() == resetButton) {
217              clearMessage();
218          }
219      }
220      /**
221       * 将显示的信息清空
222       */
223      public void clearMessage() {
224          numberTField.setText(null);
225          nameTField.setText(null);
226          gradeTField.setText(null);
227          birthdayTField.setText(null);
228          picButton.setText("选择照片");
229          imagePic = null;
230          studentPicture.setImage(imagePic);
231          studentPicture.repaint();
232      }
233  }
```

5. ModifyStudentInformation.java

该文件完成修改学生基本信息的功能。

```
1   import java.awt.*;
2   import java.awt.event.*;
3   import javax.swing.*;
4   import java.io.*;
5   import java.util.*;
6   import javax.swing.filechooser.*;
7   /**
8    * 修改学生信息类，负责提供修改学生信息的界面
9    */
```

```java
10  public class ModifyStudentInformation extends JPanel implements ActionListener {
11      private StudentPicture studentPicture;
12      private HashMap<String, Student> informationTable = null;
13      private JTextField numberTField, nameTField, gradeTField, birthdayTField;
14      private JComboBox majorComBox;
15      private JButton picButton;
16      private JRadioButton maleRButton, femaleRButton;
17      private JButton beginModifyButton, modifyButton, resetButton;
18      private ButtonGroup buttonGroup = null;
19      private Student student = null;
20      private FileInputStream inOne = null;
21      private ObjectInputStream inTwo = null;
22      private FileOutputStream outOne = null;
23      private ObjectOutputStream outTwo = null;
24      private File systemFile, imagePic;
25      private JPanel messPanel; // 显示基本信息的容器
26      /**
27       * 构造方法,初始化修改学生信息界面
28       */
29      public ModifyStudentInformation(File file) {
30          systemFile = file;
31          studentPicture = new StudentPicture();
32          informationTable = new HashMap<String, Student>();
33          initMessPanel();
34          picButton = new JButton("选择照片");
35          picButton.addActionListener(this);
36          JPanel picPanel = new JPanel(); // 选择学生照片的容器
37          picPanel.add(picButton);
38          modifyButton = new JButton("修改");
39          resetButton = new JButton("重置");
40          modifyButton.addActionListener(this); // 添加事件监听对象
41          resetButton.addActionListener(this); // 添加事件监听对象
42          JPanel putButtonJPanel = new JPanel();
43          putButtonJPanel.add(modifyButton);
44          putButtonJPanel.add(resetButton);
45          setLayout(new BorderLayout());
46          JSplitPane splitV = new JSplitPane(JSplitPane.VERTICAL_SPLIT, picPanel,
47              studentPicture);
48          JSplitPane splitH = new JSplitPane(JSplitPane.HORIZONTAL_SPLIT,
49              messPanel, splitV);
50          add(splitH, BorderLayout.CENTER);
51          add(putButtonJPanel, BorderLayout.SOUTH);
52          validate();
```

```
53          }
54      /**
55       * 初始化显示学生信息部分界面
56       */
57      public void initMessPanel() {
58          JLabel numberLabel = new JLabel("(旧)学号:", JLabel.CENTER);
59          numberTField = new JTextField(5);
60          beginModifyButton = new JButton("开始修改");
61          beginModifyButton.addActionListener(this);
62          numberTField.addActionListener(this);
63          Box numberBox = Box.createHorizontalBox(); // 建立水平 box
64          numberBox.add(numberLabel);
65          numberBox.add(numberTField);
66          numberBox.add(beginModifyButton);
67          JLabel nameLabel = new JLabel("(新)姓名:", JLabel.CENTER);
68          nameTField = new JTextField(5);
69          Box nameBox = Box.createHorizontalBox(); // 建立水平 box
70          nameBox.add(nameLabel);
71          nameBox.add(nameTField);
72          JLabel sexLabel = new JLabel("(新)性别:", JLabel.CENTER);
73          maleRButton = new JRadioButton("男", true);
74          femaleRButton = new JRadioButton("女", false);
75          buttonGroup = new ButtonGroup();
76          buttonGroup.add(maleRButton);
77          buttonGroup.add(femaleRButton);
78          Box sexBox = Box.createHorizontalBox(); // 建立水平 box
79          sexBox.add(sexLabel);
80          sexBox.add(maleRButton);
81          sexBox.add(femaleRButton);
82          JLabel majorLabel = new JLabel("(新)专业:", JLabel.CENTER);
83          majorComBox = new JComboBox<String>();
84          try {
85              // 从文件中读入专业名称,加入到组合框中
86              FileReader fileReader = new FileReader("专业.txt");
87              BufferedReader bufferedReader = new BufferedReader(fileReader);
88              String s = null;
89              int i = 0;
90              while ((s = bufferedReader.readLine()) != null)
91                  majorComBox.addItem(s);
92              fileReader.close();
93              bufferedReader.close();
94          } catch (IOException exp) {// 如有异常,将数学和计算机科学与技术加入组合框中
95              majorComBox.addItem("数学");
```

```java
96              majorComBox.addItem("计算机科学与技术");
97          }
98          Box majorBox = Box.createHorizontalBox(); // 建立水平 box
99          majorBox.add(majorLabel);
100         majorBox.add(majorComBox);
101         JLabel gradeLabel = new JLabel("(新)年级:", JLabel.CENTER);
102         gradeTField = new JTextField(5);
103         Box gradeBox = Box.createHorizontalBox(); // 建立水平 box
104         gradeBox.add(gradeLabel);
105         gradeBox.add(gradeTField);
106         JLabel birthdayLabel = new JLabel("(新)出生:", JLabel.CENTER);
107         birthdayTField = new JTextField(5);
108         Box birthdayBox = Box.createHorizontalBox(); // 建立水平 box
109         birthdayBox.add(birthdayLabel);
110         birthdayBox.add(birthdayTField);
111         Box boxH = Box.createVerticalBox(); // 建立垂直 box
112         boxH.add(numberBox);
113         boxH.add(nameBox);
114         boxH.add(sexBox);
115         boxH.add(majorBox);
116         boxH.add(gradeBox);
117         boxH.add(birthdayBox);
118         boxH.add(Box.createVerticalGlue()); // 添加垂直胶水
119         messPanel = new JPanel();
120         messPanel.add(boxH);
121     }
122     /**
123      * 当点击开始修改按钮、修改按钮、选择照片按钮和在学号文本框中按回车时执行的操作
124      */
125     public void actionPerformed(ActionEvent e) {
126         if (e.getSource() == beginModifyButton || e.getSource() == numberTField) {
127             String number = "";
128             imagePic = null;
129             student = null;
130             number = numberTField.getText();
131             if (number.length() > 0) {// 输入了学号
132                 try {
133                     inOne = new FileInputStream(systemFile);
134                     inTwo = new ObjectInputStream(inOne);
135                     informationTable = (HashMap<String, Student>) inTwo
136                         .readObject();
137                     inOne.close();
138                     inTwo.close();
```

```
139                } catch (Exception ee) {
140                }
141                if (informationTable.containsKey(number)) {// 该学生存在
142                    modifyButton.setEnabled(true);
143                    picButton.setEnabled(true);
144                    student = informationTable.get(number);
145                    nameTField.setText(student.getName());
146                    if (student.getSex().equals("男"))
147                        maleRButton.setSelected(true);
148                    else
149                        femaleRButton.setSelected(true);
150                    gradeTField.setText(student.getGrade());
151                    birthdayTField.setText(student.getBirthday());
152                    imagePic = student.getImagePic();
153                    studentPicture.setImage(imagePic);
154                    studentPicture.repaint();
155                } else {// 输入的学号不存在
156                    modifyButton.setEnabled(false);
157                    picButton.setEnabled(false);
158                    String warning = "该学号不存在!";
159                    JOptionPane.showMessageDialog(this, warning, "警告",
160                        JOptionPane.WARNING_MESSAGE);
161                    clearMessage();
162                }
163            } else {// 没有输入学号
164                modifyButton.setEnabled(false);
165                picButton.setEnabled(false);
166                String warning = "请输入学号!";
167                JOptionPane.showMessageDialog(this, warning, "警告",
168                    JOptionPane.WARNING_MESSAGE);
169                clearMessage();
170            }
171        } else if (e.getSource() == modifyButton) {// 按下修改按钮
172            String number = "";
173            number = numberTField.getText();
174            if (number.length() > 0) {// 输入了学号
175                try {
176                    inOne = new FileInputStream(systemFile);
177                    inTwo = new ObjectInputStream(inOne);
178                    informationTable = (HashMap<String, Student>) inTwo
179                        .readObject();
180                    inOne.close();
181                    inTwo.close();
```

```java
182                 } catch (Exception ee) {
183                 }
184                 if (informationTable.containsKey(number)) {// 该学号存在，就修改
185                     String question = "确定修改该生的基本信息吗?";
186                     JOptionPane.showMessageDialog(this, question, "警告",
187                         JOptionPane.QUESTION_MESSAGE);
188                     String m = "基本信息将被修改!";
189                     int ok = JOptionPane.showConfirmDialog(this, m, "确认",
190                         JOptionPane.YES_NO_OPTION,
191                         JOptionPane.INFORMATION_MESSAGE);
192                     if (ok == JOptionPane.YES_OPTION) {// 修改，获得修改后的信息
193                         String name = nameTField.getText();
194                         if (name.length() == 0)
195                             name = student.getName();
196                         String sex = null;
197                         if (maleRButton.isSelected())
198                             sex = maleRButton.getText();
199                         else
200                             sex = femaleRButton.getText();
201                         String major = (String) majorComBox.getSelectedItem();
202                         if (major == null)
203                             major = student.getMajor();
204                         String grade = gradeTField.getText();
205                         if (grade.length() == 0)
206                             grade = student.getGrade();
207                         String birth = birthdayTField.getText();
208                         if (birth.length() == 0)
209                             birth = student.getBirthday();
210                         if (imagePic == null)
211                             imagePic = student.getImagePic();
212                         Student stu = new Student();
213                         stu.setNumber(number);
214                         stu.setName(name);
215                         stu.setMajor(major);
216                         stu.setGrade(grade);
217                         stu.setBirthday(birth);
218                         stu.setSex(sex);
219                         stu.setImagePic(imagePic);
220                         try {// 保存修改后的信息
221                             outOne = new FileOutputStream(systemFile);
222                             outTwo = new ObjectOutputStream(outOne);
223                             informationTable.put(number, stu);
224                             outTwo.writeObject(informationTable);
```

```java
225                    outTwo.close();
226                    outOne.close();
227                    clearMessage();
228                } catch(Exception ee){}
229                modifyButton.setEnabled(false);
230                picButton.setEnabled(false);
231            } else if(ok == JOptionPane.NO_OPTION){
232                modifyButton.setEnabled(true);
233                picButton.setEnabled(true);
234            }
235        } else {// 该学号不存在
236            String warning = "没有该学号学生的基本信息!";
237            JOptionPane.showMessageDialog(this, warning, "警告",
238                JOptionPane.WARNING_MESSAGE);
239            modifyButton.setEnabled(false);
240            picButton.setEnabled(false);
241            clearMessage();
242        }
243    } else {// 学号为空
244        String warning = "必须要输入学号!";
245        JOptionPane.showMessageDialog(this, warning, "警告",
246            JOptionPane.WARNING_MESSAGE);
247        modifyButton.setEnabled(false);
248        clearMessage();
249        picButton.setEnabled(false);
250    }
251 } else if(e.getSource() == picButton){
252    JFileChooser chooser = new JFileChooser();
253    FileNameExtensionFilter filter = new FileNameExtensionFilter(
254        "JPG & GIF Images", "jpg", "gif");
255    chooser.setFileFilter(filter);
256    int state = chooser.showOpenDialog(null);
257    File choiceFile = chooser.getSelectedFile();
258    if(choiceFile != null && state == JFileChooser.APPROVE_OPTION){
259        picButton.setText("重新选择");
260        imagePic = choiceFile;
261        studentPicture.setImage(imagePic);
262        studentPicture.repaint();
263    }
264 } else if(e.getSource() == resetButton){
265    clearMessage();
266    modifyButton.setEnabled(false);
267    picButton.setEnabled(false);
```

```
268            }
269        }
270        /**
271         * 将显示的信息清空
272         */
273        public void clearMessage() {
274            numberTField.setText(null);
275            nameTField.setText(null);
276            gradeTField.setText(null);
277            birthdayTField.setText(null);
278            picButton.setText("选择");
279            imagePic = null;
280            studentPicture.setImage(imagePic);
281            studentPicture.repaint();
282        }
283    }
```

6. QueryStudentInformation.java

该文件完成查询学生基本信息的功能。

```
1    import java.awt.*;
2    import java.awt.event.*;
3    import javax.swing.*;
4    import java.io.*;
5    import java.util.*;
6    import javax.swing.filechooser.*;
7    /**
8     * 查询学生信息类, 负责提供查询学生信息的界面
9     */
10   public class QueryStudentInformation extends JPanel implements ActionListener {
11       private Student student = null; // 学生对象
12       private StudentPicture studentPicture; // 学生图像
13       private HashMap<String, Student> informationTable = null;
14       private JTextField numberTField, nameTField, sexTField, majorTField,
15           gradeTField, birthdayTField;
16       private JButton queryButton; // 查询按钮
17       private FileInputStream fileInputStream = null; // 文件输入流对象
18       private ObjectInputStream objectInputStream = null; // 对象输入流对象
19       private File systemFile, imagePic;
20       private JPanel messPanel = null; // 显示基本信息的容器
21       /**
22        * 构造方法, 初始化查询学生信息界面
23        */
24       public QueryStudentInformation(File file) {
25           systemFile = file;
```

```java
26        studentPicture = new StudentPicture();
27        informationTable = new HashMap<String, Student>();
28        JLabel numberLabel = new JLabel("输入要查询的学生学号：", JLabel.CENTER);
29        numberTField = new JTextField(10);
30        queryButton = new JButton("查询");
31        queryButton.addActionListener(this);
32        numberTField.addActionListener(this);
33        Box numberBox = Box.createHorizontalBox();  // 添加水平 box
34        numberBox.add(numberLabel);
35        numberBox.add(numberTField);
36        numberBox.add(queryButton);
37        initMessPanel();
38        JLabel picLabel = new JLabel("照片：", JLabel.LEFT);
39        JPanel picPanel = new JPanel();
40        picPanel.setLayout(new BorderLayout());
41        picPanel.add(picLabel, BorderLayout.NORTH);
42        picPanel.add(studentPicture, BorderLayout.CENTER);
43        JSplitPane splitH = new JSplitPane(JSplitPane.HORIZONTAL_SPLIT,
44            messPanel, picPanel);
45        setLayout(new BorderLayout());
46        add(numberBox, BorderLayout.NORTH);
47        add(splitH, BorderLayout.CENTER);
48        validate();
49     }
50     /**
51      * 初始化显示学生信息部分界面
52      */
53     public void initMessPanel() {
54        JLabel nameLabel = new JLabel("姓名：", JLabel.CENTER);
55        nameTField = new JTextField(10);
56        nameTField.setEditable(false);
57        Box nameBox = Box.createHorizontalBox();  // 添加水平 box
58        nameBox.add(nameLabel);
59        nameBox.add(nameTField);
60        JLabel sexLabel = new JLabel("性别：", JLabel.CENTER);
61        sexTField = new JTextField(10);
62        sexTField.setEditable(false);
63        Box sexBox = Box.createHorizontalBox();  // 添加水平 box
64        sexBox.add(sexLabel);
65        sexBox.add(sexTField);
66        JLabel majorLabel = new JLabel("专业：", JLabel.CENTER);
67        majorTField = new JTextField(10);
68        majorTField.setEditable(false);
```

```
69              Box majorBox = Box.createHorizontalBox();  // 添加水平 box
70              majorBox.add(majorLabel);
71              majorBox.add(majorTField);
72              JLabel gradeLabel = new JLabel("年级:", JLabel.CENTER);
73              gradeTField = new JTextField(10);
74              gradeTField.setEditable(false);
75              Box gradeBox = Box.createHorizontalBox();  // 添加水平 box
76              gradeBox.add(gradeLabel);
77              gradeBox.add(gradeTField);
78              JLabel birthdayLabel = new JLabel("出生:", JLabel.CENTER);
79              birthdayTField = new JTextField(10);
80              birthdayTField.setEditable(false);
81              Box birthdayBox = Box.createHorizontalBox();  // 添加水平 box
82              birthdayBox.add(birthdayLabel);
83              birthdayBox.add(birthdayTField);
84              Box boxH = Box.createVerticalBox();
85              boxH.add(nameBox);
86              boxH.add(sexBox);
87              boxH.add(majorBox);
88              boxH.add(gradeBox);
89              boxH.add(birthdayBox);
90              boxH.add(Box.createVerticalGlue());  // 添加垂直胶水
91              messPanel = new JPanel();
92              messPanel.add(boxH);
93          }
94          /**
95           * 当点击查询按钮和在学号文本框中按回车时执行的操作
96           */
97          public void actionPerformed(ActionEvent e) {
98              if (e.getSource() == queryButton || e.getSource() == numberTField) {
99                  String number = "";
100                 number = numberTField.getText();
101                 if (number.length() > 0) {
102                     try {
103                         fileInputStream = new FileInputStream(systemFile);
104                         objectInputStream = new ObjectInputStream(fileInputStream);
105                         informationTable = (HashMap<String, Student>) objectInputStream
106                             .readObject();
107                         fileInputStream.close();
108                         objectInputStream.close();
109                     } catch (Exception ee) {
110                     }
111                     if (informationTable.containsKey(number)) {
```

```
112              student = informationTable.get(number);
113              nameTField.setText(student.getName());
114              majorTField.setText(student.getMajor());
115              gradeTField.setText(student.getGrade());
116              birthdayTField.setText(student.getBirthday());
117              sexTField.setText(student.getSex());
118              studentPicture.setImage(student.getImagePic());
119              studentPicture.repaint();
120           } else {
121              String warning = "该学号不存在!";
122              JOptionPane.showMessageDialog(this, warning, "警告",
123                    JOptionPane.WARNING_MESSAGE);
124              clearMessage();
125           }
126         } else {
127            String warning = "必须要输入学号!";
128            JOptionPane.showMessageDialog(this, warning, "警告",
129                  JOptionPane.WARNING_MESSAGE);
130         }
131       }
132    }
133    /**
134     * 将显示的信息清空
135     */
136    public void clearMessage() {
137       numberTField.setText(null);
138       nameTField.setText(null);
139       gradeTField.setText(null);
140       sexTField.setText(null);
141       birthdayTField.setText(null);
142       majorTField.setText(null);
143       studentPicture.setImage(null);
144       studentPicture.repaint();
145    }
146 }
```

7. DeleteStudentInformation.java

该文件完成删除学生基本信息的功能。

```
1   import java.awt.*;
2   import java.awt.event.*;
3   import javax.swing.*;
4   import java.io.*;
5   import java.util.*;
6   /**
```

```java
7       * 删除学生信息类，负责提供删除学生信息的界面
8       */
9      public class DeleteStudentInformation extends JPanel implements ActionListener {
10         private HashMap<String, Student> informationTable = null; // 基本信息表
11         private JTextField numberTField, nameTField, majorTField, gradeTField,
12             birthdayTField;
13         private JRadioButton maleRadioButton, femaleRadioButton;
14         private JButton deleteButton; // 删除按钮
15         private ButtonGroup buttonGroup = null;
16         private FileInputStream fileInputStream = null;
17         private ObjectInputStream objectInputStream = null;
18         private FileOutputStream fileOutputStream = null;
19         private ObjectOutputStream objectOutputStream = null;
20         private File systemFile = null;
21         private JPanel messPanel; // 显示基本信息的容器
22         /**
23          * 构造方法，初始化删除学生信息界面
24          */
25         public DeleteStudentInformation(File file) {
26             systemFile = file;
27             informationTable = new HashMap<String, Student>();
28             initMessPanel();
29             add(messPanel);
30             validate();
31         }
32         /**
33          * 初始化显示学生信息部分界面
34          */
35
36         public void initMessPanel() {
37             JLabel deleteLabel = new JLabel("学号：", JLabel.CENTER);
38             numberTField = new JTextField(10);
39             deleteButton = new JButton("删除");
40             deleteButton.addActionListener(this);
41             numberTField.addActionListener(this);
42             Box box1 = Box.createHorizontalBox();
43             box1.add(deleteLabel);
44             box1.add(numberTField);
45             box1.add(deleteButton);
46             JLabel nameLabel = new JLabel("姓名：", JLabel.CENTER);
47             nameTField = new JTextField(10);
48             nameTField.setEditable(false);
49             Box box2 = Box.createHorizontalBox();
```

```java
50          box2.add(nameLabel);
51          box2.add(nameTField);
52          JLabel sexLabel = new JLabel("性别: ", JLabel.CENTER);
53          maleRadioButton = new JRadioButton("男", false);
54          femaleRadioButton = new JRadioButton("女", false);
55          buttonGroup = new ButtonGroup();
56          buttonGroup.add(maleRadioButton);
57          buttonGroup.add(femaleRadioButton);
58          Box box3 = Box.createHorizontalBox();
59          box3.add(sexLabel);
60          box3.add(maleRadioButton);
61          box3.add(femaleRadioButton);
62          JLabel majorLabel = new JLabel("专业: ", JLabel.CENTER);
63          majorTField = new JTextField(10);
64          majorTField.setEditable(false);
65          Box box4 = Box.createHorizontalBox();
66          box4.add(majorLabel);
67          box4.add(majorTField);
68          JLabel gradeLabel = new JLabel("年级: ", JLabel.CENTER);
69          gradeTField = new JTextField(10);
70          gradeTField.setEditable(false);
71          Box box5 = Box.createHorizontalBox();
72          box5.add(gradeLabel);
73          box5.add(gradeTField);
74          JLabel birthdayLabel = new JLabel("出生: ", JLabel.CENTER);
75          birthdayTField = new JTextField(10);
76          birthdayTField.setEditable(false);
77          Box box6 = Box.createHorizontalBox();
78          box6.add(birthdayLabel);
79          box6.add(birthdayTField);
80          Box boxH = Box.createVerticalBox();
81          boxH.add(box1);
82          boxH.add(box2);
83          boxH.add(box3);
84          boxH.add(box4);
85          boxH.add(box5);
86          boxH.add(box6);
87          boxH.add(Box.createVerticalGlue());
88          messPanel = new JPanel();
89          messPanel.add(boxH);
90      }
91
92      /**
```

```
 93             *  当点击删除按钮和在学号文本框中回车时执行的操作
 94             */
 95            public void actionPerformed(ActionEvent e) {
 96               if (e.getSource() == deleteButton || e.getSource() == numberTField) {
 97                  String number = "";
 98                  number = numberTField.getText();
 99                  if (number.length() > 0) {
100                     try {
101                        fileInputStream = new FileInputStream(systemFile);
102                        objectInputStream = new ObjectInputStream(fileInputStream);
103                        informationTable = (HashMap) objectInputStream.readObject();
104                        fileInputStream.close();
105                        objectInputStream.close();
106                     } catch (Exception ee) {
107                     }
108                     if (informationTable.containsKey(number)) {
109                        Student stu = (Student) informationTable.get(number);
110                        nameTField.setText(stu.getName());
111                        majorTField.setText(stu.getMajor());
112                        gradeTField.setText(stu.getGrade());
113                        birthdayTField.setText(stu.getBirthday());
114                        if (stu.getSex().equals("男"))
115                           maleRadioButton.setSelected(true);
116                        else
117                           femaleRadioButton.setSelected(true);
118                        String m = "确定要删除该学号及全部信息吗?";
119                        int ok = JOptionPane.showConfirmDialog(this, m, "确认",
120                           JOptionPane.YES_NO_OPTION,
121                           JOptionPane.QUESTION_MESSAGE);
122                        if (ok == JOptionPane.YES_OPTION) {
123                           informationTable.remove(number);
124                           try {
125                              fileOutputStream = new FileOutputStream(systemFile);
126                              objectOutputStream = new ObjectOutputStream(
127                                 fileOutputStream);
128                              objectOutputStream.writeObject(informationTable);
129                              objectOutputStream.close();
130                              fileOutputStream.close();
131                              clearMessage();
132                           } catch (Exception ee) {
133                           }
134                        } else if (ok == JOptionPane.NO_OPTION) {
135                           clearMessage();
```

```
136                }
137            } else {
138                String warning = "该学号不存在!";
139                JOptionPane.showMessageDialog(this, warning, "警告",
140                        JOptionPane.WARNING_MESSAGE);
141                numberTField.setText(null);
142            }
143        } else {
144            String warning = "必须要输入学号!";
145            JOptionPane.showMessageDialog(this, warning, "警告",
146                    JOptionPane.WARNING_MESSAGE);
147        }
148    }
149 }
150 /**
151  * 将显示的信息清空
152  */
153 public void clearMessage() {
154     numberTField.setText(null);
155     nameTField.setText(null);
156     majorTField.setText(null);
157     gradeTField.setText(null);
158     birthdayTField.setText(null);
159   }
160 }
```

6.3.4 系统发布

本系统的发布利用 jar.exe 命令进行打包,把系统中所涉及的类压缩成一个 jar 文件。发布程序分为四个步骤。

第一步:配置清单文件。

使用文本编辑器编写清单文件 InformationWindow.MF。清单文件说明 JDK 的版本号以及主类的名字,需要把清单文件与类以及图片等文件保存在同一目录下。如图 6-9 所示。

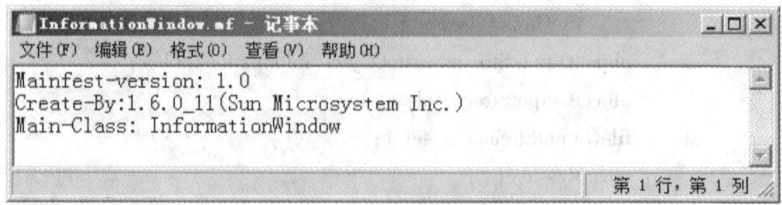

图 6-9 编写清单文件

在编辑该文件时,需要注意几个问题:①每行冒号后面有一个空格,例如 Mainfest – version:与 1.0 之间有空格;②注意大小写一致;③最后一行(Main – Class:InformationWindow)需要回车换行。

第二步:生成 jar 文件。

在命令提示符下进入该项目的 bin 目录,利用 jar.exe 命令生成 jar 文件。

jar cfmStudentInformation.jar InformationWindow.mf *.class

在上面的 jar 命令中,参数 c 表示要创建一个新的 jar 文件,f 表示要生成的 jar 文件名(StudentInformation.jar),m 表示清单文件的名字(InformationWindow.mf)。如图 6 – 10 所示。

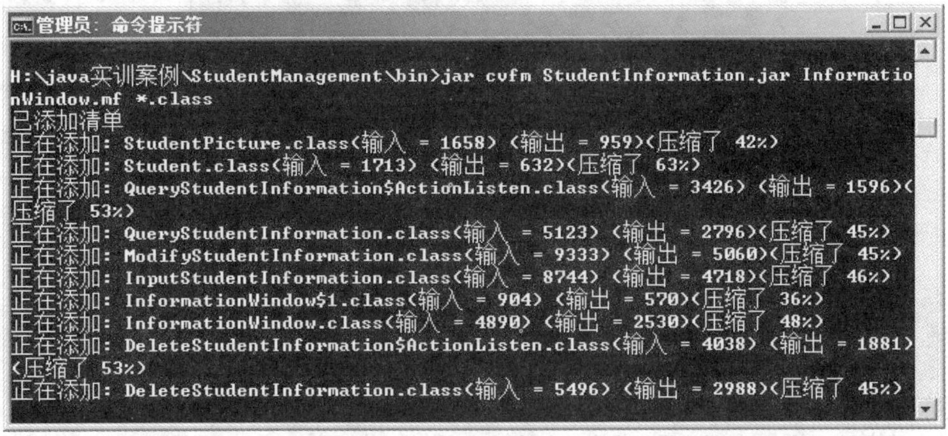

图 6 – 10 生成 jar 文件

第三步:编写 bat 文件。

编写一个批处理 StudentInformation.bat,可用于自动启动程序。如图 6 – 11 所示。

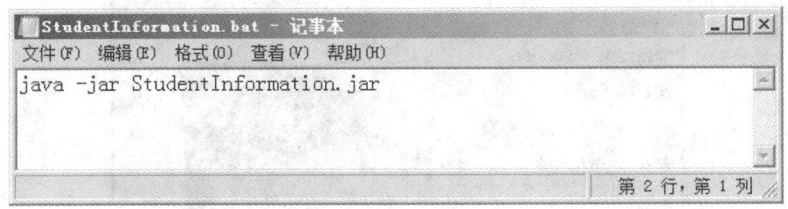

图 6 – 11 编辑 bat 文件

第四步:启动系统。

双击 StudentInformation.bat 启动程序。

6.3.5 系统测试

通过 jar 文件发布了学籍管理系统,双击 StudentInformation.bat 启动该系统。对系统进行了详细的测试。

1. 主页面

打开系统后，将出现如图 6-12 所示的欢迎界面。

图 6-12　主界面

2. 录入学生信息

点击"菜单选项"，选择"录入"将打开录入界面，如图 6-13 所示。录入完后点击"录入"，出现确认对话框，点击"是"将信息保存在"学生信息.txt 文件"中。如果输入的学号存在，将会提示该学号存在。

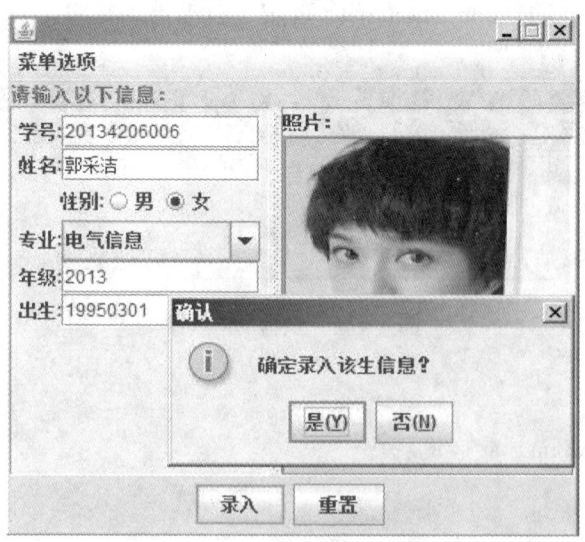

图 6-13　录入学生信息

3. 修改学生信息

点击"菜单选项",选择"修改"将打开修改界面,如图 6-14 所示。输入要修改的学生学号,点击"开始修改",如果学号不存在,将提示不存在,否则将会显示该学生的其他基本信息。修改完后点击"修改",出现确认对话框,点击"确定"保存学生信息。

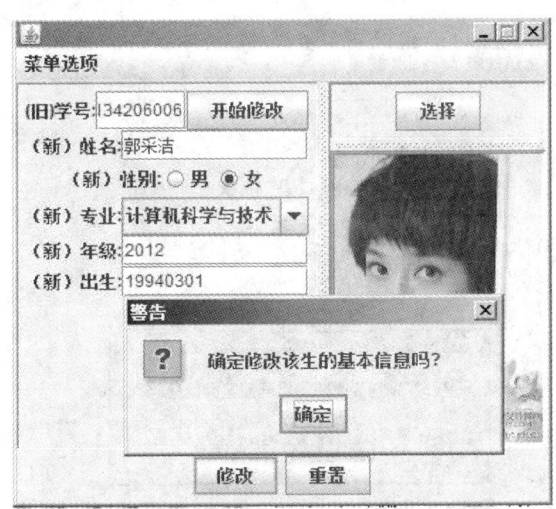

图 6-14　修改学生信息

4. 查询学生信息

点击"菜单选项",选择"查询"将打开查询界面。输入要查询的学生学号,点击"查询",如果学号不存在,将提示不存在,否则将会显示该学生的其他基本信息。界面如图 6-15 所示。

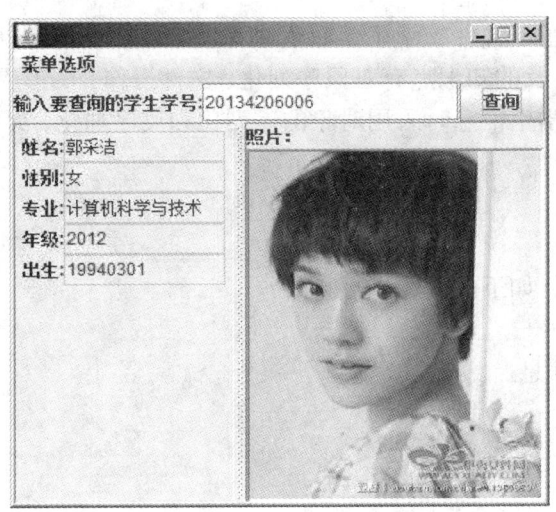

图 6-15　查询学生信息

5. 删除学生信息

点击"菜单选项",选择"删除"将打开删除界面,如图 6-16 所示。输入要删除的学生学号,点击"删除",如果学号存在,将会显示该学生的其他基本信息同时打开确认对话框,点击"是",该生的信息将从文件中删除。如果学号不存在,将提示不存在,

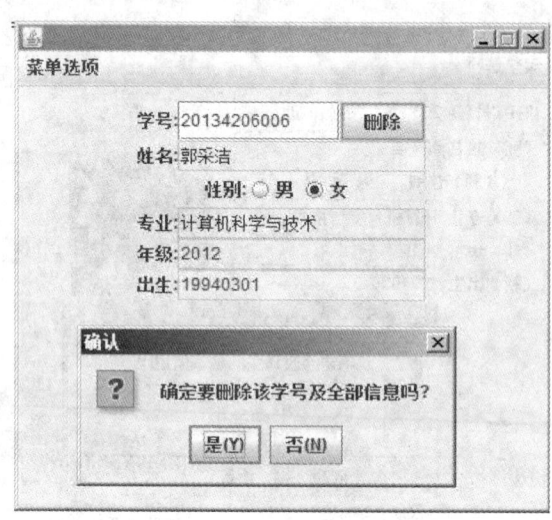

图 6-16 删除学生信息

6.4 项目小结与拓展

6.4.1 项目小结

本项目实现了一个基于文件的学生学籍管理系统,主要功能包括学生基本信息的录入、查询、修改、删除等,涉及的知识点有对象序列化、文件操作、图形界面编程、集合等。在具体实现过程中注意存储学生信息时采用对象的序列化和反序列化,界面布局设计和事件监听处理。

6.4.2 项目拓展

本项目可以进一步从如下两方面进行拓展:
(1)美化界面。
(2)打印学生基本信息。

第 7 章

简单聊天室设计与开发

7.1 项目描述

移动互联网技术的广泛应用为人们提供了非常便捷的沟通方式。QQ、微信和微博等是便携式聊天系统的典型代表,它们的功能非常强大。

本系统利用 TCP/IP 协议的 Socket 和 ServerSocket 类,实现基于 C/S 模式的简易聊天室。该聊天室包括服务器和客户端两部分,服务器端是客户端发送信息的中转站;客户端之间可以直接通信,也可以与服务器通信。聊天结束后客户端断开与服务器的连接,服务器也可以停止信息中转服务。

7.2 项目目标

7.2.1 系统功能

本系统采用 C/S 软件架构,服务器端负责监听客户端发来的信息,并把信息转发到对应的客户端;客户端可以向指定的人发送信息,并接受其他客户端发来的信息。服务器的功能如图 7-1 所示,服务器端的主界面如图 7-2 所示;客户端的功能如图 7-3 所示,客户端的主界面如图 7-4 所示。

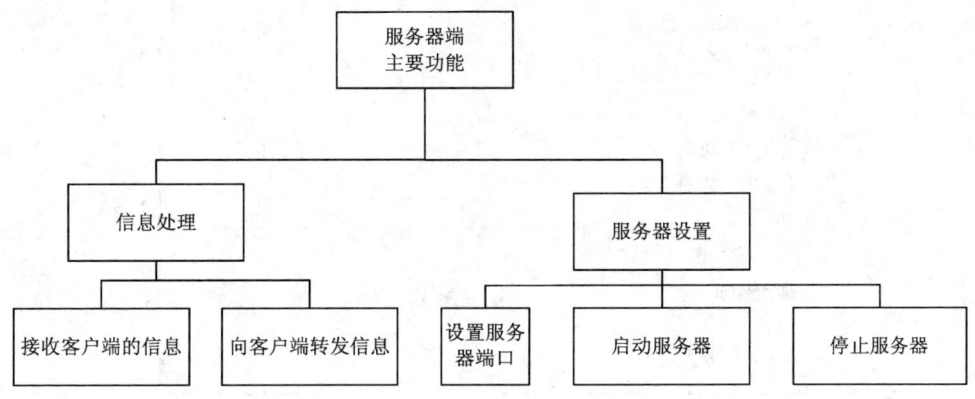

图 7-1 服务器端功能

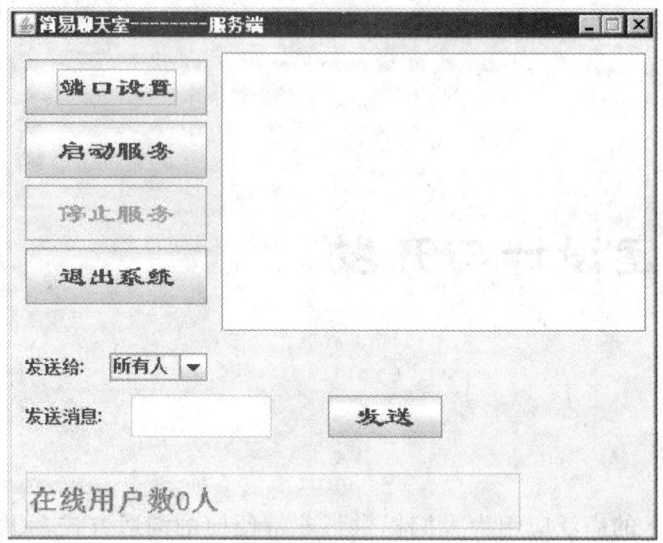

图 7-2 服务器端的界面

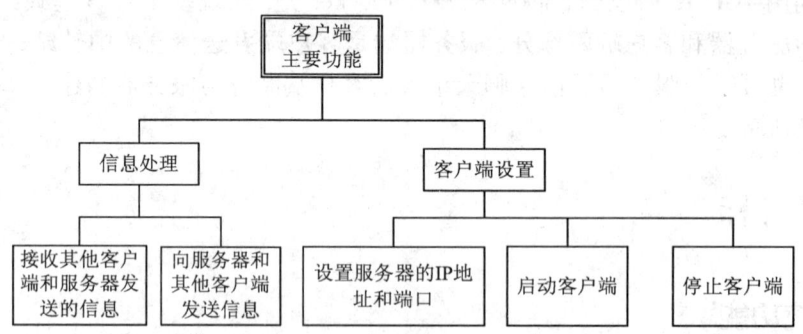

图 7-3 客户端功能

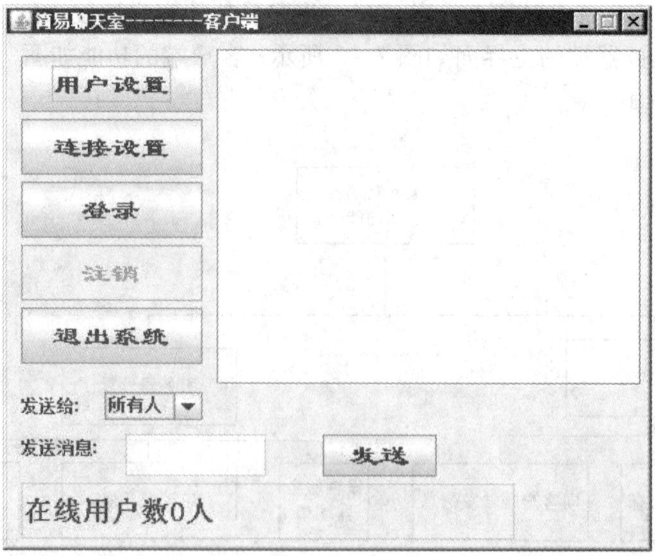

图 7-4 客户端界面

7.2.2 功能描述——服务器端

1. 信息处理

①服务器作为客户端之间发送信息的中转站,需要接受并转发客户端之间的信息。②服务器也可以向指定的客户端发送系统信息,也可以向所有客户端发送信息。③跟踪用户登录情况,并更新用户数量。

2. 服务器设置

①服务器端设置服务器的 IP 地址和通信的端口号,便于客户端与服务器建立连接。②启动服务器准备进行信息的中转与发送。③停止服务器服务,客户端之间不能通信。

7.2.3 功能描述——客户端

1. 信息处理

①接受服务器和其他客户端向本地发送的信息。②本地客户端向服务器和其他客户端发送信息。

2. 客户端设置

①设置需要连接服务器的 IP 地址和端口号。②启动客户端,根据服务器的 IP 地址和端口号登录到指定的服务器。③停止客户端,注销与服务器的连接,停止与服务器的通信。

7.3 项目实施

7.3.1 类及 UML 设计——服务器端

根据服务器端功能需要,服务器端包括 6 个源文件,它们是 ServerRoom. java、ServerReceive. java、ServerListen. java、Node. java、UserLinkList. java 和 ServerPortConfig. java,下面分别介绍它们的功能及 UML 图。

1. ServerRoom. java

该文件包含一个 public ServerRoom 类,该类继承 JFrame 实现 ActionListener 接口,封装了服务器界面、服务器端对用户上线与下线的监听以及利用 ServerReceive 类来实现服务器端的消息收发处理功能,启动服务器的 main( )方法在该类中。serverPort 是一个静态成员,设置服务器端的端口号,initServer( )方法初始化服务器端的界面,startServer( )方法启动服务,stopServer( )停止服务,sendStopToAll( )发送服务器停止服务消息给所有

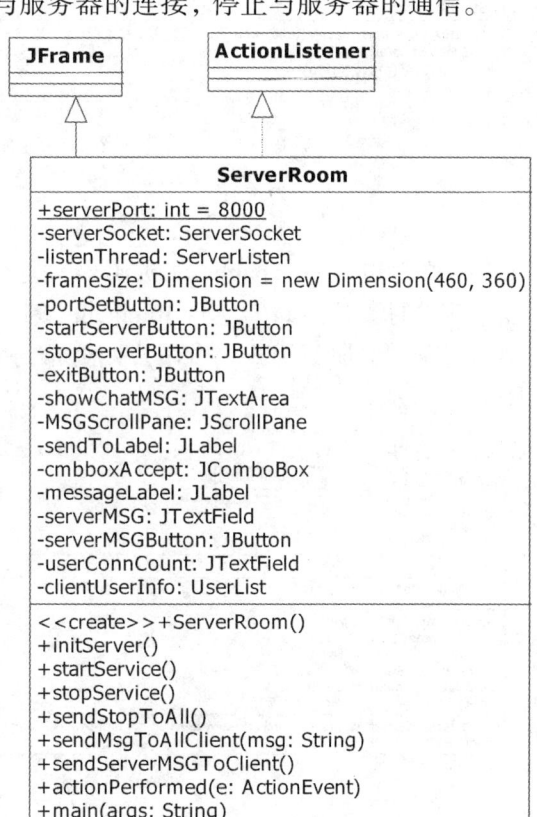

图 7-5 ServerRoom 类图

客户端，sendMSGToAll()给所有客户端发送信息，sendServerMSGToClient()方法把服务器的消息发送给客户端，actionPerformed()实现ActionListener接口中的方法，点击设置、端口、启动服务、停止服务、退出系统以及发送等按钮后激活该方法。UML如图7-5所示。

2. ServerReceive. java

该文件包含public ServerReceive类，该类实现了Runnable接口，封装了服务器端向某客户或者所有客户发送信息功能，客户端发送信息后通过服务器中转然后发给指定的用户；当有新用户登录服务器或者用户退出登录后把更新后的用户列表发送给所有人，sendMSGToAll()方法发送信息给所有客户端，sendUserListToAll()方法发送用户列表信息给服务器和在线用户，run()实现Runnable接口中的方法，用来向所有人或者指定用户发送信息，并且用户下线后更新用户列表。UML如图7-6所示。

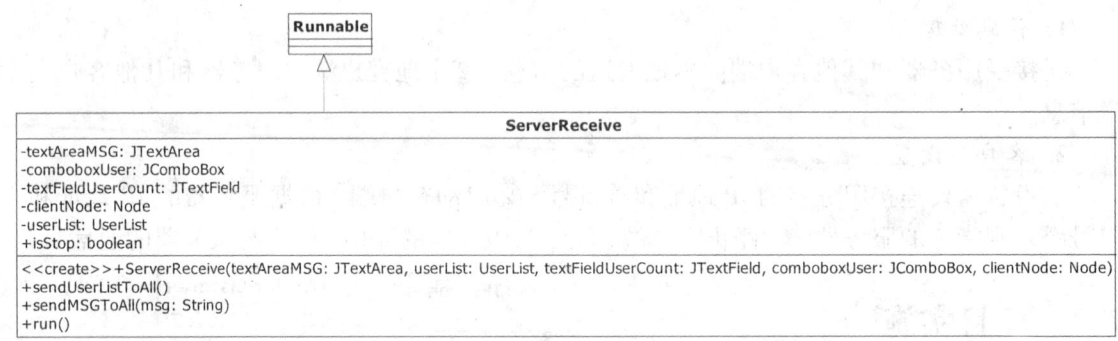

图7-6 ServerReceive 类图

3. ServerListen. java

该文件包含一个public ServerListen类，该类实现Runnable接口，用来监听客户端用户上线与下线的情况，run()实现Runnable接口中的方法，该方法实现当有用户登录服务器时向用户链表中增加新用户、当用户断开服务器时从用户链表中删除该用户等功能。UML如图7-7所示。

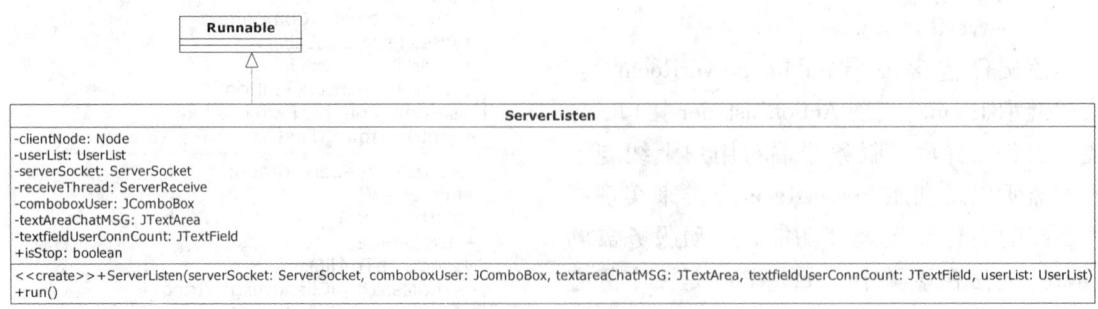

图7-7 ServerListen 类图

4. Node. java

该文件包含public Node类，该类封装了用户链表节点，通过链表的形式保存用户信息，用户信息包括用户名、用户的 Socket 套接字对象、对象输入流与对象输出流用来接收和发送信息以及 next 为下一个用户的引用。UML 如图 7-8 所示。

5. UserLinkList. java

该文件包含 public UserLinkList 类，该类封装了用户链表，addUser()方法向用户链表添加用户、deleteUser()方法从用户链表中删除用户、getCount()方法获得用户链表中的用户数、findUser()方法通过索引号和用户名查找用户等功能。UML 如图 7-9 所示。

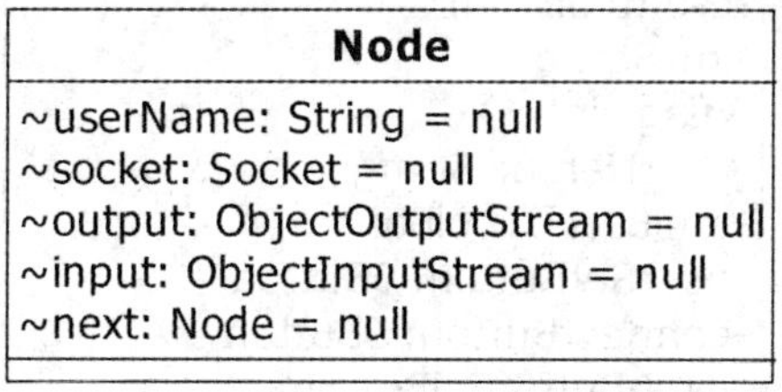

Node

~userName: String = null
~socket: Socket = null
~output: ObjectOutputStream = null
~input: ObjectInputStream = null
~next: Node = null

图 7-8　Node 类图

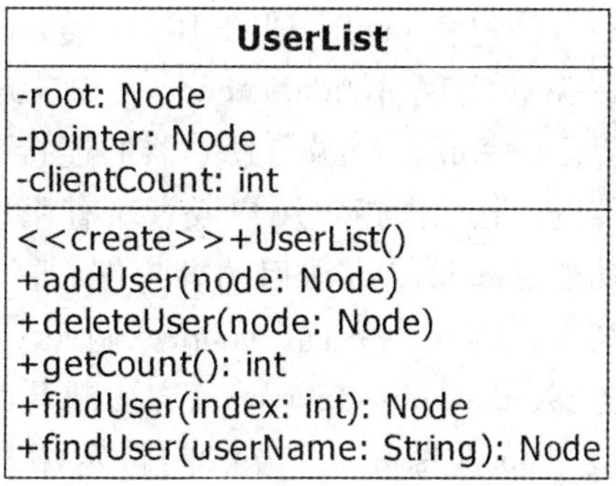

UserList

-root: Node
-pointer: Node
-clientCount: int

<<create>>+UserList()
+addUser(node: Node)
+deleteUser(node: Node)
+getCount(): int
+findUser(index: int): Node
+findUser(userName: String): Node

图 7-9　UserList 类图

6. ServerPortConfig. java

该文件包含 public ServerPortConfig 类，该类继承 JDialog 类并实现 ActionListener 接口，通过界面配置服务器端口，serverPortInit()方法初始化服务器端口，actionPerformed()实现 ActionListener 接口中的方法，完成点击保存按钮和取消按钮的操作。UML 如图 7-10 所示。

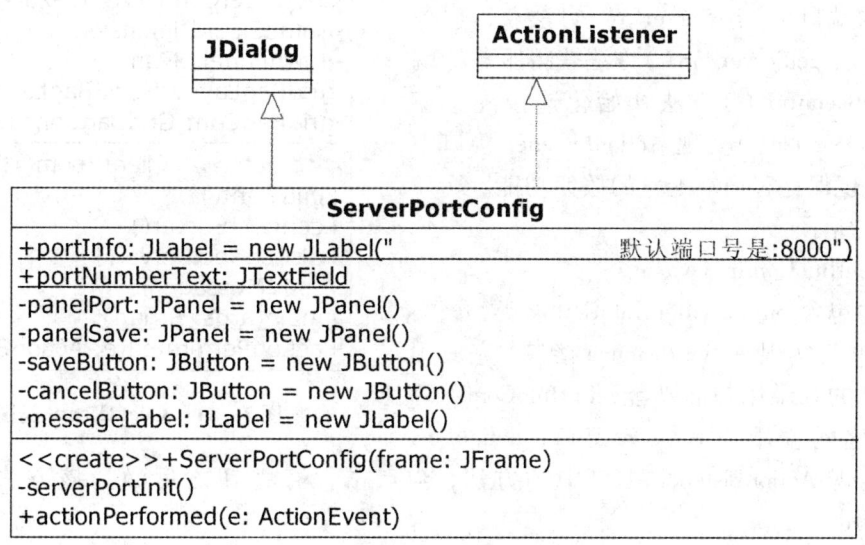

图 7-10　ServerPortConfig 类图

7.3.2 类及 UML 设计——客户端

根据聊天室客户端功能需要，客户端包括 4 个源文件，它们是 ClientRoom.java、ClientConnectConfig.java、ClientInfoConfig.java 和 ClientReceive.java，下面分别介绍它们的功能和 UML 图。

1. ClientRoom.java

该文件包含 public ClientRoom 类，该类继承 JFrame 类和实现 ActionListener 接口，封装了客户端界面，完成客户端与服务器的连接、断开与服务器的连接、向指定用户或者所有用户发送信息等功能。main()方法启动客户端，initClient()方法初始化客户端界面，connectServer()方法连接服务器，disConnectServer()方法断开与服务器的连接，sendMessage()方法向特定用户发送消息，actionPerformed()实现 ActionListener 接口中的方法，实现按钮动作的处理。UML 如图 7-11 所示。

2. ClientConnConfig.java

该文件包含 public ClientConnConfig 类，该类继承 JDialog 类实现 ActionI 接口，封装了客户端连接服务器的配置，用来指定服务器端的 IP 地址和监听的端口号，getServerIp()方法获得服务器的 IP 地址，getServerPort()方法获得服务器端口号，clientConnInit()方法初始化连接配置窗口，actionPerformed()实现 ActionListener 接口中的方法，实现保存客户端配置的按钮功能。UML 如图 7-12 所示。

3. ClientInfoConfig.java

该文件包含 public ClientInfoConfig 类，该类继承 JDialog 类实现 ActionListener 接口，完成用户配置自己的登录用户名功能，initInfoConfig()方法初始化配置用户登录名窗口，actionPer-formed()实现 ActionListener 接口中的方法，当点击保存按钮之后激活该方法。UML 如图 7-13所示。

4. ClientReceive.java

该文件包含 public ClientReceive 类，该类实现 Runnable 接口，实现客户端接收服务器转发的消息，以及向特定用户或者服务器发送信息的功能。UML 如图 7-14 所示。

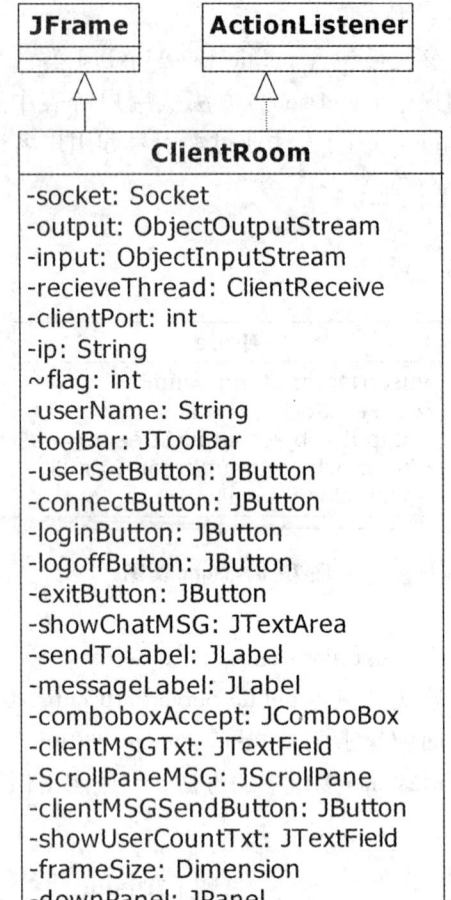

图 7-11 ClientRoom 类图

第 7 章 简单聊天室设计与开发

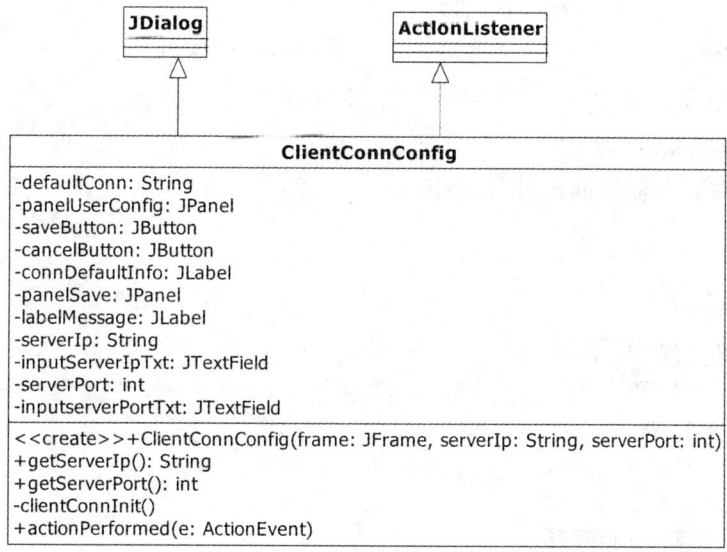

图 7 – 12   ClientConnConfig 类图

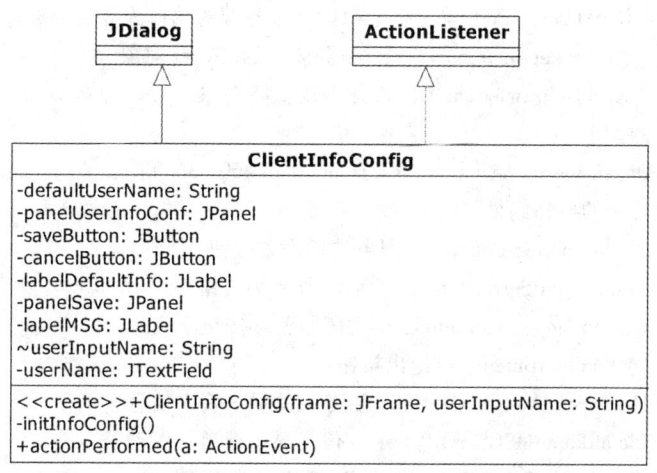

图 7 – 13   ClientInfoConfig 类图

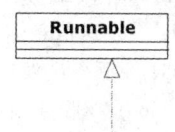

ClientReceive
-comboboxUserName: JComboBox -textAreaClientMSG: JTextArea -socket: Socket -output: ObjectOutputStream -input: ObjectInputStream -showStatusTxt: JTextField
<<create>>+ClientReceive(socket: Socket, output: ObjectOutputStream, input: ObjectInputStream, comboboxUserName: JComboBox, textAreaClientMSG: JTextArea, showStatusTxt: JTextField) +run()

图 7 – 14   ClientReceive 类图

7.3.3 代码实现

1. 服务器端代码的实现

（1）ServerRoom.java。

该源文件完成服务器界面设计等功能。

```
1
2
3    package server;
4    import java.awt.*;
5    import java.awt.event.*;
6    import javax.swing.*;
7    import java.net.*;
8    /**
9     * 聊天服务端的主框架类
10    */
11   public class ServerRoom extends JFrame implements ActionListener{
12       public static int serverPort = 8000;//设置服务端的端口为静态类成员
13       private ServerSocket serverSocket;//服务器端的 Socket 对象
14       private ServerListen listenThread;//服务端监听对象
15       //框架的大小
16       private Dimension frameSize = new Dimension(460,360);
17       //工具栏中的按钮组件
18       private JButton portSetButton;//服务端口设置按钮
19       private JButton startServerButton;//启动服务端按钮
20       private JButton stopServerButton;//关闭服务端按钮
21       private JButton exitButton;//退出按钮
22       private JTextArea showChatMSG;//服务端的显示聊天信息
23       private JScrollPane MSGScrollPane;//信息显示窗口的滚动条
24       private JLabel sendToLabel;//发送信息至某人的标签
25       private JComboBox cmbboxAccept;//服务区发送消息的接收对象
26       private JLabel messageLabel;//发送信息标签
27       private JTextField serverMSG;//服务端发送的消息
28       private JButton serverMSGButton;//服务端发送信息的按钮
29       private JTextField userConnCount;//显示用户连接的数量
30       private UserList clientUserInfo;//客户端用户信息
31       /**
32        * 服务端构造方法
33        */
34       public ServerRoom(){
35           initServer();//初始化程序
36           this.setTitle("简易聊天室--------服务端");//设置服务器窗口标题
37           //设置框架的大小
```

```
38          this.setSize(460, 380);
39          //设置运行时窗口的位置
40          Dimension screenSize = Toolkit.getDefaultToolkit().getScreenSize();
41          this.setLocation((int)(screenSize.width - frameSize.getWidth())/2,
42                  (int)(screenSize.height - frameSize.getHeight())/2);
43          this.setResizable(false);
44          //添加框架的关闭事件处理
45          this.setDefaultCloseOperation(JFrame.EXIT_ON_CLOSE);
46          this.setVisible(true);//显示服务端窗口
47      }
48      /**
49       * 服务端初始化方法,完成服务端界面设计
50       */
51      public void initServer(){
52          this.setLayout(null);//窗体布局为 null,采用绝对定位方式
53          Font font = new Font("隶书", Font.BOLD, 20);
54          portSetButton = new JButton("端口设置");
55          portSetButton.setFont(font);
56          portSetButton.setBounds(10, 15, 130, 40);
57          this.add(portSetButton);
58          startServerButton = new JButton("启动服务");
59          startServerButton.setFont(font);
60          startServerButton.setBounds(10, 60, 130, 40);
61          this.add(startServerButton);
62          stopServerButton = new JButton("停止服务");
63          stopServerButton.setFont(font);
64          stopServerButton.setBounds(10, 105, 130, 40);
65          this.add(stopServerButton);
66          exitButton = new JButton("退出系统");
67          exitButton.setFont(font);
68          exitButton.setBounds(10, 150, 130, 40);
69          this.add(exitButton);
70          //----服务端中间部分设置----信息显示----------------
71          showChatMSG = new JTextArea();//初始化服务端聊天信息框
72          showChatMSG.setFont(new Font("宋体", Font.BOLD, 20));
73          showChatMSG.setEditable(false);
74          //为服务端聊天信息框添加滚动条
75          MSGScrollPane = new JScrollPane(showChatMSG,
76              JScrollPane.VERTICAL_SCROLLBAR_AS_NEEDED,
77              JScrollPane.HORIZONTAL_SCROLLBAR_AS_NEEDED);
78          MSGScrollPane.setPreferredSize(new Dimension(400, 200));
79          MSGScrollPane.setBounds(150, 10, 300, 200);
80          this.add(MSGScrollPane);
```

```
81      MSGScrollPane.revalidate();
82      sendToLabel = new JLabel("发送给: ");
83      sendToLabel.setBounds(10, 225, 60, 20);
84      this.add(sendToLabel);
85      cmbboxAccept = new JComboBox();//服务端发送消息的接收对象
86      cmbboxAccept.insertItemAt("所有人", 0);
87      cmbboxAccept.setSelectedIndex(0);//默认发送给所有人
88      cmbboxAccept.setBounds(70, 225, 70, 20);
89      this.add(cmbboxAccept);
90      messageLabel = new JLabel("发送消息: ");
91      messageLabel.setBounds(10, 260, 70, 20);
92      this.add(messageLabel);
93      serverMSG = new JTextField(24);//服务端发送的信息
94      serverMSG.setEnabled(false);
95      serverMSG.setBounds(85, 255, 100, 30);
96      this.add(serverMSG);
97      serverMSG.addActionListener(this);
98      serverMSGButton = new JButton();//服务端发送消息按钮
99      serverMSGButton.setText("发送");
100     serverMSGButton.setFont(font);
101     serverMSGButton.setBounds(225, 255, 80, 30);
102     this.add(serverMSGButton);
103     serverMSGButton.addActionListener(this);
104     userConnCount = new JTextField(35);//连接服务端的用户数量信息
105     userConnCount.setForeground(Color.RED);
106     userConnCount.setBounds(10, 310, 350, 40);
107     userConnCount.setText("在线用户数 0 人");
108     userConnCount.setFont(new Font("宋体", Font.BOLD, 20));
109     this.add(userConnCount);
110     userConnCount.setEditable(false);
111     //初始时,令停止服务按钮不可用
112     stopServerButton.setEnabled(false);
113     //添加端口设置、启动服务、停止服务以及退出按钮的事件监听器
114     portSetButton.addActionListener(this);
115     startServerButton.addActionListener(this);
116     stopServerButton.addActionListener(this);
117     exitButton.addActionListener(this);
118     //关闭程序时的操作
119     this.addWindowListener(
120         new WindowAdapter(){
121             public void windowClosing(WindowEvent e){
122                 stopService();
123                 System.exit(0);
```

```
124                }
125            }
126        );
127    }
128    /**
129     * 点击启动服务按钮,启动服务端
130     */
131    public void startService(){
132        try{
133            serverSocket = new ServerSocket(serverPort, 10);//设置服务端口号
134            showChatMSG.append("服务端已经启动,在" + serverPort + "端口监听...\n");
135
136            startServerButton.setEnabled(false);
137            portSetButton.setEnabled(false);
138
139            stopServerButton.setEnabled(true);
140            serverMSG.setEnabled(true);
141        }
142        catch(Exception e){
143            //System.out.println(e);
144        }
145        clientUserInfo = new UserList();//启动服务器,初始化客户信息列表
146        listenThread = new ServerListen(serverSocket, cmbboxAccept,
147            showChatMSG, userConnCount, clientUserInfo);
148        new Thread(listenThread).start();//启动监听线程,监听客户端情况
149    }
150    /**
151     * 点击服务端的关闭服务按钮,关闭服务器
152     */
153    public void stopService(){
154        try{
155            //向所有人发送服务器关闭的消息
156            sendStopToAll();
157            serverSocket.close();
158            listenThread.isStop = true;
159            int clientCount = clientUserInfo.getCount();
160            int k =0;
161            while( k < clientCount){//关闭所有客户端的监听端口
162                Node node = clientUserInfo.findUser(k);
163                node.input.close();
164                node.output.close();
165                node.socket.close();
166                k ++;
```

```java
167             }
168             portSetButton.setEnabled(true);
169             stopServerButton .setEnabled(false);
170             startServerButton.setEnabled(true);
171             serverMSG.setEnabled(false);
172             showChatMSG.append("服务端已经关闭\n");
173             cmbboxAccept.removeAllItems();
174             cmbboxAccept.addItem("所有人");
175         }
176         catch(Exception e){
177             //System.out.println(e);
178         }
179     }
180     /**
181      * 当点击关闭服务按钮之后,向所有人发送服务器已关闭的消息
182      */
183     public void sendStopToAll(){
184         int clientCount = clientUserInfo.getCount();
185
186         int k = 0;
187         while(k < clientCount){
188             Node node = clientUserInfo.findUser(k);
189             if(node != null){
190                 try{
191                     node.output.writeObject("服务关闭");
192                     node.output.flush();
193                 }
194                 catch (Exception e){
195                     //System.out.println(" $ $ $ "+e);
196                 }
197             }
198             k++;
199         }
200     }
201     /**
202      * 向所有人发送消息
203      */
204     public void sendMsgToAllClient(String msg){
205         int clientCount = clientUserInfo.getCount();//用户总数
206         int k = 0;
207         while(k < clientCount){
208             Node node = clientUserInfo.findUser(k);
209             if(node != null){
```

```
210        try{
211            node.output.writeObject("系统信息");
212            node.output.flush();
213            node.output.writeObject(msg);
214            node.output.flush();
215        }
216        catch (Exception e){
217            //System.out.println("@@@"+e);
218        }
219      }
220      k++;
221    }
222    serverMSG.setText("");
223  }
224  /**
225   * 服务端点击发送按钮之后,向指定的客户端用户发送消息
226   */
227  public void sendServerMSGToClient(){
228    String toAppointedOne = cmbboxAccept.getSelectedItem().toString();
229    String message = serverMSG.getText() + "\n";
230    showChatMSG.append(message);
231    //向所有人发送消息
232    if(toAppointedOne.equalsIgnoreCase("所有人")){
233        sendMsgToAllClient(message);
234    }
235    else{
236        //在用户列表中查找用户,然后向该用户发送消息
237        Node node = clientUserInfo.findUser(toAppointedOne);
238  // System.out.println(node);//调试语句
239        try{
240            node.output.flush();
241            node.output.writeObject("系统信息");
242            node.output.flush();
243            node.output.writeObject(message);
244            node.output.flush();
245        }
246        catch(Exception e){
247        // System.out.println("!!!"+e);
248        }
249        serverMSG.setText("");//将发送信息栏的消息清空
250    }
251  }
252  /**
```

```
253            *  实现接口 ActionListener,实现事件监听处理方法
254            */
255           public void actionPerformed(ActionEvent e) {
256               Object obj = e.getSource();
257               if (obj == portSetButton) { //点击端口设置按钮
258                   //调出端口设置的对话框
259                   ServerPortConfig portConf = new ServerPortConfig(this);
260                   portConf.show();
261               }
262               else if (obj == startServerButton) { //点击启动服务按钮,启动服务端
263                   startService();
264               }
265               else if (obj == stopServerButton) { //点击停止服务按钮,停止服务端
266                   stopService();
267               }
268               else if (obj == exitButton) { //点击退出按钮,退出系统
269                   int flag = JOptionPane.showConfirmDialog(
270                       this, "真的要退出聊天吗?", "退出",
271                       JOptionPane.YES_OPTION, JOptionPane.QUESTION_MESSAGE);
272                   if (flag == JOptionPane.YES_OPTION) { //如果点击确认按钮
273                       stopService(); //停止服务
274                       System.exit(0); //退出系统
275                   }
276               }
277               //点击发送信息按钮或者回车键,服务端发送消息
278               else if (obj == serverMSG || obj == serverMSGButton) {
279                   sendServerMSGToClient();
280               }
281           }
282           //---------------主方法-----------------
283           public static void main(String[] args) {
284               ServerRoom serverStart = new ServerRoom();
285           }
286       }
```

(2) ServerReceive.java。

该源文件实现服务器端接收消息等功能。

```
1    package server;
2    import javax.swing.*;
3    /**
4     * 服务器收发消息,实现 Runnable 接口
5     */
6    public class ServerReceive implements Runnable {
7        private JTextArea textAreaMSG; //聊天信息
```

```java
8      private JComboBox comboboxUser;//用户列表
9      private JTextField textFieldUserCount;//在线人数
10     private Node clientNode;
11     private UserList userList;//用户链表
12     public boolean isStop;
13     public ServerReceive(JTextArea textAreaMSG, UserList userList,
14         JTextField textFieldUserCount,
15         JComboBox comboboxUser, Node clientNode){
16       this.textAreaMSG = textAreaMSG;
17       this.userList = userList;
18       this.comboboxUser = comboboxUser;
19       this.textFieldUserCount = textFieldUserCount;
20       this.clientNode = clientNode;
21       isStop = false;
22     }
23     /**
24      * 向所有在线用户发送用户列表信息
25      */
26     public void sendUserListToAll(){
27       String userlist = "";
28       int clientCount = userList.getCount();
29       for(int k = 0; k < clientCount; k ++){
30         Node node = userList.findUser(k);
31         if(node! = null){
32           userlist += node.userName;
33           userlist += '\n';
34         }
35       }
36       for(int k = 0; k < clientCount; k ++){
37         Node node = userList.findUser(k);
38         if(node! = null){
39           try{
40             node.output.writeObject("用户列表");
41             node.output.flush();
42             node.output.writeObject(userlist);
43             node.output.flush();
44           }
45           catch (Exception e){
46             //System.out.println("!!!" + e);
47           }
48         }
49       }
50     }
```

```java
51      /**
52       * 向所有在线用户发送消息
53       */
54      public void sendMSGToAll(String msg){
55          int ClientCount = userList.getCount();
56          int k = 0;
57          while(k < ClientCount){
58              Node node = userList.findUser(k); //在用户链表中查找用户
59              if(node! = null){
60                  try{
61                      node.output.writeObject("聊天信息");
62                      node.output.flush();
63                      node.output.writeObject(msg);
64                      node.output.flush();
65                  }
66                  catch(Exception e){
67                      //System.out.println("!!!!" + e);
68                  }
69              }
70              k ++;
71          }
72      }
73      /**
74       * 实现 Runnable 接口中的 run 方法,
75       * 向所有人发送用户的列表信息
76       */
77      public void run(){
78          // System.out.println(" == 运行服务器中的 run 方法 == ");
79          sendUserListToAll();
80          while(! isStop && ! clientNode.socket.isClosed()){
81              try{
82                  String type = (String)clientNode.input.readObject();
83                  if(type.equals("聊天信息")){
84                      String toSomebody = (String)clientNode.input.readObject();
85                      String message = (String)clientNode.input.readObject();
86                      String msg = clientNode.userName
87                          +" 对"
88                          + toSomebody
89                          + " 说 : "
90                          + message
91                          + " \n";
92
93                      textAreaMSG.append(msg); //在聊天窗口中加入聊天信息
```

```
94          if(toSomebody.equals("所有人")){
95              sendMSGToAll(msg);    //向所有人发送消息
96          }
97          else{
98              try{
99                  clientNode.output.writeObject("聊天信息");
100                 clientNode.output.flush();
101                 clientNode.output.writeObject(msg);
102                 clientNode.output.flush();
103             }
104             catch(Exception e){
105                 //System.out.println("!!!!"+e);
106             }
107             //查找某用户
108             Node nodeUser = userList.findUser(toSomebody);
109             if(nodeUser != null){
110                 nodeUser.output.writeObject("聊天信息");
111                 nodeUser.output.flush();
112                 nodeUser.output.writeObject(msg);
113                 nodeUser.output.flush();
114             }
115         }
116     }
117     else if(type.equals("用户下线")){//如果某用户下线
118         //查找下线用户
119         Node nodeUser = userList.findUser(clientNode.userName);
120         userList.deleteUser(nodeUser);    //在用户链表中删除下线用户
121         String msg = "用户" + clientNode.userName + "已下线\n";
122         int count = userList.getCount();
123         //把用户链表中的用户加入到用户列表框中
124         comboboxUser.removeAllItems();
125         comboboxUser.addItem("所有人");
126         int i = 0;
127         while(i < count){
128             nodeUser = userList.findUser(i);
129             if(nodeUser != null){
130                 comboboxUser.addItem(nodeUser.userName);
131             }
132             i++;
133         }
134         comboboxUser.setSelectedIndex(0);
135
136         textAreaMSG.append(msg);
```

```
137             textFieldUserCount.setText("在线用户共有" + userList.getCount() + "人！\n");
138             sendMSGToAll(msg); //向所有人发送某用户下线的信息
139             sendUserListToAll(); //向所有人重新发送更新的用户列表
140             break;
141           }
142         }
143       catch (Exception e){
144         //System.out.println("!!!!"+e);
145       }
146     }
147   }
148 }
```

（3）ServerListen.java。

该源文件实现服务器的监听任务。

```
1   package server;
2   import javax.swing.*;
3   import java.io.*;
4   import java.net.*;
5   /**
6    * 服务端的监听类，实现 Runnable 接口
7    */
8   public class ServerListen implements Runnable {
9       private Node clientNode;
10      private UserList userList; //用户链表
11      private ServerSocket serverSocket;
12      private ServerReceive receiveThread;
13      private JComboBox comboboxUser;
14      private JTextArea textAreaChatMSG;
15      private JTextField textfieldUserConnCount;
16      public boolean isStop;
17      /**
18       * 构造方法，初始化服务端的监听情况
19       */
20      public ServerListen(ServerSocket serverSocket, JComboBox comboboxUser,
21          JTextArea textareaChatMSG, JTextField textfieldUserConnCount, UserList userList){
22          this.serverSocket = serverSocket;
23          this.comboboxUser = comboboxUser;
24          this.textAreaChatMSG = textareaChatMSG;
25          this.textfieldUserConnCount = textfieldUserConnCount;
26          this.userList = userList;
27          isStop = false;
28      }
29      /**
```

```
30          *  实现 Runnable 接口中的 run 方法
31          *  在服务端监听用户上线和下线情况
32          */
33         public void run(){//实现接口 Runnable 中的 run 方法
34             while(! isStop && ! serverSocket.isClosed()){
35                 try{
36                     clientNode = new Node();
37                     clientNode.socket = serverSocket.accept();//接收客户端连接
38                     //获得客户端的对象输出流
39                     clientNode.output = new ObjectOutputStream(clientNode.socket.getOutputStream());
40                     clientNode.output.flush();
41                     //获得客户端的对象输入流
42                     clientNode.input = new ObjectInputStream(clientNode.socket.getInputStream());
43                     clientNode.userName = (String)clientNode.input.readObject();
44                     //在文本框显示用户登录的信息
45                     textAreaChatMSG.append("用户 " + clientNode.userName + " 上线" + "\n");
46                     //记录连接的用户名
47                     comboboxUser.addItem(clientNode.userName);
48                     userList.addUser(clientNode);//把新用户加入用户链表
49                     //修改用户上线数量
50                     textfieldUserConnCount.setText("在线用户" + userList.getCount() + "人\n");
51                     receiveThread = new ServerReceive(textAreaChatMSG, userList,
52                         textfieldUserConnCount, comboboxUser, clientNode);
53                     new Thread(receiveThread).start();//启动接收线程
54                 // System.out.println("ServerListen run!");
55                 }
56                 catch(Exception e){
57                 }
58             }
59         }
60     }
```

(4) Node.java。

该源文件实现用户链表节点的定义。

```
1   package server;
2   import java.net.*;
3   import java.io.*;
4   /**
5    * 用户链表结点类,利用链表存储所有用户信息
6    */
7   public class Node{
8       String userName = null;//用户名
9       Socket socket = null;//socket 对象
10      ObjectOutputStream output = null;
```

```
11        ObjectInputStream input = null;
12        Node next = null; //下一个节点的引用
13    }
```

(5)UserLinkList.java。

该源文件实现向用户链表中增加用户、删除用户和查找用户等功能。

```
1   package server;
2   /**
3    * 用户链表
4    */
5   public class UserList {
6       private Node root; //用户链表的根
7       private Node pointer;
8       private int clientCount; //用户数量
9       /**
10       * 构造方法初始化用户链表
11       */
12      public UserList() {
13          root = new Node();
14          root.next = null;
15          pointer = null;
16          clientCount = 0;
17      }
18      /**
19       * 向用户链表添加一个用户
20       */
21      public void addUser(Node node) {
22          pointer = root;
23          while(pointer.next != null) {
24              pointer = pointer.next;
25          }
26          pointer.next = node;
27          node.next = null;
28          clientCount ++; //用户数量增加1
29      }
30      /**
31       * 在用户链表中删除一个用户
32       */
33      public void deleteUser(Node node) {
34          pointer = root;
35          while(pointer.next != null) {
36              if(pointer.next == node) {
37                  pointer.next = node.next;
38                  clientCount --; //用户数量减1
```

```
39              break;
40          }
41          pointer = pointer.next;
42      }
43  }
44  /**
45   * 返回客户端登录服务器的数量
46   */
47  public int getCount(){
48      return clientCount;
49  }
50  /**
51   * 在用户链表中,根据根据用户索引查找用户
52   */
53  public Node findUser(int index){
54      if(index < 0 || clientCount == 0){
55          return null;
56      }
57      pointer = root;
58      int k = 0;
59      while(k <= index){
60          if(pointer.next == null)
61              return null;
62          else{
63              pointer = pointer.next;
64          }
65          k ++;
66      }
67      return pointer;
68  }
69  /**
70   * 在用户链表中,根据用户名查找用户,重载前面的方法
71   */
72  public Node findUser(String userName){
73      if(clientCount == 0) return null; //没有用户
74      pointer = root;
75      while(pointer.next != null){
76          pointer = pointer.next;
77          //如果找到用户
78          if(pointer.userName.equalsIgnoreCase(userName)){
79              return pointer;
80          }
81      }
```

```
82            return null;
83          }
84   }
```

(6) ServerPortConfig.java。

该源文件实现服务器端口的配置功能。

```
1    package server;
2    import java.awt.*;
3    import javax.swing.*;
4    import java.awt.event.*;
5    /**
6     * 配置服务器端口类
7     */
8    public class ServerPortConfig extends JDialog implements ActionListener {
9        public static JLabel portInfo = new JLabel("默认端口号是:8000");
10       public static JTextField portNumberText;
11       private JPanel panelPort = new JPanel();
12       private JPanel panelSave = new JPanel();
13       private JButton saveButton = new JButton();
14       private JButton cancelButton = new JButton();
15       private JLabel messageLabel = new JLabel();
16       //构造方法,完成服务器端口的配置
17       public ServerPortConfig(JFrame frame) {
18          super(frame, true);
19          try {
20             serverPortInit();
21          }
22          catch (Exception e) {
23             e.printStackTrace();
24          }
25          //设置对话框位置,使对话框居中
26          Dimension screenSize = Toolkit.getDefaultToolkit().getScreenSize();
27          this.setLocation((int)(screenSize.width-400)/2 + 60,
28                  (int)(screenSize.height-600)/2 + 130);
29          this.setResizable(false);
30       }
31       //初始化方法,初始化服务器端口设置
32       private void serverPortInit() throws Exception {
33          this.setSize(new Dimension(300, 120));  //设置对话框的大小
34          this.setTitle("端口设置");
35          panelPort.setLayout(new FlowLayout());  //对话框布局
36          messageLabel.setText("请输入监听的端口号:");
37          panelPort.add(messageLabel);
38          portNumberText = new JTextField(10);
```

```java
39          portNumberText.setText(""+ServerRoom.serverPort);
40          panelPort.add(portNumberText);
41          panelSave.add(new Label("   "));
42          saveButton.setText("保存");
43          panelSave.add(saveButton);
44          cancelButton.setText("取消");
45          panelSave.add(cancelButton);
46          panelSave.add(new Label("   "));
47          Container contentPane = getContentPane();
48          contentPane.setLayout(new BorderLayout());
49          contentPane.add(panelPort, BorderLayout.NORTH);    //北部放置端口设置组件
50          contentPane.add(portInfo, BorderLayout.CENTER);    //中部放置窗口信息组件
51          contentPane.add(panelSave, BorderLayout.SOUTH);    //南部放置保存和取消按钮
52          saveButton.addActionListener(this);
53          cancelButton.addActionListener(this);
54          //关闭对话框时的操作
55          this.addWindowListener(
56              new WindowAdapter(){
57                  public void windowClosing(WindowEvent e){
58                      portInfo.setText("默认端口号为:8000");
59                  }
60              }
61          );
62      }
63      /**
64       * 实现ActionListener接口中的方法
65       * 保存按钮和取消按钮的事件处理
66       */
67      public void actionPerformed(ActionEvent e){
68          Object obj = e.getSource();
69          if(obj == saveButton){//保存按钮
70              int savePort;
71              try{
72
73                  savePort = Integer.parseInt(ServerPortConfig.portNumberText.getText());
74
75                  if(savePort < 1 || savePort > 65535){
76                      ServerPortConfig.portInfo.setText("监听端口号是0~65535之间的整数!");
77                      ServerPortConfig.portNumberText.setText("");
78                      return;
79                  }
80                  ServerRoom.serverPort = savePort;
81                  dispose();
```

```
82                }
83              catch(NumberFormatException a){
84                  ServerPortConfig.portInfo.setText("端口号错误,请重新填写整数!");
85                  ServerPortConfig.portNumberText.setText("");
86                  return;
87              }
88          }
89          else if(obj == cancelButton){//取消按钮
90              portInfo.setText("默认端口号是:8000");
91              dispose();
92          }
93      }
94 }
```

2. 客户端代码实现

(1) ClientRoom.java。

该源文件实现客户端窗口的设计等功能。

```
1       package client;
2       import java.awt.*;
3       import java.awt.event.*;
4       import javax.swing.*;
5
6       import java.io.*;
7       import java.net.*;
8       /**
9        * 聊天室客户端的主类
10       */
11      public class ClientRoom extends JFrame implements ActionListener{
12          private Socket socket;
13          private ObjectOutputStream output;//网络套接字输出流
14          private ObjectInputStream input;//网络套接字输入流
15          private ClientReceive recieveThread;//客户端接收信息线程
16          private int clientPort = 8000;//连接到服务端的默认端口号
17          String ip = "127.0.0.1";//连接到服务端的ip地址
18          private int flag = 0;//与服务端连接状态,0表示未连接,1表示已连接
19          private String userName = "@诚信";//初始化用户名
20          //建立工具栏中的按钮组件
21          private JButton userSetButton;//设置用户信息
22          private JButton connectButton;//连接服务器
23          private JButton loginButton;//登录按钮
24          private JButton logoffButton;//注销按钮
25          private JButton exitButton;//退出按钮
26          private JTextArea showChatMSG;//显示客户端聊天信息
```

```java
27      private JLabel sendToLabel;//发送给某人提示
28      private JLabel messageLabel;//发送消息提示
29      private JComboBox comboboxAccept;//选择消息的接受者
30      private JTextField clientMSGTxt;//客户端消息的发送
31      private JScrollPane ScrollPaneMSG;//聊天信息显示框的滚动条
32      private JButton clientMSGSendButton;//发送消息
33      private JTextField showUserCountTxt;//显示用户连接状态
34      //窗口的大小
35      private Dimension frameSize = new Dimension(460,400);
36      /**
37       * 构造方法
38       */
39      public ClientRoom(){
40          initClient();//初始化程序
41          this.setSize(460,390);
42          //设置运行时窗口的所在位置
43          Dimension screenSize = Toolkit.getDefaultToolkit().getScreenSize();
44          this.setLocation((int)(screenSize.width-frameSize.getWidth())/2,
45                  (int)(screenSize.height-frameSize.getHeight())/2);
46          this.setResizable(false);//不能改变窗口大小
47          this.setTitle("简易聊天室--------客户端");//设置窗口标题
48          //添加窗口关闭事件处理
49          this.setDefaultCloseOperation(JFrame.EXIT_ON_CLOSE);
50          this.setVisible(true);
51      }
52      /**
53       * 初始化客户端方法
54       */
55      public void initClient(){
56          this.setLayout(null);//窗体布局为null,采用绝对定位方式
57          Font font = new Font("隶书",Font.BOLD,20);
58          userSetButton = new JButton("用户设置");
59          userSetButton.setFont(font);
60          userSetButton.setBounds(10,15,130,40);
61          this.add(userSetButton);
62          connectButton = new JButton("连接设置");
63          connectButton.setFont(font);
64          connectButton.setBounds(10,60,130,40);
65          this.add(connectButton);
66          loginButton = new JButton("登录");
67          loginButton.setFont(font);
68          loginButton.setBounds(10,105,130,40);
69          this.add(loginButton);
```

```java
70      loginButton.setEnabled(true);//初始时登录按钮可用
71      logoffButton = new JButton("注销");
72      logoffButton.setFont(font);
73      logoffButton.setEnabled(false);//初始时注销按钮不能用
74      logoffButton.setBounds(10, 150, 130, 40);
75      this.add(logoffButton);
76      exitButton = new JButton("退出系统");
77      exitButton.setFont(font);
78      exitButton.setBounds(10, 195, 130, 40);
79      this.add(exitButton);
80      showChatMSG = new JTextArea();
81      showChatMSG.setEditable(false);
82      //添加滚动条
83      ScrollPaneMSG = new JScrollPane(showChatMSG,
84          JScrollPane.VERTICAL_SCROLLBAR_AS_NEEDED,
85          JScrollPane.HORIZONTAL_SCROLLBAR_AS_NEEDED);
86      ScrollPaneMSG.setPreferredSize(new Dimension(350, 260));
87      ScrollPaneMSG.setBounds(150, 10, 300, 240);
88      this.add(ScrollPaneMSG);
89      ScrollPaneMSG.revalidate();
90      sendToLabel = new JLabel("发送给:");
91      sendToLabel.setBounds(10, 255, 60, 20);
92      this.add(sendToLabel);
93      comboboxAccept = new JComboBox();//信息接收对象列表框
94      comboboxAccept.insertItemAt("所有人", 0);
95      comboboxAccept.setSelectedIndex(0);
96      comboboxAccept.setBounds(70, 255, 70, 20);
97      this.add(comboboxAccept);
98      messageLabel = new JLabel("发送消息:");
99      messageLabel.setBounds(10, 285, 70, 20);
100         this.add(messageLabel);
101     clientMSGTxt = new JTextField(23);//客户端信息栏
102     clientMSGTxt.setEnabled(false);
103     clientMSGTxt.setBounds(85, 285, 100, 30);
104         this.add(clientMSGTxt);
105     clientMSGSendButton = new JButton();
106     clientMSGSendButton.setText("发送");
107     clientMSGSendButton.setFont(font);
108     clientMSGSendButton.setBounds(225, 285, 80, 30);
109         this.add(clientMSGSendButton);
110     showUserCountTxt = new JTextField(35);
111     showUserCountTxt.setForeground(Color.BLUE);
112     showUserCountTxt.setBounds(10, 320, 350, 40);
```

```
113            showUserCountTxt.setText("在线用户数 0 人");
114            showUserCountTxt.setFont(new Font("宋体", Font.BOLD, 20));
115            this.add(showUserCountTxt);
116            showUserCountTxt.setEditable(false);
117        //增加事件监听
118            userSetButton.addActionListener(this);
119            connectButton.addActionListener(this);
120            loginButton.addActionListener(this);
121            logoffButton.addActionListener(this);
122            exitButton.addActionListener(this);
123            clientMSGTxt.addActionListener(this);
124            clientMSGSendButton.addActionListener(this);
125        //关闭程序时的操作
126            this.addWindowListener(
127                new WindowAdapter(){
128                    public void windowClosing(WindowEvent e){
129                        if(flag == 1){
130                            disConnectServer();//断开与服务器的连接
131                        }
132                        System.exit(0);
133                    }
134                }
135            );
136        }
137        /**
138        *建立与服务器连接的方法
139        */
140        public void connectServer(){
141            try{
142                socket = new Socket(ip, clientPort);
143            }
144            catch (Exception e){
145                JOptionPane.showConfirmDialog(
146                    this, "不能连接到指定的服务器。\n 请确认连接设置是否正确。", "提示",
147                    JOptionPane.DEFAULT_OPTION, JOptionPane.WARNING_MESSAGE);
148                return;
149            }
150            try{//如果与服务器建立了连接
151                //获得网络套接字输出流
152                output = new ObjectOutputStream(socket.getOutputStream());
153                output.flush();
154                //获得网络套接字输入流
155                input = new ObjectInputStream(socket.getInputStream());
```

```
156         output.writeObject(userName);//输出用户名
157         output.flush();
158          recieveThread = new ClientReceive(socket, output, input, comboboxAccept, showChat-
             MSG, showUserCountTxt);
159         new Thread(recieveThread).start();
160         userSetButton.setEnabled(false);
161         connectButton.setEnabled(false);
162         loginButton.setEnabled(false);
163         logoffButton.setEnabled(true);
164         clientMSGTxt.setEnabled(true);
165         showChatMSG.append("连接服务器 " + ip + ":" + clientPort + " 成功...\n");
166         flag = 1;//标志位设为1 表示已与服务器连接
167         }
168      catch(Exception e){
169         // System.out.println("!!!!!" + e);
170         return;
171         }
172     }
173     /**
174      * 断开与服务器的连接
175      */
176     public void disConnectServer(){
177         //修改按钮的状态
178         userSetButton.setEnabled(true);
179         connectButton.setEnabled(true);
180         loginButton.setEnabled(true);
181         logoffButton.setEnabled(false);
182         clientMSGTxt.setEnabled(false);
183         if(socket.isClosed()){
184             return ;
185         }
186         try{
187             output.writeObject("用户下线");
188             output.flush();
189             input.close();
190             output.close();
191             socket.close();
192             showChatMSG.append("已经与服务器断开连接\n");
193             flag = 0;//标志位设为0 表示未与服务器连接
194         }
195      catch(Exception e){
196         //System.out.println("!!!!" + e)
197         }
```

```java
198      }
199      /**
200       * 客户端发送信息
201       */
202      public void sendMessage(){
203          String toSomebody = comboboxAccept.getSelectedItem().toString();
204          String clientSendMSG = clientMSGTxt.getText();
205          if(socket.isClosed()){
206              return ;
207          }
208          try{
209              output.writeObject("聊天信息");
210              output.flush();
211              output.writeObject(toSomebody);
212              output.flush();
213              output.writeObject(clientSendMSG);
214              output.flush();
215          }
216          catch (Exception e){
217              System.out.println("!!!!"+e);
218          }
219      }
220      /**
221       * 实现ActionListener接口中的动作事件处理
222       */
223      public void actionPerformed(ActionEvent e) {
224          Object obj = e.getSource();
225          if (obj == userSetButton) {  //设置按钮
226              //调出设置用户信息对话框
227              ClientInfoConfig userConf = new ClientInfoConfig(this, userName);
228              userConf.show();
229              userName = userConf.userInputName;
230          }
231          else if (obj == connectButton) {  //连接服务端按钮
232              //调出设置连接对话框
233              ClientConnConfig conConf = new ClientConnConfig(this, ip, clientPort);
234              conConf.show();
235              ip = conConf.getServerIp();
236              clientPort = conConf.getServerPort();
237          }
238          else if (obj == loginButton) {  //登录按钮
239              connectServer();//连接服务器
240          }
```

```
241         else if ( obj  ==  logoffButton) { //注销按钮
242             disConnectServer( ); //断开与服务器的连接
243             showUserCountTxt. setText("不在线上");
244         }
245         else if ( obj  ==  exitButton) { //退出系统按钮
246             int tempFlag = JOptionPane. showConfirmDialog(
247                 this, "真的要退出系统吗?", "退出"
248                 JOptionPane. YES_OPTION, JOptionPane. QUESTION_MESSAGE);
249
250             if (tempFlag  ==  JOptionPane. YES_OPTION) {
251                 if( flag  ==  1) { //标志位 1 表示断开连接
252                     disConnectServer( );
253                 }
254                 System. exit(0);
255             }
256         }
257         else if ( obj  ==  clientMSGTxt || obj  ==  clientMSGSendButton) { //发送消息按钮
258             if( clientMSGTxt. getText( ). equals("")) { //没有发送信息
259                 JOptionPane. showMessageDialog( this, "请输入要发送的信息");
260             } else {
261                 sendMessage( );
262                 clientMSGTxt. setText("");
263             }
264             clientMSGTxt. requestFocus( ); //设置文本框的焦点
265         }
266     }
267     //- - - - - - - - - - - - - - - - - - -主方法- - - - - - - - - - - - - - - - -
268     public static void main( String[ ] args) {
269         ClientRoom clientStart  =  new ClientRoom( );
270     }
271 }
```

(2) ClientConnectConfig. java。

该源文件完成客户端连接服务器配置的功能。

```
1    package client;
2    import java. awt. *;
3    import java. net. *;
4    import javax. swing. *;
5    import java. awt. event. *;
6    /**
7     * 用户连接对话框类,用户输入需要连接服务器的 IP 和端口号
8     */
9    public class ClientConnConfig extends JDialog implements ActionListener{
10       private String defaultConn = "默认连接设置: IP 地址: 127. 0. 0. 1; 端口号: 8000";
```

```java
11      private JPanel panelUserConfig = new JPanel();
12      private JButton saveButton = new JButton();
13      private JButton cancelButton = new JButton();
14      private JLabel connDefaultInfo;
15      private JPanel panelSave = new JPanel();
16      private JLabel labelMessage = new JLabel();
17      private String serverIp; //服务器的IP地址
18      private JTextField inputServerIpTxt; //输入服务器的IP地址
19      private int serverPort; //服务器的端口号
20      private JTextField inputserverPortTxt; //输入服务器的端口号
21      /**
22       * 构造方法
23       */
24      public ClientConnConfig(JFrame frame, String serverIp, int serverPort) {
25          super(frame, true);
26          this.serverIp = serverIp;
27          this.serverPort = serverPort;
28          try {
29              clientConnInit();
30          }
31          catch (Exception e) {
32              // e.printStackTrace();
33          }
34          //设置对话框运行位置
35          Dimension screenSize = Toolkit.getDefaultToolkit().getScreenSize();
36          this.setLocation((int)(screenSize.width - 400) / 2 + 50,
37                  (int)(screenSize.height - 600) / 2 + 210);
38          this.setResizable(false);
39      }
40      public String getServerIp() {
41          return serverIp;
42      }
43      public int getServerPort() {
44          return serverPort;
45      }
46      private void clientConnInit() throws Exception {
47          this.setSize(new Dimension(300, 130));
48          this.setTitle("客户端连接设置");
49          labelMessage.setText(" 请输入服务器的IP地址: ");
50          inputServerIpTxt = new JTextField(12);
51          inputServerIpTxt.setText(serverIp);
52          inputserverPortTxt = new JTextField(4);
53          inputserverPortTxt.setText("" + serverPort);
```

```java
54      saveButton.setText("保存");
55      cancelButton.setText("取消");
56      panelUserConfig.setLayout(new GridLayout(2,2,1,1));
57      panelUserConfig.add(labelMessage);
58      panelUserConfig.add(inputServerIpTxt);
59      panelUserConfig.add(new JLabel("请输入服务器的端口号："));
60      panelUserConfig.add(inputserverPortTxt);
61      connDefaultInfo = new JLabel(defaultConn);
62      connDefaultInfo.setForeground(Color.RED);
63      panelSave.add(saveButton);
64      panelSave.add(cancelButton);
65      Container contentPane = getContentPane();
66      contentPane.setLayout(new BorderLayout());//采用边界布局
67      contentPane.add(panelUserConfig, BorderLayout.NORTH);
68      contentPane.add(connDefaultInfo, BorderLayout.CENTER);
69      contentPane.add(panelSave, BorderLayout.SOUTH);
70      saveButton.addActionListener(this);//增加保存按钮监听器
71      cancelButton.addActionListener(//取消按钮的监听器
72          new ActionListener(){
73              public void actionPerformed(ActionEvent e){
74                  connDefaultInfo.setText(defaultConn);
75                  dispose();
76              }
77          }
78      );
79      //关闭对话框时的操作
80      this.addWindowListener(
81          new WindowAdapter(){
82              public void windowClosing(WindowEvent e){
83                  connDefaultInfo.setText(defaultConn);
84              }
85          }
86      );
87  }
88  /**
89    * 实现ActionListener接口中的方法
90    * 保存按钮的功能
91    */
92  public void actionPerformed(ActionEvent e) {
93      int savePort;
94      // 判断IP地址是否合法
95      try {
96          serverIp = "" + InetAddress.getByName(inputServerIpTxt.getText());
```

```
97              serverIp = serverIp.substring(1);
98          } catch (UnknownHostException a) {
99              connDefaultInfo
100                 setText("错误的 IP 地址!");
101
102             inputServerIpTxt.setText("");
103             inputServerIpTxt.requestFocus();
104             return;
105         }
106         // 判断端口号是否合法
107         try {
108             savePort = Integer.parseInt(inputserverPortTxt.getText());
109             if (savePort < 1 || savePort > 65535) {
110                 connDefaultInfo.setText("端口必须是 0~65535 之间的整数!");
111                 inputserverPortTxt.setText("");
112                 return;
113             }
114             serverPort = savePort;
115             dispose();
116         } catch (NumberFormatException b) {
117             connDefaultInfo.setText("错误的端口号,端口号请填写整数!");
118             inputserverPortTxt.setText("");
119             inputserverPortTxt.requestFocus();
120             return;
121         }
122     }
123 }
```

(3) ClientInfoConfig.java。

该源文件完成客户端用户名配置的功能。

```
1   package client;
2   import java.awt.*;
3   import javax.swing.*;
4   import java.awt.event.*;
5   /**
6    * 用户自己设置用户名的类
7    */
8   public class ClientInfoConfig extends JDialog implements ActionListener {
9       private String defaultUserName = "默认用户名:@诚信";
10      private JPanel panelUserInfoConf = new JPanel();
11      private JButton saveButton = new JButton();
12      private JButton cancelButton = new JButton();
13      private JLabel labelDefaultInfo = new JLabel(defaultUserName);
14      private JPanel panelSave = new JPanel();
```

```java
15      private JLabel labelMSG = new JLabel();
16      String userInputName;  //包中可见
17      private JTextField userName;
18      public ClientInfoConfig(JFrame frame, String userInputName) {
19          super(frame, true);
20          this.userInputName = userInputName;
21          try {
22              initInfoConfig();
23          }
24          catch (Exception e) {
25              e.printStackTrace();
26          }
27          //设置运行位置,使对话框居中
28          Dimension screenSize = Toolkit.getDefaultToolkit().getScreenSize();
29          this.setLocation((int)(screenSize.width - 400) / 2 + 50,
30                  (int)(screenSize.height - 600) / 2 + 200);
31          this.setResizable(false);
32      }
33      /**
34       * 初始化设置用户信息对话框
35       */
36      private void initInfoConfig() throws Exception {
37          this.setTitle("用户信息设置");
38          this.setSize(new Dimension(280, 120));
39          labelMSG.setText("请输入用户名:");
40          userName = new JTextField(10);
41          userName.setText(userInputName);
42          saveButton.setText("保存");
43          cancelButton.setText("取消");
44          panelUserInfoConf.setLayout(new FlowLayout());
45          panelUserInfoConf.add(labelMSG);
46          panelUserInfoConf.add(userName);
47          panelSave.add(saveButton);
48          panelSave.add(cancelButton);
49          panelSave.add(new Label(" "));
50          Container contentPane = getContentPane();
51          contentPane.setLayout(new BorderLayout());
52          contentPane.add(panelUserInfoConf, BorderLayout.NORTH);
53          contentPane.add(labelDefaultInfo, BorderLayout.CENTER);
54          contentPane.add(panelSave, BorderLayout.SOUTH);
55          saveButton.addActionListener(this);  //在保存按钮中添加监听器
56          //取消按钮的事件处理
57          cancelButton.addActionListener(
```

```
58              new ActionListener(){
59                public void actionPerformed(ActionEvent e){
60                  labelDefaultInfo.setText(defaultUserName);
61                  dispose();
62                }
63              }
64            );
65            //关闭对用户信息设置话框时的操作
66            this.addWindowListener(
67              new WindowAdapter(){
68                public void windowClosing(WindowEvent e){
69                  labelDefaultInfo.setText(defaultUserName);
70                }
71              }
72            );
73          }
74          public void actionPerformed(ActionEvent a){
75            if(userName.getText().equals("")){//如果用户名框中为空
76              labelDefaultInfo.setText(
77                "用户名不能为空!");
78              userName.setText(userInputName);
79              return;
80            }
81            else if(userName.getText().length() > 10){//如果用户名多于10个字符
82              labelDefaultInfo.setText("用户名长度不能多于10个字符!");
83              userName.setText(userInputName);
84              return;
85            }
86            userInputName = userName.getText();
87            dispose();
88          }
89        }
90
91
```

(4) ClientReceive.java。

该源文件完成客户端接收服务器端转发信息的功能。

```
1    package client;
2    import javax.swing.*;
3    import java.io.*;
4    import java.net.*;
5    /**
6     * 简易聊天室客户端消息收发类,实现 Runnable 接口
7     */
```

```java
8   public class ClientReceive implements Runnable {
9       private JComboBox comboboxUserName;
10      private JTextArea textAreaClientMSG;
11      private Socket socket;　//套接字对象
12      private ObjectOutputStream output;　//对象输出流
13      private ObjectInputStream input;　//对象输入流
14      private JTextField showStatusTxt;　//现实状态信息
15      /**
16       * 构造方法
17       */
18      public ClientReceive(Socket socket, ObjectOutputStream output,
19          ObjectInputStream input, JComboBox comboboxUserName, JTextArea textAreaClientMSG, JTextField showStatusTxt) {
20
21          this.socket = socket;
22          this.output = output;
23          this.input = input;
24          this.comboboxUserName = comboboxUserName;
25          this.textAreaClientMSG = textAreaClientMSG;
26          this.showStatusTxt = showStatusTxt;
27      }
28      /**
29       * 实现 Runnable 接口中的方法
30       */
31      public void run() {
32          while(!socket.isClosed()) {　//如果网络套接字没有关闭
33              try {
34                  String infoType = (String)input.readObject();
35                  if(infoType.equals("系统信息")) {　//服务器发送的信息
36                      String sysmsg = (String)input.readObject();
37                      textAreaClientMSG.append("系统信息：" + sysmsg);
38                  }
39                  else if(infoType.equals("聊天信息")) {　//如果是用户发送的信息
40                      String message = (String)input.readObject();
41                      textAreaClientMSG.append(message);
42                  }
43                  else if(infoType.equals("用户列表")) {
44                      String userlist = (String)input.readObject();
45                      String userNames[] = userlist.split("\n");
46                      comboboxUserName.removeAllItems();
47                      int k = 0;
48                      comboboxUserName.addItem("所有人");
49                      for(; k < userNames.length; k++) {
```

```
50              comboboxUserName.addItem(userNames[k]);
51          }
52          comboboxUserName.setSelectedIndex(0);
53          showStatusTxt.setText("在线用户共 " + userNames.length + " 人");
54      }
55      else if(infoType.equals("服务关闭")){//如果服务器关闭信息
56          output.close();
57          input.close();
58          socket.close();
59          textAreaClientMSG.append("服务器已关闭！\n");
60          break;
61      }
62  }
63  catch(Exception e){
64  // System.out.println("!!!!!!!" + e);
65  }
66  }
67  }
68  }
```

7.3.4 系统发布

简单聊天室系统的发布分为服务器端和客户端两部分。发布该系统利用 jar.exe 命令分别将两部分进行打包，把系统中所涉及的类压缩成一个 jar 文件。

1. 服务器端程序发布

发布服务器端程序分为 4 个步骤：

第一步：编写清单文件 MANIFEST.MF。

清单文件说明 JDK 的版本号以及主类的名字，需要把清单文件与类以及图片等文件保存在同一目录下（假设目录为 chat），服务器端清单文件如图 7 – 15 所示。

图 7 – 15　配置清单文件

在编辑该文件时，需要注意几个问题：①每行冒号后面有一个空格，例如，Manifest – Version：与 1.0 之间有空格；②注意大小写一致；③最后一行（Main – Class：ServerRoom）需要回车换行。

第二步：利用 jar.exe 命令生成 jar 文件。

利用下面的 jar.exe 命令把当前目录下的所有 .class 文件压缩成一个 jar 包。

jar cfm ServerRoom.jar MANIFEST.MF ＊.class

在上面的 jar 命令中，参数 c 表示要创建一个新的 jar 文件，f 表示要生成的 jar 文件名（ServerRoom.jar），m 表示清单文件的名字（MANIFEST.MF）。压缩成功后的界面如图 7-16 所示。

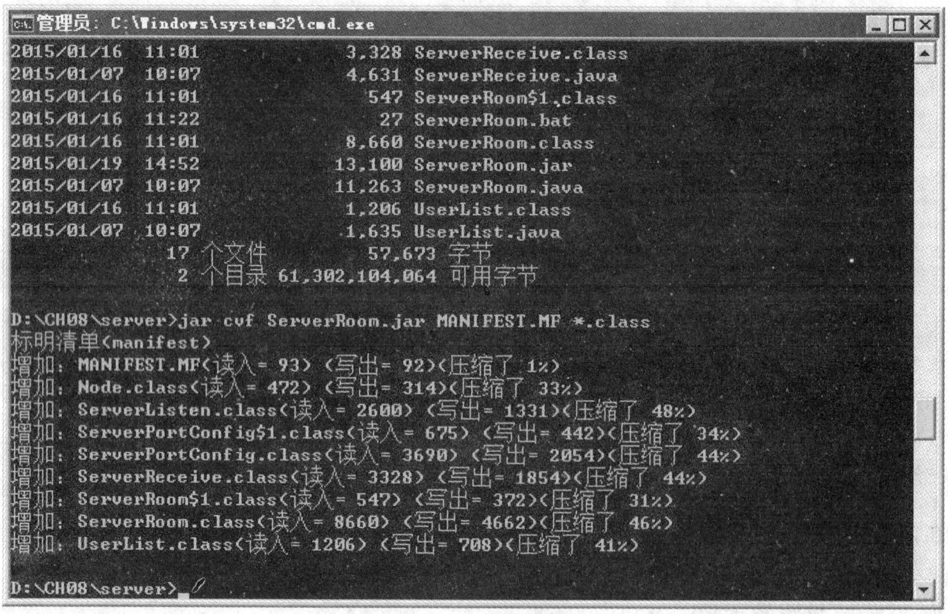

图 7-16　程序打包

第三步：编写 bat 文件。

一般计算机都安装了 WinRar 解压软件，那么由第二步生成的 ServerRoom.jar 为 WinRar 类型，则该程序无法运行，编写一个批处理文件 ServerRoom.bat，双击该文件自动启动程序。ServerRoom.bat 如图 7-17 所示。

图 7-17　批处理文件

第四步：启动服务器端程序。

双击 ServerRoom.bat 文件可以启动服务器端程序。

2. 客户端端程序发布

发布客户端程序与发布服务器端程序一样也分为 4 个步骤,具体操作参照上面介绍的服务器端程序发布即可。

7.3.5 系统测试

在前面通过 jar 文件发布了服务器端程序和客户端程序,通过点击 ServerRoom.bat 和 ClientRoom.bat 启动服务器和客户端。简单聊天室的详细测试如下。

1. 配置服务器和客户端

(1)配置服务器。

启动服务器后弹出主界面如图 7-18 所示,然后进行端口设置如图 7-19 所示。

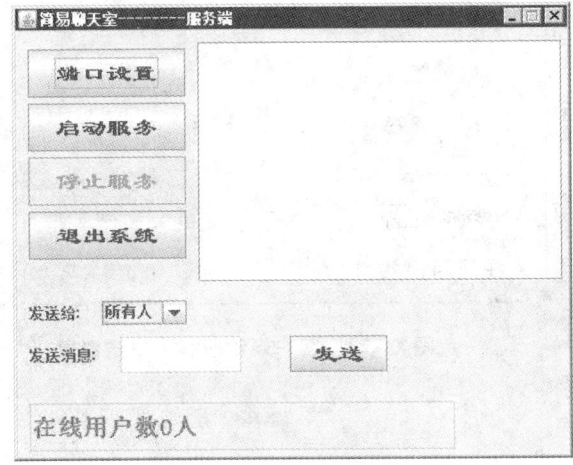

图 7-18　服务器主界面

图 7-19　配置服务器端口号

(2)配置客户端。

启动客户端后的主界面如图 7-20 所示,配置用户名如图 7-21 所示,配置与服务器的连接参数如图 7-22 所示。

2. 客户端与服务器端通信

服务器端"启动服务"、客户端"登录"之后,客户端与服务器端可以进行通信。服务器端可以给所有人或者指定某客户端发送信息,如图 7-23 所示。

客户端可以给服务器或者指定的其他客户发送信息,如图 7-24 所示。

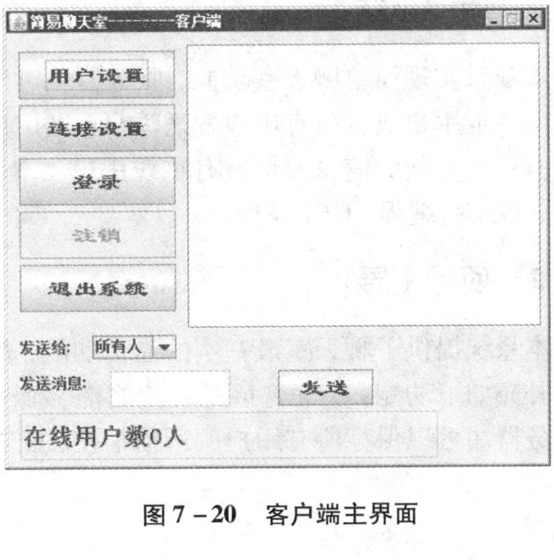

图 7-20　客户端主界面

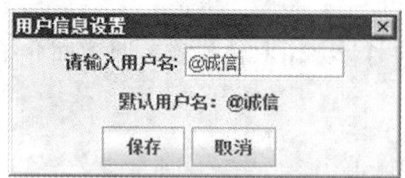

图 7-21　设置用户名　　　　　图 7-22　设置客户端与服务器的连接信息

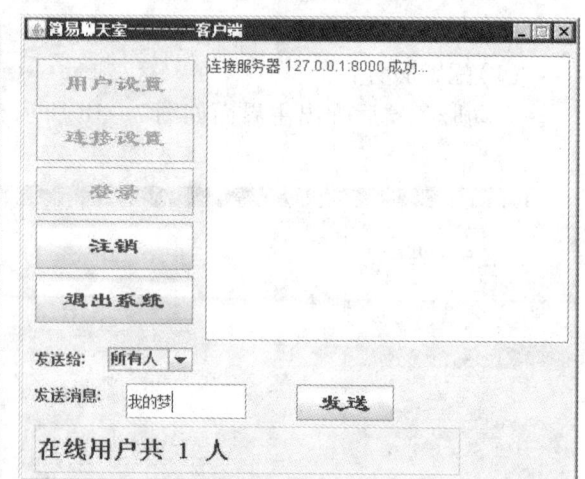

图 7-23　服务器端给指定客户端发送信息　　　图 7-24　客户端给所有人发送消息

7.4　项目小结与拓展

7.4.1　项目小结

本项目实现简单聊天室功能，服务器端可以向指定用户或者所有用户发送消息，客户端可以向指定用户或者所有用户发送消息；当用户登录服务器时，服务器及时更新用户列表并把所有用户更新的信息发给所有在线用户。本项目采用的主要知识点有基于流套接字的网络编程、多线程编程、GUI 编程等。

7.4.2　项目拓展

本系统提供了聊天室最基本的通信功能，为了使该系统功能更加完善，请在该系统的基础上补充如下功能：①完善该系统使之能够像 QQ 等即时通信软件一样发送文件和图片等；②服务器端可以保存所有用户的通信信息，而客户端可以保存自己的通信信息。

参考文献

[1] 覃遵跃,周清平,张彬连,蔡国民.利用案例轻松学习 Java 语言[M]. 北京:清华大学出版社,2013.
[2] 刘小晶,杜选.数据结构——Java 语言描述[M]. 北京:清华大学出版社,2011.
[3] 施珺,纪兆辉.Java 语言实验与课程设计指导[M].江苏:南京大学出版社,2010.
[4] 黄晓东.Java 课程设计案例精编(第二版)[M].北京:水利水电出版社,2007.
[5] 尉哲明.基于 Java 的综合课程设计[M]. 北京:清华大学出版社,2014.
[6] 张广彬,王小宁,高静.Java 课程设计案例精编(第二版)[M]. 北京:清华大学出版社,2011.
[7] 陈明.Java 语言程序设计课程实践[M]. 北京:清华大学出版社,2009.
[8] 耿祥义,张跃平.Java 课程设计[M]. 北京:清华大学出版社,2008.
[9] 明日科技.Java 从入门到精通(第三版)[M]. 北京:清华大学出版社,2012.
[10] 明日科技.Java 经典编程 300 例[M]. 北京:清华大学出版社,2012.
[11] 张跃平,耿祥义.Java 程序设计精编教程实验指导与习题解答[M]. 北京:清华大学出版社,2012.

图书在版编目（CIP）数据

高等学校软件工程专业校企深度合作系列实践教材/周清平总主编.

Java 项目开发实践/覃遵跃主编.--长沙：中南大学出版社，2015.2
ISBN 978－7－5487－1397－5

Ⅰ.J… Ⅱ.①周…②覃… Ⅲ.JAVA 语言－程序设计
Ⅳ.TP312

中国版本图书馆 CIP 数据核字（2015）第 035338 号

Java 项目开发实践

覃遵跃　主编

□责任编辑	韩　雪
□责任印制	易红卫
□出版发行	中南大学出版社
	社址：长沙市麓山南路　　邮编：410083
	发行科电话：0731－88876770　　传真：0731－88710482
□印　　装	长沙印通印刷有限公司

□开　本	787×1092　1/16　　□印张 16.5　　□字数 405 千字
□版　次	2015 年 4 月第 1 版　　□2018 年 7 月第 2 次印刷
□书　号	ISBN 978－7－5487－1397－5
□定　价	42.00 元

图书出现印装问题，请与经销商调换